21 世纪高职高专自动化类实用规划教材

工厂电气控制技术

何亚平　主　编

梁苏芬　李开阳　董圣英　副主编

清华大学出版社

北　京

内 容 简 介

本书以项目课程的形式介绍了工厂常用的低压电器、继电—接触器控制的基本环节与系统；企业典型生产设备的电气控制系统；突出了以工作任务为中心、以项目课程为主体的教学内容。工作情景的设计由浅入深、循序渐进，以达到培养学生职业能力的目的。

本书可作为高职高专电气信息等专业的教学用书，也可供从事电气控制方面工作的工程技术人员和技术工人参考学习。

图书在版编目(CIP)数据

工厂电气控制技术/何亚平主编；梁苏芬，李开阳，董圣英副主编. —北京：清华大学出版社，2012（2022.8重印）

（21 世纪高职高专自动化类实用规划教材）

ISBN 978-7-302-28015-6

Ⅰ. ①工…　Ⅱ. ①何… ②梁… ③李… ④董…　Ⅲ. ①工厂—电气控制—高等职业教育　Ⅳ. ①TM571.2

中国版本图书馆 CIP 数据核字(2012)第 019488 号

责任编辑：李春明　陈立静
装帧设计：杨玉兰
责任校对：周剑云
责任印制：宋　林

出版发行：清华大学出版社
　　　　　网　　址：http://www.tup.com.cn, http://www.wqbook.com
　　　　　地　　址：北京清华大学学研大厦 A 座　　　邮　　编：100084
　　　　　社 总 机：010-83470000　　　　　　　　　邮　　购：010-62786544
　　　　　投稿与读者服务：010-62776969, c-service@tup.tsinghua.edu.cn
　　　　　质量反馈：010-62772015, zhiliang@tup.tsinghua.edu.cn
　　　　　课件下载：http://www.tup.com.cn, 010-62791865
印 装 者：三河市金元印装有限公司
经　　销：全国新华书店
开　　本：185mm×260mm　　　印　张：16.75　　　字　数：400 千字
版　　次：2012 年 3 月第 1 版　　　　　　　　　　印　次：2022 年 8 月第 12 次印刷
定　　价：45.00 元

产品编号：043767-02

前　言

为了落实教育部《关于加强高职高专人才培养工作的意见》的精神，适应我国高职教育培养面向生产第一线的实用型、技能型人才的需要，编者根据多年的教学实践和职业技能培训经验编写了本书。

本书立足高职高专教育培养目标，遵循社会经济与企业发展需求，突出职业岗位应用性和针对性的职业教育特色，注重实践能力与创业能力的培养。本书编写以国家电工技能鉴定标准为依据，理论知识以"必须、够用"为度，加强实践技能的培养，重点突出电工基本技能，培养读者分析与解决实际问题的能力。本书内容的组织由浅入深、循序渐进、层次分明，以工程项目为教学主线，将知识点与技能训练融入各项目中，符合教育部关于职业教育工学相结合的要求，切实体现高职教育的特点。

本书适用于高职高专机电一体化、机械设备自动化、电气自动化、生产过程自动化及其他相关专业，同时对相关工程技术人员也是一本较好的参考书和自学教材。本课程参考教学时数为 90 学时。

本书由贵州工业职业技术学院何亚平老师主编，负责内容的组织与统稿工作，并编写了项目 1、2、3、10、16、17、18；贵州工业职业技术学院梁苏芬、李开阳，山东德州职业技术学院董圣英为副主编，其中梁苏芬编写了项目 11、12、13、14、15，李开阳编写了项目 4、5、6，董圣英编写了项目 7、8、9。教材部分内容的编写参考了有关资料(见参考文献)，在此对参考文献的作者表示衷心感谢。

由于时间仓促，书中难免有疏漏与错误之处，恳请广大读者批评指正。

编　者

目　　录

第一单元　　常用的低压电器

第二单元　　典型继电—接触器控制电路

工厂电气控制技术

21世纪高职高专自动化类实用规划教材

第四单元　　电气控制系统的电路设计

21世纪高职高专自动化类实用规划教材

第一单元　常用的低压电器

项目 1

常用手动控制电器认识

知识要求

- 掌握常用低压电器的基本知识。
- 认识常用手动控制电器的结构、特点。

技能要求

- 掌握常用手动控制电器好坏的判别方法。
- 掌握常用电工工具和电工仪表的使用。

学习情景 1.1 低压电器的基本知识

【问题的提出】

低压电器是电力拖动自动控制系统的基本组成元件。自动控制系统性能的优劣与所用低压电器直接相关。从业人员必须熟悉常用低压电器的原理、结构、型号、规格和用途，并能正确地选择、使用与维护。

【相关知识】

低压电器是指工作在直流 1200V、交流 1500V 及以下的电路中，以实现对电路或非电路对象的接通、断开、保护、控制和调节作用的电器。

1. 低压电器的分类

低压电器的种类较多，分类方法有多种，就其在电气线路中所处的地位、作用以及所控制的对象可分为低压配电电器和低压控制电器两大类。

1) 低压配电电器

低压配电电器主要用于低压配电系统中。对这类电器的要求是系统发生故障时，动作准确、工作可靠，在规定的时间里，通过允许的短路电流时，其电动力和热效应不会损坏电器，如刀开关、断路器和熔断器等。

2) 低压控制电器

低压控制电器主要用于电气传动系统中。对这类电器的要求是有相应的转换能力，操作频率高，电寿命和机械寿命长，工作可靠，如接触器、继电器、主令电器等。

2. 电磁式电器

电磁式电器在低压电器中占有十分重要的地位，在电气控制系统中应用最为普遍。如接触器、自动空气开关(断路器)、电磁式继电器等，它们的工作原理基本上相同。就结构而言，电磁式电器主要由电磁机构和执行机构组成，电磁机构按其电源种类可分为交流和直流两种，执行机构则可分为触点系统和灭弧装置两部分。

电磁机构由线圈、铁芯(静铁芯)和衔铁(动铁芯)等几部分组成。从常用铁芯的衔铁运动形式上看，其结构形式大致可分为拍合式和直动式两大类，如图 1-1 所示。图 1-1(a)为衔铁沿棱角转动的拍合式铁芯，其铁芯材料由电工软铁制成，它广泛用于直流电器中；图 1-1(b)为衔铁沿轴转动的拍合式铁芯，铁芯形状有 E 形和 U 形两种，其铁芯材料由电工硅钢片叠成，多用于触点容量较大的交流电器中；图 1-1(c)为衔铁直线运动的双 E 形直动式铁芯，它也是由硅钢片叠压而成，也分为交、直流两大类。

电磁机构的作用原理：当线圈中有工作电流通过时，电磁吸力克服弹簧的反作用力，使得衔铁与铁芯闭合，由连接机构带动相应的触点动作。在交流电流产生的交变磁场中，为避免因磁通经过零点造成衔铁的抖动，需在交流电器铁芯的端部开槽，嵌入一铜短路环，使环内感应电流产生的磁通与环外磁通不同时过零，使电磁吸力 F 总是大于弹簧的反作用力，因而可以消除交流铁芯的抖动。

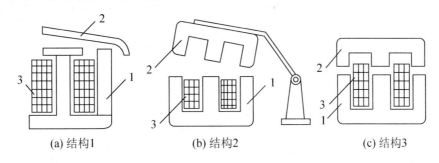

(a) 结构1　　　　　　　(b) 结构2　　　　　　　(c) 结构3

图 1-1　电磁机构的三种结构形式

1—铁芯　2—衔铁　3—吸引线圈

需要指出的是，对电磁式电器而言，电磁机构的作用是使触点实现自动化操作，但电磁机构实质上就是电磁铁的一种，电磁铁还有很多用途，例如牵引电磁铁，有拉式和推动式两种，可以用于远距离控制和操作各种机构；阀用电磁铁，可以远距离控制各种气动阀、液压阀以实现机械自动控制；制动电磁铁，用来控制自动抱闸装置，实现快速停车；起重电磁铁，用于起重搬运磁性货物工件等。

3．电器的触点系统

在工作过程中可以分开与闭合的电接触称为可分合接触，又称为触点。触点是成对的，一为动触点，一为静触点。触点有时也包含主触点、副触点。

触点的作用是接通或分断电路，因此要求触点要具有良好的接触性能，电流容量较小的电器(如接触器、继电器)常采用银质材料作触点，这是因为银质材料的氧化膜电阻率与纯银相似，可以避免表面氧化膜电阻率增加而造成接触不良。

触点的结构有桥式和指式两类，如图 1-2 所示。图 1-2(a)所示是两个点接触的桥式触点，图 1-2(b)是两个面接触的桥式触点。桥式触点的两个触点串联于同一电路中，电路的接通与断开由两个触点/面共同完成，点接触形式适用于电流不强，且触点压力小的场合；面接触形式适用于电流较强的场合。图 1-2(c)所示是为指式触点，其接触区为一直线，触点接通或分断时产生滚动摩擦，以利于去掉氧化膜，故其触点可以用紫铜制造，特别适合于触点分合次数多、电流大的场合。

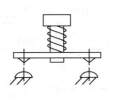　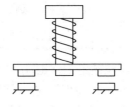　

(a) 两个点的桥式触点　　　(b) 两个面的桥式触点　　　(c) 指式触点

图 1-2　触点的结构形式

4．低压电器的主要技术参数

电器要可靠地接通和分断被控电路，而不同的被控电路工作在不同的电压或电流等级、不同的通断频繁程度及不同性质负载的情况下，对电器提出了各种不同的技术要求。如触点在分断状态时要有一定的耐压能力，防止漏电或介质击穿，因而电器有额定工作电压这一基本参数；触点闭合时，总有一定的接触电阻，负载电流在接触电阻时产生的降压和热量不应过大，因此对电器触点规定了额定电流值；被控负载的工作情况对电器的要求有着重要的影响，如笼型异步电动机反接触制动及反向时的电流峰值约为原来的两倍，所以电动机频繁反向时，控制电器的工作条件较差，于是，有些控制电器被制成能在较恶劣的条件下使用，而有些不能，这就使得电器有不同的使用类别。配电电器担负着接通和分断短路电流的任务，相应地规定了极限通、断能力。电器在分断电流时，出现的电弧要烧损触点甚至熔焊，因此电器都有一定的使用寿命。

下面就控制电器的主要技术参数作一介绍，供选用电器时参考。

1）使用类别

按国标 GB 2455—85，将控制电器主触点和辅助触点的标准使用类别列于表 1-1 中。

表 1-1　控制电器触点的标准使用类别

触　　点	电流种类	使用类别	典型用途举例
主触点	交流	AC-1	无感或微感负载、电阻炉
		AC-2	绕线转子异步电动机的起动、分断
		AC-3	笼型异步电动机的起动、运转中分断
		AC-4	笼型异步电动机的起动、反接制动、反向、点动
	直流	DC-1	无感或微感负载、电阻炉
		DC-3	并励电动机的起动、点动、反接制动
		DC-5	串励电动机的起动、点动、反接制动
辅助触点	交流	AC-11	控制交流电磁铁
		AC-14	控制容量≤72VA 的电磁铁负载
		AC-15	控制容量≥72VA 的电磁铁负载
	直流	DC-11	控制直流电磁铁
		DC-13	控制直流电磁铁，即电感与电阻的混合负载
		DC-14	控制电路中有经济电阻的直流电磁铁负载

2）主参数——额定工作电压和额定工作电流

额定工作电压是指在规定条件下，能保证电器正常工作的电压值，通常是指触点的额定电压值。有的电磁机构的控制电器还规定了电磁线圈的额定工作电压。

额定工作电流是指根据电器的具体使用条件确定的电流值，它和额定电压、电网频率、额定工作制、使用类别、触点寿命及防护等级等因素有关，同一开关电器可以对应不同使用条件以规定不同的工作电流值，CJX2 系列小容量交流接触器的额定工作电流等技术数据见表 1-2。

表 1-2 CJX2 系列小容量交流接触器技术数据

型 号	操作频率 (次/h)		通电持续率 (%)	AC-3 使用类别						辅助触点 控制功率		吸引线圈		
				额定工作电流 I_N(A)		可控制三相异步电动机的功率 P(kW)						功率 P(W)		额定控制电压 U_N(V)
	AC-3	AC-4		380V	660V	220V	380V	500V	660V	AC (VA)	DC (W)	起动	吸持	
CJX2-9	1200	300	40	9	7	2.2	4	5.5	5.5	300	300	80	8	24、36
CJX2-12	1200	300		12	9	3	5.5	5.5	7.5			80	8	48、110
CJX2-16	600	120		16	12	4	7.5	9	9			100	9	127、220
CJX2-25	600	120		25	18.5	5	11	11	15			100	9	380、660

3）通断能力

通断能力以"非正常负载"时能接通和分断的电流值来衡量，见表 1-3。接通能力是指开关闭合时不会造成触点熔焊的能力；分断能力是指开关断开时能可靠灭弧的能力。

表 1-3 相应于使用类别的接通与分断条件

类 别	正常负载						非正常负载					
	接 通			分 断			接 通			分 断		
	I/I_N	U/U_N	$\cos\phi$	I/I_N	U/U_N	$\cos\phi$	I/I_N	U/U_N	$\cos\phi$	I/I_N	U/U_N	$\cos\phi$
AC-1	1	1	0.95	1	1	0.95	1.5	1.1	0.95	1.5	1.1	0.95
AC-2	2.5	1	0.65	1	0.4	0.65	4	1.1	0.65	4	1.1	0.65
AC-3	6	1	0.35	1	0.17	0.35	10	1.1	0.35	8	1.1	0.35
AC-4	6	1	0.35	6	1	0.35	10	1.1	0.35	8	1.1	0.35

4）寿命

控制电器的寿命包括机械寿命和电寿命。机械寿命是电器在无电流通过的情况下能操作的次数；电寿命是指按所规定的使用条件不需要修理或更换零件的负载操作次数。

学习情景 1.2　手动控制电器与主令电器

【问题的提出】

手动控制电器与主令电器在控制电路中用于发布命令，使控制系统的状态发生改变。其包括刀开关、按钮、转换开关、行程开关、主令控制器等，属于非自动切换的开关电器。

【相关知识】

下面介绍四种常用的非自动切换开关电器。

1. 刀开关

刀开关是一种手动控制电器，主要用来手动接通与断开交、直流电路，通常只作电源隔离开关使用，也可用于不频繁地接通与分断额定电流以下的负载，如小型电动机、电阻炉等。

刀开关按极数划分有单极、双极与三极几种。其结构由操作手柄、刀片(动触点)、触点座(静触点)和底板等组成。

刀开关常用的产品有 HD11-HD14 和 HS11-HS13 系列刀开关；HK1、HK2 系列开启式负荷开关；HH3、HH4 系列封闭式负荷开关；HR3 系列熔断器刀开关等。

刀开关在安装时，手柄要向上，不得倒装或平装，只有安装正确，作用在电弧上的电动力和热空气的上升方向一致，才能促使电弧迅速拉长而熄灭；反之，两者方向相反，电弧就不易熄灭，严重时会使触点及刀片烧灼，甚至造成极间短路。此外，如果倒装，手柄可能会因自动下落而误动作合闸，可能造成人身和设备的安全事故。

在安装使用铁壳开关时应注意安全，既不允许随意放在地上操作，也不允许面对着开关操作，以免万一发生故障，而开关又分断不了时铁壳爆炸飞出伤人，应按规定把开关垂直安装在一定高度处。开关的外壳应妥善地接地，并严格禁止在开关上方搁置金属零件，以防它们掉入开关内部酿成相间短路事故。刀开关的图形及文字符号如图 1-3 所示。

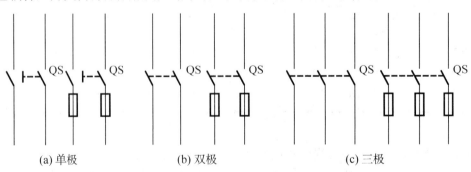

(a) 单极　　　　　　(b) 双极　　　　　　(c) 三极

图 1-3　刀开关的图形及文字符号

2．转换开关

转换开关又称组合开关，一般用于电气设备中不频繁通断电路、换接电源和负载，以及小功率电动机不频繁地起停控制。转换开关实际上是由多极触点组合而成的刀开关，即由动触片(动触点)、静触片(静触点)、转轴、手柄、定位机构及外壳等部分组成。其动、静触片分别叠装于数层绝缘壳内，当转动手柄时，每层的动触片随方形转轴一起转动。

转换开关内部结构示意图及图形文字符号如图 1-4 所示，用转换开关可控制 7kW 以下电动机的起动和停止，其额定电流应为电动机额定电流的 3 倍；也可用转换开关接通电源，另由接触器控制电动机时，其转换开关的额定电流可稍大于电动机的额定电流。

HZ10 系列为早期全国统一设计产品，适用于额定电压 500V 以下，额定电流 10A、25A、100 A 几个等级，极数有 1～4 极。HZ15 系列为新型的全国统一设计的更新换代产品。

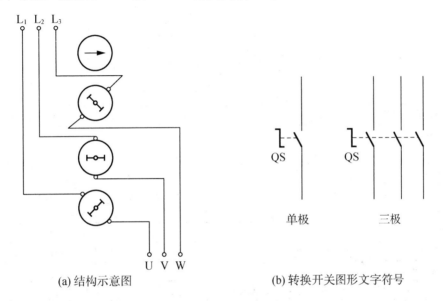

(a) 结构示意图　　　　　　　　　　(b) 转换开关图形文字符号

图 1-4　转换开关结构示意图及图形文字符号

3．控制按钮

控制按钮是用人力操作，具有储能(弹簧)复位的主令电器。它的结构虽然简单，却是应用很广泛的一种电器，主要用于远距离操作接触器、继电器等电磁装置，以切换自动控制电路。

控制按钮的一般结构示意图及图形文字符号如图 1-5 所示。操作时，当按钮帽的动触点向下运动时，先与常闭静触点分开，再与常开静触点闭合；当操作人员将手指放开后，在复位弹簧的作用下，动触点向上运动，恢复初始位置。在复位的过程中，先是常开触点分断，然后是常闭触点闭合。

为了标明各种按钮的作用，避免误动作，通常将按钮帽做成不同的颜色，以示区别。

按钮的颜色有红、绿、黑、黄、蓝以及白、灰等多种，供不同场合选用。国标 GB 5226—85 对按钮的颜色作下规定："停止"和"急停"按钮的颜色必须是红色，当按下红色按钮时，必须使设备停止工作或断电；"起动"按钮的颜色是绿色；"起动"与"停止"交替动作的按钮的颜色必须是黑白、白色或灰色，不得用红色和绿色；"点动"按钮的颜色必须是黑色；复位按钮的颜色(如保护继电器的复位按钮)必须是蓝色，当复位按钮还具有停止的作用时，则必须是红色。LA25系列控制按钮技术数据见表1-4。

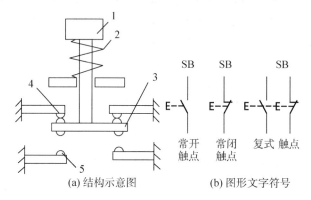

(a) 结构示意图　　　　(b) 图形文字符号

图 1-5　按钮结构示意图及图形文字符号

1—按钮帽　2—复位弹簧　3—动触点　4—常闭静触点　5—常开静触点

表 1-4　LA25系列控制按钮技术数据

额定绝缘电压 U_i(V)	AC 380				DC 220	
额定工作电压 U_N(V)	220	380	220	380	110	220
约定发热电流 I_{th}(A)	5		10		5、10	
额定工作电流 I_N(A)	1.4	0.8	4.5	2.6	0.6	0.3
通断能力	8.7A(418V, cosφ=0.7)50 次		46A(418V, cosφ=0.7)		0.8A(242V, $T_{0.95}$=300ms)	
按钮形式	平钮	蘑菇钮	带灯钮		旋钮	钥匙钮
操作频率(次/h)	120				12	
电寿命(万次)	AC：50，DC：25				AC：10；DC：10	
机械寿命(万次)	100				10	
工作制	断续周期工作制，TD=40%					
额定极限短路电流	1.1U_N，cosφ=0.5~0.7、1000A、3 次					
触点对数	1~6(根据需要可以加接)					

按钮的型号意义如图1-6所示。

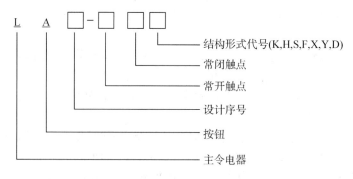

图 1-6　按钮的型号意义

K—开启式　H—保护式　S—防水式　F—防腐式　X—旋钮式　Y—钥匙式　D—带指示灯式

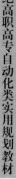

4．行程开关

行程开关又称限位开关，能将机械位移转变为电信号，以控制机械运动。行程开关的种类按运动形式分为直动式、转动式；按结构形式分为直动式、滚动式、微动式。

一般行程开关由执行元件、操作机构及外壳等部件组成。图 1-7 所示为直动式行程开关结构图与图形文字符号。其动作原理与控制按钮类似，只是行程开关是用运动部件上的撞块来推动行程开关的推杆，经传动机构使推杆向下移动，到达一定行程时，改变了弹簧力的方向，其垂直方向的力由向下变为向上，则动触点向上跳动，使常闭触点分断，常开触点闭合；当外力去掉后，在复位弹簧的作用下顶杆上升，动触点又向下跳动，恢复初始状态。其优点是结构简单，成本较低；缺点是触点的分合速度取决于撞块移动的速度，若撞块移动的速度太慢，则触点就不能瞬时切断电路，使电弧在触点上停留的时间过长，易于烧蚀触点，因此，这种开关不宜用在撞块移动速度小于 0.4m/min 的场合。

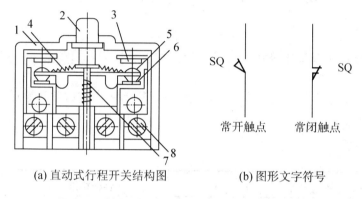

(a) 直动式行程开关结构图　　　　(b) 图形文字符号

图 1-7　直动式行程开关结构图与图形文字符号

1—外壳　2—顶杆　3—常开静触点　4—触点弹簧　5—动触点　6—常闭静触点　7—恢复弹簧　8—螺钉

目前，行程开关生产的产品有 LX19、LX22、LX32 及 LX33，还有 JLXK1 系列。

行程开关的型号意义如图 1-8 所示。

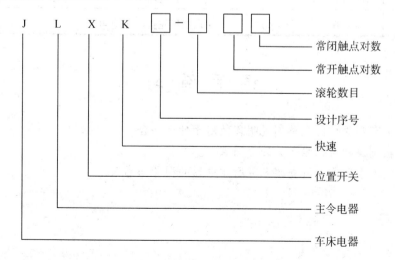

图 1-8　行程开关型号意义

实 训 操 作

1．实训目的

(1) 认识常用的手动控制电器与主令电器并进行拆装。

(2) 学会采用电工仪器判断电器好坏的方法。

2．实训器材

刀开关、按钮、转换开关、行程开关、电工工具、万用表、三相异步电动机。

3．实训内容

刀开关、按钮、转换开关、行程开关的拆装与测试。

4．实训步骤

(1) 分别用刀开关与转换开关连接三相异步电动机进行直接起动，测试电流与电压数据。

(2) 模拟按钮与行程开关接通与断开的情景，用万用表测试常开触点与常闭触点闭合与断开的转换顺序。

5．实训考核

考核项目	考核内容	配 分	评分标准	得 分
元件认识	刀开关认识	15	连接与测试数据准确 15 分	
	转换开关认识	15	连接与测试数据准确 15 分	
	按钮认识	15	触点闭合与断开的转换顺序正确 15 分	
	行程开关认识	15	触点闭合与断开的转换顺序正确 15 分	
实训报告	完成情况	40	实训报告完整、正确 40 分	

课 后 练 习

1. 刀开关有哪些种类？举例说明各使用于什么场合。

2. 比较控制按钮与行程开关的异同点。

3. 通过电工手册等资料查阅本节所学电器的型号与意义。

项目 2

常用自动控制电器认识

知识要求

- 认识常用自动控制电器的结构、特点。

技能要求

- 掌握常用自动控制电器好坏的判别方法。
- 掌握常用电工工具和电工仪表的使用。

学习情景2.1 接触器的基本知识

【问题的提出】

接触器是电气控制系统中最常用的元件，是用来频繁接通和切断电动机或其他负载电路的一种自动切换电器。从业人员必须熟悉其结构、型号、规格和用途，并能正确选择、使用与维护。

【相关知识】

接触器由触点系统、电磁机构、弹簧、灭弧装置和支架底座等组成，通常分为交流接触器和直流接触器两类。

1. 交流接触器

交流接触器是用于远距离控制电压至380V、电流至600A的交流电路，以及频繁起动和控制交流电动机的控制电器。它主要由电磁机构、触点系统、灭弧装置等部分组成。交流接触器的结构示意图如图2-1所示。

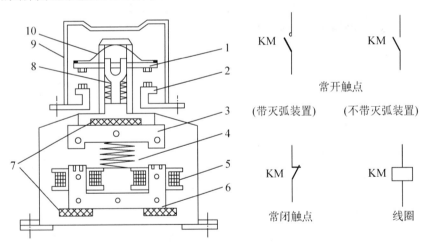

图2-1 CJ20系列交流接触器的示意图和图形文字符号

1—动触点 2—静触点 3—衔铁 4—缓冲弹簧 5—电磁线圈
6—铁芯静触点 7—垫毡 8—触点弹簧 9—灭弧罩 10—触点压力弹簧

1）电磁机构

电磁机构由铁芯、线圈、衔铁等组成，其作用是产生电磁力，通过传动机构来通断主、辅触点。当操作线圈断电或电压显著下降时，衔铁在重力和弹簧力作用下跳闸，主触点切断主电路；当其线圈通电时，衔铁吸合，主触点及常开辅助触点闭合。交流接触器的电磁铁常采用单U形转动式、双E形直动式和双U形直动式等。

2)　触点系统

触点系统是接触器的执行元件，起分断和闭合电路的作用，有双断点桥式触点和单断点指式触点两类。从提高接触器的机械寿命和电寿命出发，采用双断点触点比单断点触点有利，对交流接触器更是如此。目前交流接触器的触点形式趋向于双断点触点，但在额定电流大的接触器中，常采用单断点触点。

3)　灭弧装置

熄灭电弧的主要措施有：①迅速增加电弧长度(拉长电弧)，使得单位长度内维持电弧燃烧的电场强度不够而使电弧熄灭；②使电弧与流体介质或固体介质相接触，加强冷却和去游离作用，使电弧加快熄灭。电弧有直流电弧和交流电弧两类，交流电流会自然过零点，故其电弧较容易熄灭。

常用的灭弧方法有以下几种。

(1)　速拉灭弧法。通过机械装置将电弧迅速拉长，从而加快电弧的熄灭。这种灭弧方法是开关电器中普遍采用的一种灭弧方法。

(2)　冷却灭弧法。降低电弧的温度，可使电弧中的热游离减弱，正负离子的复合增加，有助于电弧迅速熄灭。

(3)　磁吹灭弧法。利用永久磁铁或电磁铁产生的磁场对电流的作用力来拉长电弧，或者利用气流使电弧拉长和冷却而熄灭。

(4)　窄缝灭弧法。这种灭弧方法是利用灭弧罩的窄缝来实现的。灭弧罩内有一条纵缝，缝的下部宽上部窄。当触点断开时，电弧在电动力的作用下进入缝内，窄缝可将电弧弧柱直径压缩，使电弧同缝壁紧密接触，加强冷却和去游离作用，使电弧熄灭速度加快。

(5)　金属栅片灭弧法。利用金属栅片对电弧的吸引作用及磁吹线圈的作用将电弧引入栅片中，栅片将电弧分割成许多串联的短弧。这样每两片灭弧栅片可以看做一对电极，使整个灭弧栅的绝缘强度大大增强。而每个栅片间的电压不足以达到电弧燃烧电压，同时吸收电弧热量，使电弧迅速冷却，所以电弧进入灭弧栅片后就很快熄灭。

灭弧装置因电流等级而异。有绝缘材料灭弧罩、多纵缝灭弧室、栅片灭弧室、串联磁吹和真空灭弧室等。

交流接触器常用的型号有 CJ10、CJ12 系列，其新产品有 CJ20 系列，引进生产的交流接触器有德国西门子的 3TB 系列、法国 TE 公司的 1C1、1C2 系列、德国 BBC 的 B 系列等，这些引进产品大多采用积木式结构，可以根据需要加装附件。

交流接触器的型号意义如图 2-2 所示。

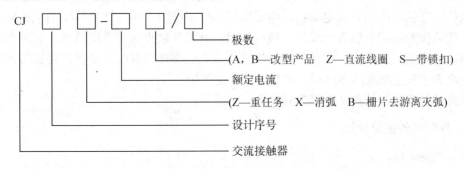

图 2-2　交流接触器型号意义

交流接触器的主要技术参数见表 2-1。

表 2-1　CJ20 系列交流接触器的主要技术参数

型　　号	频率(Hz)	辅助触点额定电流(A)	吸引线圈电压(V)	主触点额定电流(A)	额定电压(V)	可控制电动机最大功率(kW)
CJ20-10				10		4/2.2
CJ20-16				16		7.5/4.5
CJ20-25				25		11/5.5
CJ20-40				40		22/11
CJ20-63	50	5	～36、127　220、380	63	380/220/500	30/18
CJ20-100				100		50/28
CJ20-160				160		85/48
CJ20-250				250		132/80
CJ20-400				400		220/115

交流接触器的工作原理：当线圈通电后，线圈流过电流产生磁场，使静铁芯产生足够的吸力，克服反作用弹簧与动触点压力弹簧片的反作用力，将动铁芯吸合，同时带动传动杠杆，使动、静触点的状态发生改变，其中三对常开主触点闭合，主触点两侧的两对常闭的辅助触点断开，两对常开的辅助触点闭合。当电磁线圈断电后，由于铁芯电磁吸力消失，动铁芯在反作用弹簧力的作用下释放，各触点也随之恢复原始状态。交流接触器的线圈电压在 85%～105% 额定电压时，能保证可靠工作。电压过高，磁路趋于饱和，线圈电流将显著增大；电压过低，电磁吸力不足，动铁芯吸合不上，线圈中的电流往往达到额定电流的十几倍。因此，电压过高或过低都会造成线圈过热而烧毁。

接触器除了电磁机构、触点系统、灭弧装置外，还有一些辅助零件和部件，如传动结构、外壳、接线端子等。

2．直流接触器

直流接触器用于控制直流供电负载和各种直流电动机，额定电压直流 400V 及以下，额定电流 40～600A，分为六个电流等级。其结构主要由电磁机构、触点与灭弧系统组成。电磁系统的电磁铁采用拍合式电磁铁，电磁线圈为电压线圈，用细漆包线绕制成长而薄的圆筒状。直流接触器的主触点一般为单极或双极，有常开触点也有常闭触点，其触点下方均装有串联的磁吹灭弧线圈。在使用时要注意，磁吹线圈在轻载时不能保证可靠的灭弧，只有在电流大于额定电流的 20% 时，磁吹线圈才起作用。

直流接触器的型号意义如图 2-3 所示。

3．接触器的主要参数

1)　额定电压

额定电压指主触点的额定工作电压，交流有 220V、380V、500V 等。直流有 110V、

21世纪高职高专自动化类实用规划教材

220V、440V 等。此外，还规定了辅助触点和线圈的额定电压。

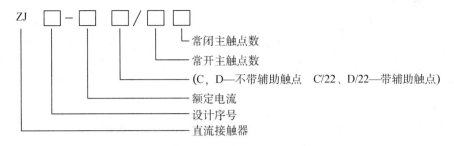

图 2-3 直流接触器的型号意义

2) 额定电流

额定电流指主触点的额定工作电流，它是在一定条件下(额定电压、使用类别、额定工作制、操作频率等)规定的保证电器正常工作的电流值，若改变使用条件，额定电流也要随之改变。目前生产的接触器的额定电流有 5A、10A、40A、60A、100A、150A、250A、400A和 600A。

3) 动作值

动作值指接触器的吸合电压和释放电压。按照规定，作为一般用途的电磁式接触器，在一定温度下，加在线圈上的电压为额定值的 85%～110%的任何电压均可以可靠地吸合；反之，如果工作中电压过低或失压，衔铁应能可靠地释放。

4) 接通与分断能力

接通与分断能力指接触器的主触点在规定条件下，能可靠地接通或分断的电流值。在此电流下接通或分断时，不应发生触点熔焊或过分磨损。

5) 机械寿命和电寿命

接触器是频繁操作电器，应具有较高的机械寿命和电寿命。机械寿命是指接触器在不需要修理的条件下所能承受的无负载操作次数，目前接触器的机械寿命为 600 万～1000 万次以上，小容量接触器的机械寿命可达 300 万次；电寿命是指接触器的主触点在额定负载条件下，所允许的极限操作次数，与触点受电弧侵蚀直接有关，取决于通断的方式及相应的电压、电流与时间。

6) 操作频率

操作频率指每小时允许的操作次数，目前一般为 150～1200 次/h。

7) 工作制

接触器的工作制有长期工作制、间断工作制、短时工作制和反复工作制几种。

4．接触器的选择

(1) 接触器类型的选择：应根据接触器所控制的负载性质来选择接触器的类型。

(2) 接触器的额定电压：应等于或大于主电路的额定电压。

(3) 接触器线圈的额定电压及频率：应与所控制的电路电压、频率相一致。

(4) 接触器额定电流的选择：应大于或等于负载的工作电流。

(5) 接触器的触点数量、种类的选择：其触点数量和种类应满足主电路和控制线路的要求。

5．接触器常见故障分析

1）吸不上或吸力不足

造成吸不上或吸力不足的主要原因有：电源电压过低和波动大；电源容量不足、断线、接触不良；接触器线圈断线，可动部分被卡住等；触点弹簧压力与超程过大；动、静铁芯间距太大。

2）不释放或释放缓慢

不释放或释放缓慢有以下原因：触点弹簧压力过小；触点熔焊；可动部分被卡住；铁芯极面被油污；反力弹簧损失；铁芯截面之间的气隙消失。

3）线圈过热或烧损

线圈中流过的电流过大时，就会使线圈过热甚至烧毁。发生线圈电流过大的原因有以下几个方面：电源电压过高或过低；操作频率过高；线圈已损坏；衔铁与铁芯闭合有间隙等。

4）噪声过大

产生的噪声过大的主要原因有：电源电压过低；触点弹簧压力过大；铁芯截面生锈或粘有油污、灰尘；分磁环断裂；铁芯截面磨损过度而不平。

5）触点熔焊

造成触点熔焊的主要原因有：操作频率过高或过负荷使用；负荷侧短路；触点弹簧压力过小；触点表面有突起的金属颗粒或异物；操作回路电压过低或机械卡住触点，停顿在刚接触的位置上。

6）触点过热和灼伤

造成触点发热和灼伤的主要原因有：触点弹簧压力过小；触点表面接触不良；操作频率过高或工作电流过大。

7）触点磨损

触点磨损有两种：一种是电气磨损，由于触点间电弧或电火花的高温使触点金属气化或蒸发而造成；另一种是机械磨损，由于触点闭合时的撞击、触点表面的相对滑动摩擦等造成。

学习情景 2.2　继电器的基本知识

【问题的提出】

继电器是根据外界输入的电信号或非电信号来控制电路中电流通与断的自动切换电器。其主要用于反映各种控制信号，其触点通常接在控制电路中。从业人员必须熟悉其结构、型号、规格和用途，并能正确选择、使用与维护。

【相关知识】

继电器的种类很多：按用途来分，有控制继电器和保护继电器两类；按反映的不同信号来分，有电压继电器、电流继电器、时间继电器、热继电器、速度继电器等；按动作原理来分，有电磁式继电器、感应式继电器、电动式继电器和热继电器等。

继电器实质上是一种传递信号的电器，它根据特定形式的输入信号而动作，从而达到控制的目的。它一般不用来直接控制主电路，而是通过接触器或其他电器来对主电路进行控制，因此同接触器相比较，继电器的触点通常接在控制电路中，触点断流容量较小，一般不需要灭弧装置，但对继电器动作的准确性要求较高。

继电器一般由 3 个基本部分组成：检测机构、中间机构和执行机构。检测机构的作用是接受外界输入信号并将信号传递给中间机构；中间机构的作用是对信号的变化进行判断、物理量转换、放大等；当输入信号变化到一定值时，执行机构(一般是触点)动作，从而使其所控制的电路状态发生变化，接通或断开某部分电路，达到控制或保护的目的。

电磁式继电器是依据电压、电流等电量，利用电磁原理使衔铁闭合动作，进而带动触点动作，使控制电路接通或断开，实现动作状态的改变。

1. 电磁式电流继电器

根据输入(线圈)电流的大小而动作的继电器称为电磁式电流继电器。电磁式电流继电器的线圈串联于被测电路中，反映电路电流的变化，对电路实现过电流与欠电流保护。为了使串入电流继电器后不影响电路正常工作，电磁式电流继电器的线圈应阻抗小、导线粗，其匝数应尽量少，只有这样，线圈的功率损耗才小。

根据实际应用的要求，电磁式电流继电器又有过电流继电器和欠电流继电器之分。当过电流继电器在正常工作时，线圈通过的电流在额定值范围内，它所产生的电磁吸力不足以克服反力弹簧的反作用力，故衔铁不动作；当通过线圈的电流超过某一整定值时，电磁吸力大于反力弹簧的拉力，吸引衔铁动作，于是常开触点闭合，常闭触点断开。有的过电流继电器带有手动复位结构，它的作用是：当过电流时，继电器动作，衔铁被吸合，但当电流减小甚至为零时，衔铁也不会自动返回，只有当故障得到处理后，采用手动复位结构，松开锁扣装置后，衔铁才会在复位弹簧作用下恢复原始状态，从而避免重复过电流事故的发生。

过电流继电器主要用于频繁起动的场合，作为电动机或主电路的过载和短路保护。一般的交流过电流继电器调整在$(110\% \sim 350\%)I_N$动作，直流过电流继电器调整在$(70\% \sim 300\%)I_N$动作。

欠电流继电器是当通过线圈的电流降低到某一整定值时，继电器衔铁被释放，相反，欠电流继电器在电路电流正常时，衔铁吸合。欠电流继电器的吸引电流为线圈额定电流的$30\% \sim 65\%$，释放电流为额定电流的$10\% \sim 20\%$。因此，当继电器线圈电流降低到额定电流的$10\% \sim 20\%$时，继电器即动作，给出信号，使控制电路作出应有的反应。交流过电流继电器的铁芯和衔铁上可以不安放短路环。

电流继电器的动作值与释放值可用调整反力弹簧的方法来整定。旋紧弹簧，反作用力增大，吸合电流和释放电流都被提高；反之，旋松弹簧，反作用力减小，吸合电流和释放电流都降低。另外，调整夹在铁芯柱与衔铁吸合端面之间的非磁性垫片的厚度也能改变继电器的释放电流，垫片越厚，磁路的气隙和磁阻就越大，与此相应，产生同样吸力所需的磁动势也越大，当然，释放电流也要大些。

电磁式电流继电器的型号意义如图 2-4 所示。

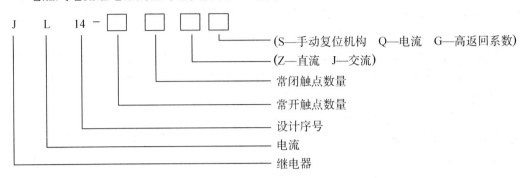

图 2-4　电磁式电流继电器型号意义

J114 系列交直流电流继电器的磁系统为棱角转动拍合式，由铁芯、衔铁、磁轭和线圈组成，触点为桥式双断点，触点数量有多种，并带有透明外罩。

2．电磁式电压继电器

电磁式电压继电器是根据输入电压的大小而动作的继电器。电磁式电压继电器线圈与被测电路并联，反映电路电压的变化，可作为电路的过电压和欠电压保护。为了不影响电路的正常工作，要求其线圈的匝数要多，导线截面要小，线圈阻抗要大。根据电磁式电压继电器动作电压值的不同分为过电压继电器、欠电压继电器、零电压继电器，一般欠电压继电器用得较多。过电压继电器在电路电压为$(105\% \sim 120\%)U_N$时吸合，欠电压继电器在电路电压为$40\% \sim 70\%U_N$时释放，零电压继电器在电路电压降至$(5\% \sim 25\%)U_N$时释放。对于交流励磁的过电压继电器在电路正常时不动作，只有在电路电压超过额定电压，达到整定值时才动作，且一动作就将电路切断。

电磁式电压继电器的型号意义如图 2-5 所示。

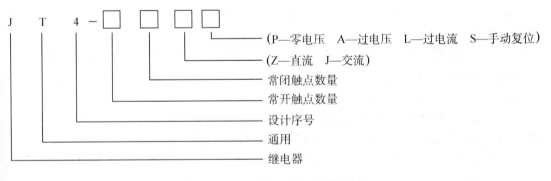

图 2-5　电磁式电压继电器型号意义

3．电磁式中间继电器

电磁式中间继电器的用途很广，若主继电器的触点容量不足，或为了同时接通和断开几个回路需要多对触点时，或一套装置有几套保护需要用共同的出口继电器等，都要采用中间继电器。中间继电器实质上为电压继电器，当线圈加上 70%以上的额定电压时，衔铁被吸合，并使衔铁上的动触点与静触点闭合；当失去电压时，衔铁受反作用弹簧的拉力而返回原位。

电磁式中间继电器的基本结构及工作原理与接触器完全相同，故称为接触器式继电器，所不同的是中间继电器的触点对数较多，并且没有主、辅之分，各对触点允许通过的电流大小是相同的，其额定电流约为 5A。

常用的中间继电器有 JZ7 型和 JZ14 型中间继电器。

JZ7 型中间继电器采用立体布置，铁芯和衔铁用 E 形硅钢片叠装而成，线圈置于铁芯中柱，组成双 E 直动式电磁系统。触点采用桥式双断点结构，上、下两层各有 4 对触点，下层触点只能是常开的，故触点系统可按 8 常开、6 常开和 2 常闭，以及 4 常开和 4 常闭组合。

JZ14 型中间继电器采用螺管式电磁系统及双断点桥式触点。其基本结构为交、直流通用，交流铁芯为平顶形，直流铁芯与衔铁为圆锥形接触面。触点采用直列式布置，触点对数可达 8 对，按 6 常开和 2 常闭、4 常开和 4 常闭及 2 常开和 6 常闭任意组合。该继电器还有手动操作按钮，便于手动操作和作为动作指示，同时还带有透明外罩，以防尘埃进入内部，影响工作的可靠性。

电磁式中间继电器与电压继电器在电路中的接法和结构特征基本上也相同。其在电路中起到中间放大与转换作用：一是当电压或电流继电器触点容量不够时，可借助中间继电器来控制，用中间继电器作为执行元件，这时，中间继电器可被看成是一级放大器；二是当其他继电器或接触器触点数量不够时，可用中间继电器来切换多条电路。图 2-6 所示为 JZ7-44 型中间继电器结构示意图和图形文字符号。

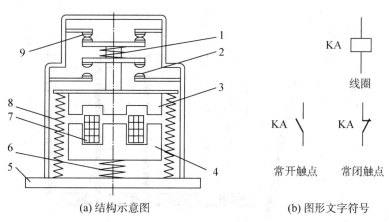

(a) 结构示意图　　　　　　　　(b) 图形文字符号

图 2-6　JZ7-44 型中间继电器结构示意图和图形文字符号

1—触点弹簧　2—常开触点　3—衔铁　4—铁芯　5—底座
6—缓冲弹簧　7—线圈　8—释放弹簧　9—常闭触点

电磁式继电器图形文字符号一般是相同的，电流继电器、电压继电器、中间继电器文字符号都为 KA。中间继电器的型号意义如图 2-7 所示。

4．热继电器

热继电器是电流通过发热元件产生热量，使检测元件受热弯曲而推动机构动作的一种继电器。由于热继电器中发热元件的发热惯性，在电路中不能做瞬时过载保护和短路保护，因此它主要用于电动机的过载保护、断相保护和三相电流不平衡运行的保护。

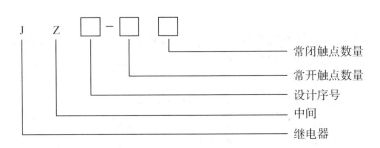

图 2-7　中间继电器型号意义

1)　热继电器的结构和工作原理

热继电器的形式有多种，其中以双金属片最多。双金属片式热继电器主要由热元件、双金属片和触点三部分组成，如图 2-8 所示。双金属片是热继电器的感测元件，由两种膨胀系数不同的金属片碾压而成。当串联在电动机定子绕组中的热元件有电流流过时，热元件产生的热量使双金属片伸长，由于膨胀系数不同，致使双金属片发生弯曲。当电动机正常运行时，双金属片的弯曲程度不足以使热继电器动作；当电动机过载时，流过热元件的电流增大，加上时间效应，从而使双金属片的弯曲程度加大，最终使双金属片推动导板使热继电器的触点动作，切断电动机的控制电路。

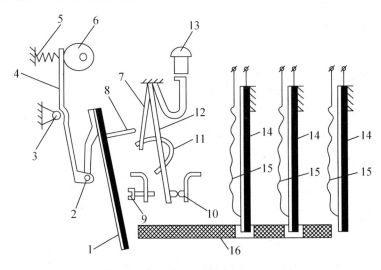

图 2-8　热继电器的结构示意图

1—补偿双金属片　2—销子　3—支撑　4—杠杆　5—弹簧　6—凸轮　7、12—片簧　8—推杆　9—调节螺钉　10—触点　11—弓簧　13—复位按钮　14—双金属片　15—发热元件　16—导板

热继电器由于热惯性，当电路短路时不能立即动作使电路断开，因此不能用作短路保护。同理，在电动机起动或短时过载时，热继电器也不会马上动作，从而避免电动机不必要的停车。

2)　热继电器的分类及常见规格

热继电器按热元件数分为两相结构和三相结构。三相结构中又分为带断相保护和不带断相保护装置两种。

目前国内生产的热继电器种类很多，常用的有 JR20、JRS1、JRS2、JRS5、JR16B 和 T 系列等。其中 JRS1 为引进法国 TE 公司的 1R1-D 系列，JRS2 为引进德国西门子公司的 3UA 系列，JRS5 为引进日本三菱公司的 TH-K 系列，T 系列为引进德国 ABB 公司的产品。

JR20 系列热继电器采用立体布置式结构，且系列动作机构通用。除具有过载保护、断相保护、温度补偿以及手动和自动复位功能外，JR20 系列热继电器还具有动作脱扣灵活、动作脱扣指示以及断开检验按钮等功能装置。

热继电器的型号含义及电气符号如图 2-9 所示。

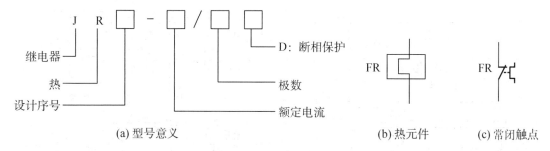

图 2-9　热继电器的型号含义及电气符号

3)　热继电器的选择

选用热继电器时，必须了解被保护对象的工作环境、起动情况、负载性质、工作制及电动机允许的过载能力。

(1)　热继电器的类型选择。若用热继电器作电动机缺相保护，应考虑电动机的接法。对于 Y 接法的电动机，当某相断线时，其余未断相绕组的电流与流过热继电器电流的增加比例相同。一般的三相式热继电器，只要整定电流调节合理，是可以对 Y 接法的电动机实现断相保护的；对于 △ 接法的电动机，某相断线时，流过未断相绕组的电流与流过热继电器的电流增加比例则不同，也就是说，流过热继电器的电流不能反映断相后绕组的过载电流。因此，一般的热继电器，即使是三相式也不能为 △ 接法的三相异步电动机的断相运行提供充分保护，此时，应选用三相带断相保护的热继电器。带断相保护的热继电器的型号后面有 D、T 或 3UA 字样。

(2)　热元件的额定电流选择。应按照被保护电动机额定电流的 1.1～1.15 倍选取热元件的额定电流。

(3)　热元件的整定电流选择。一般将热继电器的整定电流调整到等于电动机的额定电流；对过载能力差的电动机，可将热元件的整定值调整到电动机额定电流的 0.6～0.8 倍；对起动时间较长、拖动冲击性负载或不允许停车的电动机，热元件的整定电流应调整到电动机额定电流的 1.1～1.15 倍。

5．时间继电器

在电气控制系统中，有时需要继电器收到信号后不立即动作，而要延时一段时间后再动作并输出控制信号，以达到按时间顺序进行控制的目的，这种感受外界信号后，经过一段时间才能使执行部分动作的继电器，就是时间继电器。

时间继电器按工作原理分可分为直流电磁式、空气阻尼式(气囊式)、晶体管式、电动式等几种；按延时方式分可分为通电延时型和断电延时型两种。

1) 空气阻尼式时间继电器

空气阻尼式时间继电器利用空气通过小孔时产生阻尼的原理获得延时。其结构由电磁系统、延时机构与触点三部分组成。空气阻尼式时间继电器既有通电延时型，也有断电延时型，只要改变电磁机构的安装方向，即可实现不同的延时方式：当衔铁位于铁芯与延时机构之间时为通电延时型；当铁芯位于衔铁与延时机构之间时为断电延时型，如图 2-10 所示。电磁机构为双 E 直动式，触点系统为微动开关，延时机构采用气囊式阻尼器。

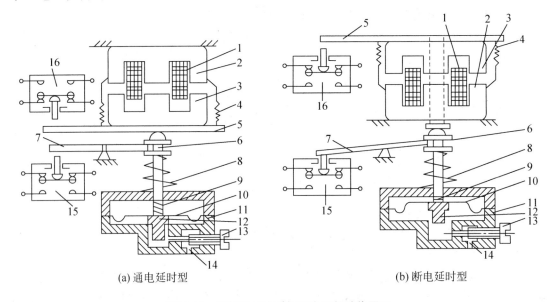

(a) 通电延时型   (b) 断电延时型

图 2-10　空气阻尼式时间继电器的动作原理

1—线圈　2—铁芯　3—衔铁　4—复位弹簧　5—推板　6—活塞杆　7—杠杆　8—塔形弹簧
9—弱弹簧　10—橡皮膜　11—气室　12—活塞　13—调节螺钉　14—进气孔　15、16—微动开关

图 2-10(a)为通电延时型时间继电器，当线圈 1 通电后，铁芯 2 将衔铁 3 吸合，活塞杆 6 在塔形弹簧 8 的作用下，带动活塞 12 及橡皮膜 10 向上移动，由于橡皮膜下方气室空气稀薄，形成负压，因此活塞杆 6 不能上移。当空气由进气孔 14 进入时，活塞杆 6 才逐渐上移。移到最上端时，杠杆 7 才使微动开关动作。延时时间即为自电磁铁吸引线圈通电时刻起到微动开关动作时为止的这段时间。通过调节螺钉 13 调节进气口的大小，就可以调节延时时间。

当线圈 1 断电时，衔铁 3 在复位弹簧 4 的作用下将活塞 12 推向最下端。因活塞被往下推时，橡皮膜下方气孔内的空气，都通过橡皮膜 10、弱弹簧 9 和活塞 12 肩部所形成的单向阀，经上气室缝隙顺利排掉，因此延时与不延时的微动开关 15 与 16 都迅速复位。

空气阻尼式时间继电器的优点是结构简单、寿命长、价格低廉；缺点是准确度低、延时误差大，在延时精度要求高的场合不宜采用。

2) 晶体管式时间继电器

晶体管式时间继电器常用的有阻容式时间继电器，它是利用 RC 电路中电容电压不能跃变，只能按指数规律逐渐变化的原理——电阻尼特性获得延时的，所以，只要改变充电回路的时间常数即可改变延时时间。由于调节电容比调节电阻困难，所以多用调节电阻的方式来改变延时时间。其原理图如图 2-11 所示。

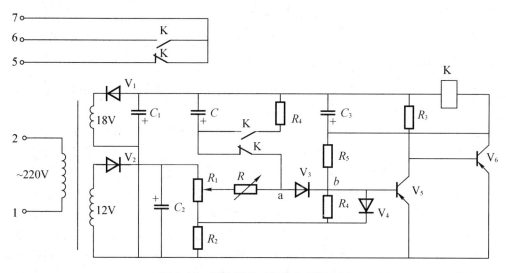

图 2-11　晶体管式时间继电器原理图

晶体管式时间继电器具有延时范围广、体积小、精度高、使用方便及寿命长等优点。

3)　时间继电器的电气符号

时间继电器的图形文字符号如图 2-12 所示。

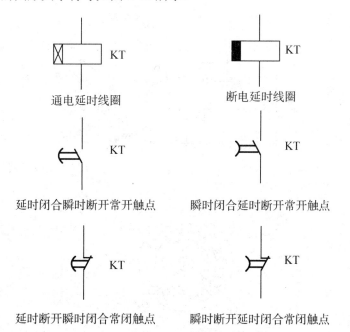

图 2-12　时间继电器的图形文字符号

对于通电延时时间继电器，当线圈得电时，其延时常开触点要延时一段时间才闭合，延时常闭触点要延时一段时间才断开；当线圈失电时，其延时常开触点迅速断开，延时常闭触点迅速闭合。

对于断电延时时间继电器，当线圈得电时，其延时常开触点迅速闭合，延时常闭触点迅速断开；当线圈失电时，其延时常开触点要延时一段时间再断开，延时常闭触点要延时一段时间再闭合。

6．速度继电器

速度继电器是当电动机转速达到规定值动作的继电器，其作用是与接触器配合实现对电动机的制动，所以又称为反接制动继电器。

图2-13所示是速度继电器的结构原理图。速度继电器主要是由转子、定子和触点三部分组成。转子11是一个圆柱形永久磁铁，定子9是一个笼型空心圆环，由矽钢片叠成并装有笼型绕组，速度继电器转轴10与被控电动机转轴连接，而定子9空套在转子11上。当电动机转动时，速度继电器的转子11随之转动，这样永久磁铁的静磁场就成了旋转磁场，定子9内的短路导体因切割磁场而感应电动势并产生电流，带电导体在旋转磁场的作用下产生电磁转矩，于是定子9随转子11旋转方向转动，但由于有返回杠杆6挡位，故定子只能随转子转动一定角度，定子的转动经杠杆7作用使相应的触点动作，并在杠杆推动触点动作的同时，压缩反力弹簧2，其反作用力也阻止定子转动。当被控电动机转速下降时，速度继电器转子转速也随之下降，于是定子的电磁转矩减小，当电磁转矩小于反作用弹簧的反作用力矩时，定子返回原来位置，对应触点恢复到原来状态。同理，当电动机向相反方向转动时，定子做反向转动，使速度继电器的反向触点动作。

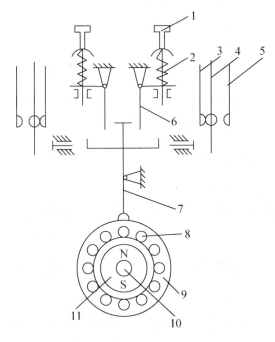

图2-13　速度继电器结构原理图

1—调节螺钉　2—反力弹簧　3—常闭触点　4—动触点　5—常开触点
6—返回杠杆　7—杠杆　8—定子导条　9—定子　10—转轴　11—转子

调节螺钉的位置，可以调节反力弹簧的反作用力大小，从而调节触点动作时所需转子的转速。一般速度继电器的动作转速不低于120r/min，复位转速约为100r/min。

速度继电器的图形符号如图 2-14 所示，文字符号为 KS。

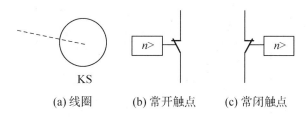

　　　(a) 线圈　　　　　(b) 常开触点　　　　(c) 常闭触点

图 2-14　速度继电器的图形符号

学习情景 2.3　熔断器的基本知识

【问题的提出】

　　熔断器是一种应用广泛、简单快捷的保护电器，在电路中用于过载与短路保护。其具有结构简单、体积小、重量轻、使用维护方便、价格低廉等优点。从业人员必须熟悉其结构、型号、规格和用途，并能正确选择、使用与维护。

【相关知识】

　　熔断器的主体是低熔点金属丝或金属薄片制成的熔体串联在被保护电路中。在正常情况下，熔体相当于一根导线，当发生过载或短路时，电流急剧增大，熔体因过热熔化而切断电路。

1. 熔断器的结构和工作原理

　　熔断器主要是由熔体(俗称保险丝)和安装熔体的熔管(或熔座)组成。熔体是熔断器的主要部分，其材料一般由熔点较低、电阻率较高的金属材料(如铝锑合金丝、铅锡合金丝和铜丝等)制成。熔管是装熔体的外壳，由陶瓷、绝缘钢纸或玻璃纤维制成，在熔体熔断时兼有灭弧作用。

　　熔断器的熔体与被保护的电路串联，当电路正常工作时，熔体允许通过一定大小的电流而不熔断；当电路发生短路或严重过载时，熔体中流过很大的故障电流，当电流产生的热量达到熔体的熔点时，熔体熔断切断电路，从而达到保护电路的目的。

　　电流流过熔体时产生的热量与电流的平方和电流通过的时间成正比，因此，电流越大，熔体熔断的时间越短。这一特性称为熔断器的保护特性(或安秒特性)，如图 2-15 所示。

　　熔断器的安秒特性为反时限特性，即短路电流越大，熔断时间越短，这样就能满足短路保护的要求。由于熔断器对过载反应不灵敏，不宜用于过载保护，主要用于短路保护。

2. 熔断器的分类

　　熔断器的类型很多，按结构形式可分为瓷插式熔断器、螺旋式熔断器、封闭管式熔断器、快速式熔断器和自复式熔断器等。下面介绍两种最常见的熔断器。

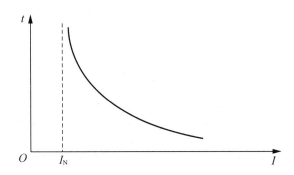

图 2-15　熔断器的保护特性

1)　瓷插式熔断器

常用的瓷插式熔断器有 RC1A 系列，其结构如图 2-16 所示。它由瓷盖、瓷座、触点和熔丝四部分组成。由于其结构简单、价格便宜、更换熔体方便，因此广泛应用于 380V 及以下的配电线路末端，作为电力、照明负荷的短路保护。

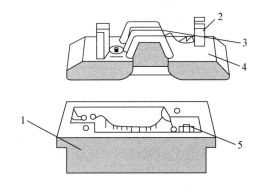

图 2-16　瓷插式熔断器

1—瓷底座　2—动触点　3—熔锡　4—瓷插件　5—静触点

2)　螺旋式熔断器

常用的螺旋式熔断器是 R11 系列，其外形与结构如图 2-17 所示。它由瓷座、瓷帽和熔断管三部分组成。熔断管上有一个标有颜色的熔断指示器，当熔体熔断时熔断指示器会自动脱落，显示熔丝已熔断。

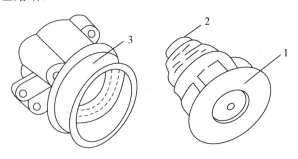

图 2-17　螺旋式熔断器

1—瓷帽　2—熔芯　3—底座

在装接使用时，电源线应接在下接线座，负载线应接在上接线座，这样在更换熔断管时(旋出瓷帽)，金属螺纹壳的上接线座便不会带电，保证维修者安全。它多用于机床配线中作短路保护。

3. 熔断器的选择

在选用熔断器时，应根据被保护电路的需要，首先确定熔断器的类型，然后选择熔体的规格，再根据熔体确定熔断器的规格。

1)　熔断器类型的选择

选择熔断器的类型要根据线路要求、使用场合、安装条件、负载要求的保护特性和短路电流的大小等来进行。电网配电一般用管式熔断器；电动机保护一般用螺旋式熔断器；照明电路一般用瓷插式熔断器；保护可控硅元件则应选择快速式熔断器。

2)　熔断器额定电压的选择

熔断器的额定电压大于或等于线路的工作电压。

3)　熔断器熔体额定电流的选择

(1)　对于变压器、电炉和照明等负载，熔体的额定电流 I_{fN} 应略大于或等于负载电流 I。即

$$I_{fN} \geqslant I \tag{2-1}$$

(2)　保护一台电动机时，考虑起动电流的影响，可按下式选择：

$$I_{fN} \geqslant (1.5 \sim 2.5)I_N \tag{2-2}$$

式中：I_N——电动机额定电流(A)。

(3)　保护多台电动机时，可按下式计算：

$$I_{fN} \geqslant (1.5 \sim 2.5)I_{Nmax} + \sum I_N \tag{2-3}$$

式中：I_{Nmax}——容量最大的一台电动机的额定电流；

　　　$\sum I_N$——其余电动机额定电流之和。

4)　熔断器额定电流的选择

熔断器的额定电流必须大于或等于所装熔体的额定电流。

图 2-18 所示为熔断器型号的意义。

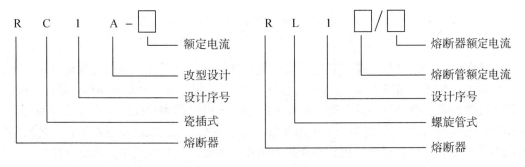

图 2-18　熔断器型号的意义

学习情景 2.4　低压断路器的基本知识

【问题的提出】

　　低压断路器又称自动空气开关或自动空气断路器，主要用于低压动力电路中。它相当于刀开关、熔断器、热继电器和欠压继电器的组合，不仅可以接通和分断正常负荷电流和过负荷电流，还可以分断短路电流。从业人员必须熟悉其结构、型号、规格和用途，并能正确选择、使用与维护。

【相关知识】

1. 低压断路器的工作原理

　　低压断路器主要由触点系统、操作机构和保护元件三部分组成。主触点由耐弧合金制成，采用灭弧栅片灭弧，操作机构较复杂，其通断可用操作手柄操作，也可用电磁机构操作，故障时自动脱扣，触点通断瞬时动作与手柄操作速度无关。其工作原理如图 2-19 所示。

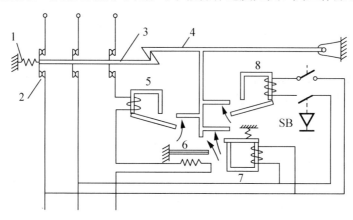

图 2-19　低压断路器原理图

1—分闸弹簧　2—主触点　3—传动杆　4—锁扣　5—过电流脱扣器
6—过载脱扣器　7—失压脱扣器　8—分励脱扣器

　　断路器的主触点是依靠操作机构手动或电动合闸的，并由自动脱扣机构将主触点锁在合闸位置上。如果电路发生故障，自动脱扣机构在有关脱扣器的推动下动作，使挂钩脱开，主触点 2 在弹簧的作用下迅速分断。过电流脱扣器 5 的线圈和过载脱扣器 6 的线圈与主电路串联，失压脱扣器 7 的线圈与主电路并联，当电路发生短路或严重过载时，过电流脱扣器的衔铁被吸合，使自动脱扣机构动作；当电路过载时，过载时脱扣器的热元件产生的热量增加，使双金属片向上弯曲，推动自动脱扣机构动作；当电路失压时，失压脱扣器的衔铁释放，也使自动脱扣机构动作；分励脱扣器 8 则作为远距离分断电路使用，根据操作人员的命令或其他信号使线圈通电，从而使断路器跳闸。

21世纪高职高专自动化类实用规划教材

2．低压断路器的主要技术参数

1）额定电压

断路器的额定工作电压在数值上取决于电网的额定电压等级，我国电网标准规定为 AC 220、380、660 及 1140V，DC 220、440V 等。应该指出，同一断路器可以规定在几种额定工作电压下使用，但相应的通断能力并不相同。

2）额定电流

断路器的额定电流就是过电流脱扣器的额定电流，一般是指断路器的额定持续电流。

3）通断能力

开关电器在规定的条件下(电压、频率及交流电路的功率因数和直流电路的时间常数)，能在给定的电压下接通和分断的最大电流值，也称为额定短路通断能力。

4）分断时间

分断时间指切断故障电流所需的时间，它包括固有的断开时间和燃弧时间。

目前我国生产的断路器有 DW10、DW15、DW16 系列万能式断路器和 DZ5、DZ10、DZ12、DZ15、DZ20 等系列塑壳式断路器，以及近年来从联邦德国 AEG 公司引进的 ME 系列万能式断路器，日本三菱公司引进的 AE 系列万能式断路器，日本寺崎公司引进的 AH 系列万能式断路器和德国西门子公司引进的 3WE 系列万能式断路器。

断路器型号的意义如图 2-20 所示。

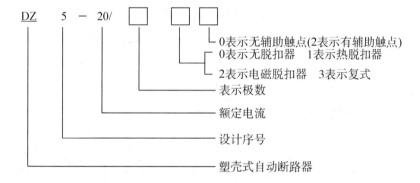

图 2-20　断路器型号的意义

3．低压断路器的选用

(1) 断路器的额定工作电压应大于或等于线路或设备的额定工作电压。对于配电电路来说，应注意区别是电源端保护还是负载保护，电源端电压比负载端电压高出约 5%。

(2) 断路器主电路额定工作电流大于或等于负载工作电流。

(3) 断路器的过载脱扣整定电流应等于负载工作电流。

(4) 断路器的额定通断能力大于或等于电路的最大短路电流。

(5) 断路器的欠电压脱扣器额定电压等于主电路额定电压。

(6) 选择断路器的类型，应根据电路的额定电流及保护的要求来选用。

4．低压断路器的维护

(1) 使用新开关前应将电磁铁工作面的防锈油脂抹净，以免增加电磁机构的阻力。

(2) 工作一定次数后(约1/4机械寿命),转动机构部分应加润滑油。

(3) 每经过一段时间应清除自动开关上的灰尘,以保护良好的绝缘。

(4) 灭弧室在分断短路电流后或较长时间使用后,应清除自动开关内壁和栅片上的金属颗粒和积碳。长期未使用的灭弧室(如配件),在使用前应先烘一次,以保证良好的绝缘。

(5) 自动开关的触点在使用一定的次数后,如表面发现毛刺、颗粒等,应当修整,以保证良好的接触。当触点被磨损至原来厚度的1/3时,应考虑更换触点。

(6) 定期检查各脱扣器的电流整定值、延时和动作情况。

5. 漏电保护断路器

漏电保护断路器是为了防止低压网络中发生人体触电、漏电火灾、爆炸事故而研制的一种开关电器。当人体触电或设备漏电时能够迅速切断故障电路,从而避免人体和设备受到危害。这种漏电保护断路器实际上是有检漏保护元件的塑料外壳式断路器,常见的有电磁式电流动作型、电压动作型和晶体管(集成电路)电流动作型。

漏电保护断路器在接入电路时,应接在电能表(曾称电度表)和熔断器后面,安装应按规定的标志接线。接线完毕后应按实验按钮,检查漏电保护断路器是否可靠动作。漏电保护断路器投入正常运行后,应定期校验,一般每月需在合闸通电状态下按动实验按钮一次,检查漏电保护断路器是否正常工作,以确保其动作可靠性。

实 训 操 作

1. 实训目的

(1) 认识常用的自动控制电器并进行拆装。

(2) 学会采用电工仪器判断电器好坏的方法。

2. 实训器材

交流接触器、电流继电器、电压继电器、时间继电器、速度继电器、转速表、电工工具、万用表、三相异步电动机。

3. 实训内容

(1) 电流继电器与电压继电器的拆装。

(2) 时间继电器所有触点的功能测试。

(3) 速度继电器工作情况测试。

(4) 交流接触器的拆装。

4. 实训步骤

(1) 分别将电流继电器与电压继电器进行拆装,观察各自线圈具有什么特点。

(2) 模拟时间继电器通电与断电情景,用万用表测试常开、常闭触点闭合与断开的转换顺序。

(3) 将速度继电器转子连接在三相异步电动机的转轴上,在三相异步电动机正常工作与停止转动时，分别测试速度继电器触点闭合与断开情况并记录转速。

(4) 拆装交流接触器，按照以下过程进行。

① 拆卸：拆下灭弧罩；拆底盖螺钉；打开底盖，取出铁芯，注意衬垫纸片不要丢失；取出缓冲弹簧和电磁线圈；取出反作用弹簧。拆卸完毕后将零部件放好，不要丢失。

② 观察：仔细观察交流接触器结构，零部件是否完好无损；观察铁芯上的短路环、位置及大小；记录交流接触器有关数据。

③ 组装：安装反作用弹簧；安装电磁线圈和缓冲弹簧；安装铁芯；安装底盖，拧紧螺钉。安装时，不要碰损零部件。

④ 更换辅助触点：松开压紧螺钉，拆除静触点；再用镊子夹住动触点向外拆，即可拆除动触点；将触点插在应安装的位置，拧紧螺钉就可以更换静触点；用镊子或尖嘴钳夹住触点插入动触点的位置，更换动触点。

⑤ 更换主触点：交流接触器主触点一般是桥式结构，将主触点的动、静触点一一拆除，依次更换。应注意组装时，零件必须到位，无卡阻现象。

5．实训考核

考核项目	考核内容	配　分	评分标准	得　分
元件拆装与测试	电流与电压继电器的拆装	10	记录准确 10 分	
	时间继电器触点测试	10	测试记录准确 10 分	
	速度继电器测试	10	触点与速度测试记录正确 10 分	
	拆装交流接触器	30	拆卸、组装正确 20 分 更换主、辅触点正确 10 分	
实训报告	完成情况	40	实训报告完整、正确 40	

课 后 练 习

1. 本单元学习的保护电器有哪些种类？举例说明它们分别使用于什么场合。
2. 比较接触器与电磁式继电器的异同点。
3. 时间继电器的延时触点有哪些种类？分别说明各自的闭合与断开的顺序。
4. 通过电工手册等资料查阅本节所学电器的型号与意义。

单 元 小 结

　　本单元较为详细地介绍了各种常用的低压电器的基本知识，为正确选择、使用与维护电器奠定了基础。多数低压电器都是利用电磁线圈的吸动来控制触点的通断，从而控制电动机的运转。为使低压电器适应不同的工作条件，各种电器都规定了一系列的技术参数，在选用时必须根据具体的条件正确选择，同时学会在电器手册中查找它们的使用方法。

第二单元　典型继电—接触器控制电路

项目3

三相笼型异步电动机点动、连续运转控制

知识要求

- 掌握电气控制系统的图形与标识。
- 掌握三相笼型异步电动机点动、连续运转控制原理。
- 掌握三相笼型异步电动机多地点与多条件控制的方法。

技能要求

- 掌握三相笼型异步电动机点动、连续运转控制线路的安装，学习安装的工艺要求。
- 掌握使用电工仪表判断电气故障的方法并能正确排除。

学习情景 3.1　电气控制系统的图形与标识

【问题的提出】

在工业生产中广泛使用的机械设备、自动化生产线等，一般都是由电动机拖动的。采用电动机作为原动机拖动生产机械运动的方式叫做电力拖动。电气控制是指对拖动系统的控制，最常见的是继电器—接触器控制方式，也称继电接触器控制。电气控制线路是由各种接触器、继电器、按钮、行程开关等电器元件组成的控制电路，复杂的电气控制线路由基本控制电路(环节)组合而成。电动机常用的控制电路有起停控制、正反转控制、降压起动控制、调速控制和制动控制等基本控制环节。

电力拖动控制系统由电动机和各种控制电器组成。为了表达电气控制系统的设计意图，便于分析系统的工作原理、安装、调试和检修控制系统，必须采用统一的图形符号和文字符号来表达。国家标准 GB/T 4728—85《电气图常用图形符号》规定了电气简图中图形符号的画法，国家标准 GB/T 7159—87《电气技术中的文字符号制定通则》规定了电气工程图中的文字符号的画法。从业人员必须能正确识读电气控制系统的图形与符号。

【相关知识】

1. 电气图中的图形符号和文字符号

1)　图形符号

图形符号通常用于图样或其他文件，用以表示一个设备或概念的图形、标记或字符。电气控制系统图中的图形符号必须按国家标准绘制。

图形符号含有符号要素、一般符号和限定符号。

(1)　符号要素：是一种具有确定意义的简单图形，必须同其他图形组合才构成一个设备或概念的完整符号。如接触器常开主触点的符号就由接触器触点功能符号和常开触点符号组合而成。

(2)　一般符号：用以表示一类产品和此类产品特征的一种简单的符号。如电动机可用一个圆圈表示。

(3)　限定符号：用于提供附加信息的一种加在其他符号上的符号。

2)　文字符号

文字符号适用于电气技术领域中技术文件的编制，用以标明电气设备、装置和元器件的名称及电路的功能、状态和特征。

文字符号分为基本文字符号和辅助文字符号，必要时还需添加补充文字符号。

(1)　基本文字符号：有单字母符号与双字母符号两种。

单字母符号按拉丁字母顺序将各种电气设备、装置和元器件划分为 23 大类，每一类用一个专用单字母符号表示，如"C"表示电容器类，"Q"表示开关类等。

双字母符号由一个表示种类的单字母符号与另一个字母组成，且以单字母符号在前，另一字母在后的次序列出，如"F"表示保护器件类，"FU"则表示为熔断器。

(2) 辅助文字符号：用来表示电气设备、装置和元器件以及电路的功能、状态和特征的。如"RD"表示红色，"L"表示限制等。辅助文字符号也可以放在表示种类的单字母符号之后与其组成双字母符号，如"SP"表示压力传感器，"YB"表示电磁制动器等。为简化文字符号，若辅助文字符号由两个以上字母组成时，只允许采用其第一位字母进行组合，如"MS"表示同步电动机。辅助文字符号还可以单独使用，如"ON"表示接通，"M"表示中间线等。

(3) 补充文字符号：用于基本文字符号和辅助文字符号在使用中仍不够用时进行补充，但要按照国家标准中的有关原则进行。例如，有时需要在电气原理图中对相同的设备或元器件加以区别时，常使用数字序号进行编号，如"G1"表示 1 号发电动机，"T2"表示 2 号变压器。

2. 电气控制系统图

电气控制系统是由电气控制元件按一定要求连接而成。为了清晰地表达生产机械电气控制系统的工作原理，便于系统的安装、调整、使用和维修，将电气控制系统中的各电气元器件用一定的图形符号和文字符号来表示，再将其连接情况用一定的图形表达出来，这种图形就是电气控制系统图，也称电气工程图或电气图。电气控制系统图包括电气原理图、电器元件布置图、电气接线图、功能图和电器元件明细表等，常用的有电气原理图、电器元件布置图与电气接线图。电气控制系统图是根据国家电气制图标准，用规定的图形符号、文字符号以及规定的画法绘制的，图纸尺寸一般选用 297mm×210mm、297mm×420mm、297mm×630mm 和 297mm×840mm 四种幅面。

1) 电气原理图

电气原理图是用图形符号和项目代号表示电路各个电器元件连接关系和电气系统的工作原理。由于电气原理图结构简单、层次分明，适用于研究和分析电路工作原理，在设计部门和生产现场得到广泛的应用。

电气原理图中的所有电器元件都不画出实际外形图，而采用国家标准规定的图形符号和文字符号，原理图注重表示电气电路中各电器元件间的连接关系，而不考虑其实际位置，甚至可以将一个元件分成几个部分绘于不同图纸的不同位置，但必须用相同的文字符号标注。

电气原理图的绘制规则是由国家标准 GB/T 6988 给出。图 3-1 所示为 CW6132 型普通车床电气原理电路图。

一般工厂设备的电气原理图绘制规则简述如下。

(1) 电器应是未通电时的状态；机械开关应是循环开始前的状态。

(2) 原理图上的动力电路、控制电路和信号电路应分开绘制。

(3) 原理图上应标出各个电源电路的电压值、极性或频率及相数；某些元器件的特性(如电阻、电容的数值等)；不常用电器(如位置传感器、手动触点等)的操作方式和功能。

(4) 原理图上各电路的安排应便于分析、维修和寻找故障，原理图应按功能分开画。

(5) 动力电路的电源电路绘成水平线，受电的动力装置(电动机)及其保护电器支路，应

垂直电源电路画出。

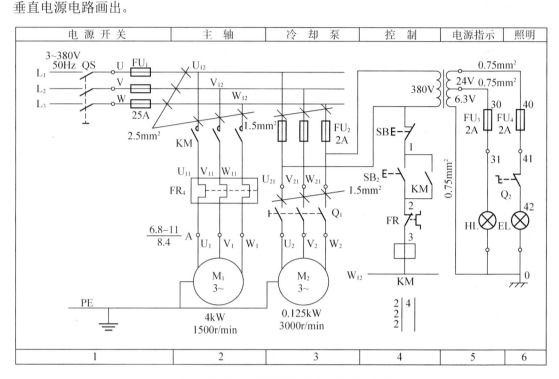

图 3-1 CW6132 型普通车床电气原理电路图

(6) 控制和信号电路应垂直地绘在两条或几条水平电源线之间。耗能元件(如线圈、电磁铁、信号灯等),应直接接在接地的水平电源线上,而控制触点应连在另一电源线。

(7) 为阅图方便,图中自左至右或自上而下表示操作顺序,并尽可能减少线条和避免线条交叉。

(8) 在原理图上方将图分成若干图区,并标明该区电路的用途与作用;在继电器、接触器线圈下方列有触点表,以说明线圈和触点的从属关系。

2) 电器元件布置图

电器元件布置图中绘出机械设备上所有电气设备和电器元件的实际位置,是生产机械电气控制设备制造、安装和维修必不可少的技术文件。电器元件布置图根据设备的复杂程度可集中绘制在一张图上,控制柜、操作台的电器元件布置图也可以分别绘出。图 3-2 所示为 CW6132 型普通车床电器元件布置图。图中 FU₁～FU₄ 为熔断器、KM 为接触器、FR 为热继电器、TC 为照明变压器、XT 为接线端子板。

3) 电气接线图

电气接线图又称电气互连图,用来表明电气设备各单元之间的连接关系。它清楚地表明了电气设备外部元件的相对位置及它们之间的电气连接,是实际安装接线的依据,在具体施工和检修中能够起到电气原理图所起不到的作用,在生产现场得到广泛的应用,如图 3-3 所示。

图 3-3 是根据图 3-1 电气原理图绘制的电气接线图。图中标明了 CW6132 型普通车床电气控制系统的电源进线、用电设备和各电器元件之间的接线关系,并用虚线分别框出了电

21世纪高职高专自动化类实用规划教材

气柜、操作台等接线板上的电气元件，画出了虚线框之间的连接关系。

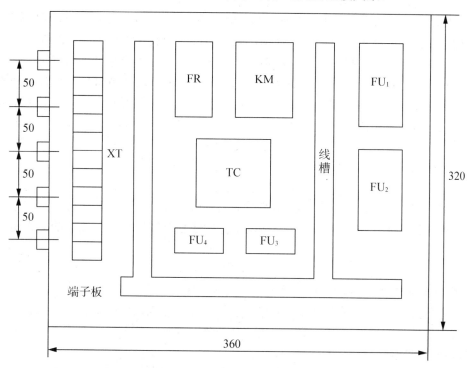

图 3-2　CW6132 型普通车床电器元件布置图

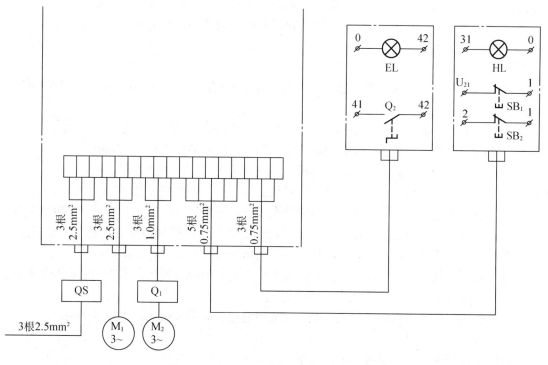

图 3-3　CW6132 型普通车床电气接线图

3. 电动机控制线路安装的步骤和方法

安装电动机控制线路时，必须按照有关技术文件执行，并应适应安装环境的需要。

电动机的控制线路包含电动机的起动、制动、反转和调速等，大部分的控制线路是采用各种有触点的电器，如接触器、继电器、按钮等。一个控制线路可以比较简单，也可以相当复杂，但是，任何复杂的控制线路总是由一些比较简单的环节有机地组合起来的。因此，对复杂程度不同的控制线路在安装时，所需要技术文件的内容也不同。对于简单的电气设备，一般可把有关资料归在一个技术文件里(如原理图图 3-1)，但该文件应能表示电气设备的全部器件，并能实施电气设备和电网的连接。

电动机控制线路安装步骤和方法如下。

1) 按元件明细表配齐电器元件，并进行检验

所有电气控制器件，至少应具有制造厂的名称或商标、型号或索引号、工作电压性质和数值等标志。若工作电压标志在操作线圈上，则应使装在器件上的线圈的标志是显而易见的。

2) 安装控制箱(柜或板)

控制箱(柜或板)的尺寸应根据电器的安排情况决定。

(1) 电器的安排。尽可能组装在一起，使其成为一台或几台控制装置。只有那些必须安装在特定位置上的器件，如按钮、手动控制开关、位置传感器、离合器、电动机等，才允许分散安装在指定的位置上。

安放发热元件时，必须使箱内所有元件的温升保持在它们的允许极限内。对发热很大的元件，如电动机的起动、制动电阻等，必须隔开安装，必要时可采用风冷。

(2) 可接近性。所有电器必须安装在便于更换，检测方便的地方。

为了便于维修和调整，箱内电器元件的部位，必须位于离地 0.4~2m。所有接线端子，必须位于离地 0.2m 处，以便于装拆导线。

(3) 间隔和爬电距离。安排器件必须符合规定的间隔和爬电距离，并应考虑有关的维修条件。

控制箱中的裸露、无电弧的带电零件与控制箱导体壁板间的间隙为：对于 250V 以下的电压，间隙应不小于 15mm；对于 250~500V 的电压，间隙应不小于 25mm。

(4) 控制箱内的电器安排。除必须符合上述有关要求外，还应做到以下几点。

① 除了手动控制开关、信号灯和测量仪器外，门上不要安装任何器件。

② 由电源电压直接供电的电器最好装在一起，使其与只由控制电压供电的电器分开。

③ 电源开关最好装在箱内右上方，其操作手柄应装在控制箱前面或侧面。电源开关上方最好不安装其他电器，否则，应把电源开关用绝缘材料盖住，以防电击。

④ 箱内电器(如接触器、继电器等)应按原理图上的编号顺序，牢固安装在控制箱(柜或板)上，并在醒目处贴上各元件相应的文字符号。

⑤ 控制箱内电器安装板的大小必须能自由通过控制箱和壁的门，以便于装卸。

3) 布线

(1) 选用导线。导线的选用要求如下。

① 导线的类型。硬线只能固定安装于不动部件之间，且导线的截面积应小于 $0.5mm^2$。

若在有可能出现振动的场合或导线的截面积在大于等于 0.5mm² 时，必须采用软线。

电源开关的负载侧可采用裸导线，但必须是直径大于 3mm 的圆导线或者是厚度大于 2mm 的扁导线，并应有预防直接接触的保护措施(如绝缘、间距、屏护等)。

② 导线的绝缘。导线必须绝缘良好，并应具有抗化学腐蚀的能力。在特殊条件下工作的导线，必须同时满足使用条件的要求。

③ 导线的截面积。在必须承受正常条件下流过的最大稳定电流的同时，还应考虑到线路允许的电压降、导线的机械强度和熔断器的配合。

(2) 敷设方法。所有导线从一个端子到另一个端子的走线必须是连续的，中间不得有接头。有接头的地方应加接线盒。接线盒的位置应便于安装与检修，而且必须加盖，盒内导线必须留有足够的长度，以便于拆线和接线。

敷线时，对明露的导线必须做到平直、整齐、走线合理等要求。

(3) 接线方法。所有导线的连接必须牢固，不得松动。在任何情况下，连接器件必须与连接的导线截面积和材料性质相适应。

导线与端子的接线，一般一个端子只连接一根导线。有些端子不适合连接软导线时，可在导线端头上采用针形、叉形等冷压接线头。如果采用专门设计的端子，可以连接两根或多根导线，但导线的连接方式，必须是工艺上成熟的各种方式，如夹紧、压接、焊接、绕接等。这些连接工艺应严格按照工序要求进行。

导线的接头除必须采用焊接方法外，所有导线应当采用冷压接线头。如果电气设备在正常运行期间承受很大振动，则不许采用焊接的接头。

(4) 导线的标志。导线标志说明如下。

① 导线的颜色标志。保护导线(PE)必须采用黄绿双色；动力电路的中性线(N)和中间线(M)必须是浅蓝色；交流或直流动力电路应采用黑色；交流控制电路采用红色；直流控制电路采用蓝色；用作控制电路联锁的导线，如果是与外边控制电路连接，而且当电源开关断开仍带电时，应采用橘黄色或黄色；与保护导线连接的电路采用白色。

② 导线的线号标志。导线线号的标志应与原理图和接线图相符合。在每一根连接导线的线头上必须套上标有线号的套管，位置应接近端子处。线号的编制方法如下。

主电路中各支路的编号，应从上至下、从左至右，每经过一个电器元件的线头后，编号要递增，单台三相交流电动机(或设备)的三根引出线按相序依次编号为 U、V、W(或用 U1、V1、W1 表示)，多台电动机引出线的编号，为了不致引起误解和混淆，可在字母前冠以数字来区别，如 1U、1V、1W，2U、2V、2W…在不产生矛盾的情况下，字母后应尽可能避免采用双数字，如单台电动机的引出线采用 U、V、W 的线号标志时，三相电源开关后的出线编号可为 U1、V1、W1。当电路编号与电动机线端标志相同时，应三相同时跳过一个编号来避免重复。

控制电路与照明、指示电路应从上至下、从左至右，逐行用数字来依次编号，每经过一个电器元件的接线端子，编号要依次递增。编号的起始数字，除控制电路必须从阿拉伯数字 1 开始外，其他辅助电路依次递增 100 作起始数字，如照明电路编号从 101 开始；信号电路编号从 201 开始等。

控制箱(柜或板)内部配线方法一般采用能从正面修改配线的方法，如板前线槽配线或板前明线配线，较少采用板后配线的方法。

采用线槽配线时，线槽装线不要超过容积的 70%，以便安装和维修。线槽外部的配线，对装在可拆卸门上的电器接线必须采用互连端子板或连接器，它们必须牢固地固定在框架、控制箱或门上。从外部控制、信号电路进入控制箱内的导线超过 10 根，必须接到端子板或连接器件上进行过渡，但动力电路和测量电路的导线可以直接接到电器的端子上。

控制箱(柜或板)外部配线方法，除有适当保护的电缆外，全部配线必须一律装在导线通道内，使导线有适当的机械保护，防止液体、铁和灰尘的侵入。

对导线通道的要求：导线通道应留有余量，允许以后增加导线。导线通道必须固定可靠，内部不得有锐边和远离设备的运动部件。

导线通道采用钢管，壁厚应不小于 1mm，如用其他材料，壁厚必须有等效壁厚为 1mm 钢管的强度。若用金属软管时，必须有适当的保护。当利用设备底座作导线通道时，无需再加预防措施，但必须能防止液体、铁和灰尘的侵入。

对通道内导线的要求，移动部件或可调整部件上的导线必须用软线。运动的导线必须支承牢固，使得在接线点上不至于产生机械拉力，又不会出现急剧的弯曲。

不同电路的导线可以穿在同一线管内，或处于同一个电缆之中。如果它们的工作电压不同，则所用导线的绝缘等级必须满足其中最高一级电压的要求。

为了便于修改和维修，凡安装在同一机械防护通道内的导线束，需要提供备用导线的根数为：当同一管中相同截面积导线的根数在 3～10 根时，应有 1 根备用导线，以后每递增 1～10 根，备用导线就相应增加 1 根。

4) 连接保护电路

电气设备的所有裸露导体零件(包括电动机、机座等)，必须接到保护接地专用端子上。

(1) 连续性。保护电路的连续性必须用保护导线或机床结构上的导体的可靠结合来保证。

为了确保保护电路的连续性，保护导线的连接件不得作任何别的机械紧固用，不得由于任何原因将保护电路拆断，不得利用金属软管作保护导线。

(2) 可靠性。保护电路中严禁使用开关和熔断器。除采用特低安全电压的电路外，在接上电源电路前必须先接通保护电路；在断开电源电路后才断开保护电路。

(3) 明显性。保护电路连接处应采用焊接或压接等可靠方法，连接处要便于检查。

5) 检查电气元件

安装接线前应对所使用的电气元件逐个进行检查，避免电气元件故障与线路错接、漏接造成的故障混在一起。

对电气元件的检查主要包括以下几个方面。

(1) 电气元件外观是否清洁、完整；外壳有无碎裂；零部件是否齐全、有效；各接线端子及紧固件有无缺失、生锈等现象。

(2) 电气元件的触点有无熔焊黏结、变形、严重氧化锈蚀等现象；触点的闭合、分断动作是否灵活；触点的开距、超程是否符合标准，接触压力弹簧是否有效。

(3) 低压电器的电磁机构和传动部件的动作是否灵活；有无衔铁卡阻、吸合位置不正等现象；新品使用前应拆开清除铁芯端面的防锈油；检查衔铁复位弹簧是否正常。

(4) 用万用表或电桥检查所有元、器件的电磁线圈(包括继电器、接触器及电动机)的通断情况，测量它们的直流电阻并做好记录，以备在检查线路和排除故障时作为参考。

(5) 检查有延时作用的电气元件的功能，检查热继电器的热元件和触点的动作情况。

(6) 核对各电气元件的规格与图纸要求是否一致。电气元件先检查、后使用，避免安装、接线后发现问题再拆换，提高制作线路的工作效率。

6) 固定电气元件

按照接线图规定的位置将电气元件固定在安装底板上。元件之间的距离要适当，既要节省板面，又要方便走线和投入运行后的检修。

固定元件时应按以下步骤进行。

(1) 定位。将电气元件摆放在确定好的位置上，元件应排列整齐，以保证连接导线时做到横平竖直、整齐美观，同时尽量减少弯折。

(2) 打孔。用手钻在做好的记号处打孔，孔径应略大于固定螺钉的直径。

(3) 固定。安装底板上所有的安装孔均打好后，用螺钉将电气元件固定在安装底板上。

固定元件时，应注意在螺钉上加装平垫圈和弹簧垫圈。紧固螺钉时将弹簧垫圈压平即可，不要过分用力，防止用力过大将元件的底板压裂造成损失。

7) 按图连接导线

连接导线时，必须按照电气安装接线图规定的走线方位进行。一般从电源端起按线号顺序进行连接，先做主电路，然后做辅助电路。

接线前应做好准备工作，如按主电路、辅助电路的电流容量选好规定截面的导线；准备适当的线号管；使用多股线时应准备烫锡工具或压接钳等。

连接导线时应按以下步骤进行。

(1) 选择适当截面的导线，按电气安装接线图规定的方位，在固定好的电气元件之间测量所需的长度，截取适当长短的导线，剥去两端绝缘外皮。为保证导线与端子接触良好，要用电工刀将芯线表面的氧化物刮掉；使用多股芯线时要将线头绞紧，必要时应烫锡处理。

(2) 走线时应尽量避免导线交叉。先将导线校直，把同一走向的导线汇成一束，依次弯向所需的方向。走线应做到横平竖直、拐直角弯。走线时要用手将拐角弯成90°的“慢弯”，导线的弯曲半径为导线直径的3~4倍，不要用钳子将导线弯成“死弯”，以免损坏绝缘层和损伤线芯。走好的导线束用铝线卡(钢金轧头)垫上绝缘物卡好。

将成形好的导线套上写好编号的线号管，根据接线端子的情况，将芯线弯成圆环或直线压进接线端子。

接线端子应紧固好，必要时加装弹簧垫圈紧固，防止因电气元件动作时振动而松脱。接线过程中注意对照图纸核对，防止错接，必要时用试灯、蜂鸣器或万用表校线。同一接线端子内压接两根以上导线时，可以只套一只线号管；导线截面不同时，应将截面大的放在下层，截面小的放在上层。所使用的线号要用不易退色的墨水(可用环乙酮与龙胆紫调和)用印刷体工整地书写，防止检查线路时误读。

8) 检查线路

连接好的控制线路必须经过认真检查后才能通电调试，以防止错接、漏接及电器故障引起的动作不正常，甚至造成短路事故。

检查线路应按以下步骤进行。

(1) 核对接线。对照电气原理图、电气安装接线图，从电源开始逐段核对端子接线的线号，排除漏接、错接现象，重点检查辅助电路中容易错接处的线号，还应核对同一根导线的两端是否错号。

(2) 检查端子接线是否牢固。检查端子所有接线的接触情况，用手一一摇动，拉拔端子的接线，不允许有松动与脱落现象，避免通电调试时因虚接造成麻烦，将故障排除在通电之前。

(3) 万用表导通法检查。在控制线路不通电时，用手动来模拟电器的操作动作，用万用表检查与测量线路的通断情况。根据线路控制动作来确定检查步骤和内容；根据电气原理图和电气安装接线图选择测量点。先断开辅助电路，以便检查主电路的情况，然后再断开主电路，以便检查辅助电路的情况。

万用表导通法检查主要检查以下内容。

① 主电路不带负荷(电动机)时相间绝缘情况；接触器主触点接触的可靠性；正反转控制线路的电源换相线路及热继电器热元件是否良好，动作是否正常等。

② 辅助电路的各个控制环节及自锁、联锁装置的动作情况及可靠性；与设备的运动部件联动的元件(如行程开关、速度继电器等)动作的正确性和可靠性；保护电器(如热继电器触点)动作的准确性等情况。

(4) 调试与调整。为保证安全，通电调试必须在指导老师的监护下进行。调试前应做好的准备工作包括：清点工具；清除安装底板上的线头杂物；装好接触器的灭弧罩；检查各组熔断器的熔体；分断各开关，使按钮、行程开关处于未操作前的状态；检查三相电源是否对称等。准备工作做好后按下述的步骤通电调试。

① 空操作试验。先切除主电路(一般可断开主电路熔断器)，装好辅助电路熔断器，接通三相电源，使线路不带负荷(电动机)通电操作，以检查辅助电路工作是否正常。操作各按钮检查它们对接触器、继电器的控制作用；检查接触器的自锁、联锁等控制作用；用绝缘棒操作行程开关，检查开关的行程控制或限位控制作用等。还要观察各电器操作动作的灵活性，注意有无卡住或阻滞等不正常现象；细听电器动作时有无过大的振动噪声；检查有无线圈过热等现象。

② 带负荷调试。控制线路经过数次空操作试验动作无误后即可切断电源，接通主电路，进行带负荷调试。电动机起动前应先做好停机准备，起动后要注意它的运行情况。如果发现电动机起动困难、发出噪声及线圈过热等异常现象，应立即停机，切断电源后进行检查。

③ 有些线路的控制动作需要调整。例如，定时运转线路的运行和间隔时间；星形—三角形起动线路的转换时间；反接制动线路的终止速度等。应按照各线路的具体情况确定调整步骤。调试运转正常后，方可投入正常运行。

学习情景 3.2　三相笼型异步电动机点动、连续运转控制

【问题的提出】

　　由继电—接触器所组成的电气控制电路，基本控制电路有自锁控制、点动与连续运转的控制，它是组成复杂控制电路的基础。从业人员必须能熟练掌握其工作原理与控制要求。

【相关知识】

1．自锁控制

　　图 3-4 所示为三相笼型异步电动机全压起、停控制电路。电动机起动时，合上电源开关 Q，接通控制电路电源，按下起动按钮 SB_2，其常开触点闭合，接触器线圈通电吸合，KM 常开主触点与常开辅助触点同时闭合，前者使电动机接入三相交流电源起动旋转；后者并接在起动按钮 SB_2 两端，从而使 KM 线圈经 SB_2 常开触点与 KM 自身的常开辅助触点两路供电。松开起动按钮 SB_2 时，虽然 SB_2 这一路已断开，但 KM 线圈仍通过自身常开触点这一通路而保持通电，使电动机继续运转，这种依靠接触器自身辅助触点而保持接触器线圈通电的现象称为自锁，起自锁作用的辅助触点称为自锁触点，这段电路称为自锁电路。要使电动机停止运转，可按下停止按钮 SB_1，KM 线圈断电释放，主电路及自锁电路均断开，电动机停止运转。该电路由熔断器 FU_1、FU_2 实现主电路与控制电路的短路保护；由热继电器 FR 实现电动机的长期过载保护；由起动按钮 SB_2 与接触器 KM 配合，实现电路的欠电压与失电压保护。

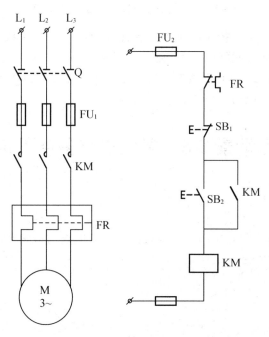

图 3-4　三相笼型异步电动机全压起、停控制电路

2．点动与连续运转的控制

生产机械的运转状态有连续运转与短时间断运转，所以对其拖动电动机的控制也有点动与连续运转两种控制方式，对应的有点动控制与连续运转控制电路，如图 3-5 所示。

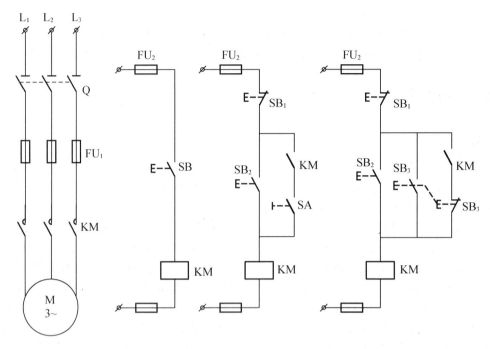

(a) 点动控制电路　　　(b) 开关选择运行状态的电路　　　(c) 两个按扭控制的电路

图 3-5　电动机点动与连续运转的控制电路

图 3-5(a)是最基本的点动控制电路，按下点动按钮 SB，KM 线圈通电，电动机起动运转；松开 SB 按钮，KM 线圈释放，电动机停止运转。图 3-5(b)通过控制开关 SA 断开或接通自锁电路，实现点动或连续运转控制。图 3-5(c)是用复合按钮 SB₃ 实现点动控制，按钮 SB₂ 实现连续运转控制的电路。

学习情景 3.3　多地点与多条件控制

【问题的提出】

为了满足生产现场不同环境的控制要求，引入多地点与多条件控制的方法。从业人员必须能熟练掌握其工作原理。

【相关知识】

多地点与多条件的控制电路如图 3-6 所示。

1．多地点控制

在一些大型生产机械和设备上，要求操作人员能在不同的方位进行操作与控制，即实现多地点控制。多地点控制是用多组起动按钮、停止按钮来进行的，这些按钮连接的原则是：起动按钮常开触点要并联，即逻辑或的关系；停止按钮常闭触点要串联，即逻辑与的关系。

图 3-6(a)为多地点控制电路。按钮 SB$_2$、SB$_3$、SB$_4$ 的常开触点可以安装在生产现场不同的位置，以实现多地点起动电动机的要求；按钮 SB$_1$、SB$_5$、SB$_6$ 的常闭触点与此类似，以实现多地点停止电动机的要求。

2．多条件控制

在某些机械设备上，为保证操作安全，需要多个条件满足，设备才能开始工作，这样的控制称为多条件控制。

多条件控制采用多组按钮或继电器触点来实现，这些按钮或触点连接的原则是：常开触点要串联，即逻辑与的关系；常闭触点视设备的具体控制要求可并联或串联。

图 3-6(b)为多地点控制电路。按钮 SB$_4$、SB$_5$、SB$_6$ 的常开触点串联表示必须满足多项条件才能达到起动电动机的要求；按钮 SB$_1$、SB$_2$、SB$_3$ 的常闭触点并联表示必须满足多项条件才能达到停止电动机的要求。

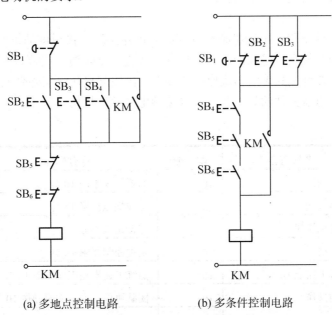

(a) 多地点控制电路　　　　　(b) 多条件控制电路

图 3-6　多地点与多条件控制电路

实 训 操 作

1．实训目的

(1) 学会按照生产工艺要求实现三相笼型异步电动机点动、连续运转控制线路的安装。

(2) 掌握使用电工仪表判断电气线路故障的方法并能正确排除。

2. 实训器材

按钮、接触器、熔断器、接线端子、导线、电工工具、万用表、三相异步电动机。

3. 实训内容

三相笼型异步电动机点动、连续运转控制线路的安装。

4. 实训步骤

(1) 熟悉图 3-5(c)的电气控制原理,并自行绘制电气安装接线图与电器元件布置图。

(2) 检查电器元件并固定安装。

(3) 按电气安装接线图接线,注意接线要牢固,接触要良好,文明操作。

(4) 检测与调试。接线完成后,检查无误,经指导教师检查允许后方可通电。

检查接线无误后,接通交流电源,合上开关 Q,此时电动机不转,按下按钮 SB$_3$,电动机 M 即可起动,松开按钮电动机即停转,实现电动机点动控制要求。按下按钮 SB$_2$,电动机 M 即可起动,松开按钮电动机继续运转,实现电动机连续运转控制要求,需要停止时按下按钮 SB$_1$ 即可实现。若出现电动机不能点动或连续运转、熔丝熔断等故障,则应分断电源,分析和排除故障后使之正常工作。

注意事项如下。

电动机必须安放平稳,电动机金属外壳必须可靠接地。接至电动机的导线必须穿在导线通道内加以保护,或采用坚韧的四芯橡皮套导线进行临时通电校验。

电源进线应接在螺旋式熔断器底座中心端上,出线应接在螺纹外壳上。接线要求牢靠,不允许用手触及各电器元件的导电部分,以免触电及意外损伤。

5. 实训考核

考核项目	考核内容	配 分	评分标准	得 分
电路板的安装接线	电器安装	10	布置美观牢固10分	
	电路接线	15	接线规范正确15分	
	电动机接线	5	连接正确5分	
	运行结果	10	实现控制要求10分	
	分析电路能力	10	熟练表述电路工作原理10分	
团结协作	文明操作	10	团队协作、安全文明操作10分	
实训报告	完成情况	40	实训报告完整、正确40分	

课 后 练 习

1. 电气线路布线时应该注意哪些方面?

2. 试设计一控制电路,要求在两地实现电动机既可点动又可连续运转,以及两地停止。

项目 4

两台电动机的顺序控制

知识要求

- 掌握两台电动机顺序起动的工作原理及特点、加深对特殊要求的控制线路的了解。
- 掌握两台电动机顺序停止的工作原理及特点。

技能要求

- 掌握两台电动机顺序起动控制电路的安装、调试方法。
- 掌握两台电动机顺序停止控制电路的安装、调试方法。

学习情景 4.1 两台电动机的顺序起动控制

【问题的提出】

在生产实践中，装有多台电动机的生产机构，有时要求按一定的顺序起动电动机，这就要采用顺序联锁控制，例如机床中车床主轴电动机转动时，要求油泵先给润滑油即起动润滑电动机 M_1，才能起动主轴电动机 M_2。

【相关知识】

实际生产中，有些设备常要求电动机按一定的顺序起动，如铣床工作台的进给电动机必须在主轴电动机已起动工作的条件下才能起动工作，自动加工设备必须在前一工步已完成，转换条件具备后，方可进入新的工步，还有一些设备要求液压泵电动机首先起动正常供液后，其他动力部件的驱动电动机方可起动工作。

控制设备完成这样顺序起动电动机的电路，称为顺序起动控制或条件控制电路。下面介绍两种常见的顺序控制线路。

1. 主电路实现顺序控制

图 4-1 所示是两台电动机主电路实现顺序起动控制线路的原理图。电动机 M_1 和 M_2 分别通过接触器 KM_1 和 KM_2 来控制。接触器 KM_2 的主触点接在接触器 KM_1 主触点的下面，这样就保证了当 KM_1 主触点闭合，电动机 M_1 起动运转后，M_2 才可能通电运转。

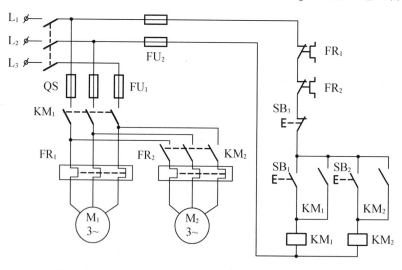

图 4-1 两台电动机主电路实现顺序起动控制线路原理图

电路的工作过程如下。

起动过程：合上电源开关 QS，按下起动按钮 SB_1，接触器 KM_1 线圈得电，接触器 KM_1

主触点闭合，电动机 M_1 起动连续运转；按下按钮 SB_2，接触器 KM_2 线圈得电，接触器 KM_2 主触点闭合，电动机 M_2 起动连续运转。

停车过程：按下按钮 SB_3，控制电路失电，接触器 KM_1 和 KM_2 线圈失电，主触点分断，电动机 M_1 和 M_2 失电停转。

2．控制电路实现顺序控制

图 4-2 所示为控制电路实现电动机顺序起动控制线路原理图。电动机 M_2 的控制电路先与接触器 KM_1 的线圈并接后再与接触器 KM_1 自锁触点串联，这样就保证了 M_1 起动后，M_2 才能起动的顺序控制要求。

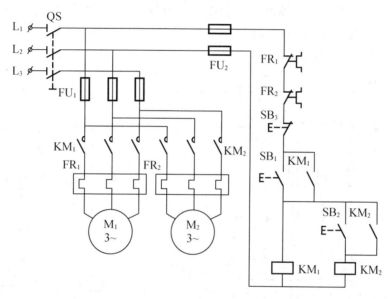

图 4-2　控制电路实现电动机顺序起动控制线路原理图

电路的工作过程如下。

起动过程：合上电源开关 QS，按下起动按钮 SB_1，接触器 KM_1 线圈得电，接触器 KM_1 主触点闭合，电动机 M_1 起动连续运转；再按下按钮 SB_2，接触器 KM_2 线圈得电，接触器 KM_2 主触点闭合，电动机 M_2 起动连续运转。

停车过程：按下按钮 SB_3，控制电路失电，接触器 KM_1 和 KM_2 线圈失电，主触点分断，电动机 M_1 和 M_2 失电同时停转。

学习情景 4.2　两台电动机的顺序停止控制

【问题的提出】

在车床电气控制系统中，要求各种运动部件之间或生产机械之间能够按照顺序工作。例如车床主轴电动机转动时，要求油泵电动机先起动输出润滑油；停车时，要求主轴电动机停车后，油泵电动机才能停止工作。

【相关知识】

将接触器 KM_1 的动合辅助触点串入接触器 KM_2 的线圈电路中，只有当 KM_1 线圈通电，常开触点闭合后，才允许 KM_2 线圈通电，即 M_1 起动后才允许 M_2 起动。将主轴电动机接触器 KM_2 的常开触点并联接在油泵电动机的停止按钮 SB_1 两端，即当 M_2 起动后，SB_1 被 KM_2 的常开触点短路，不起作用，直到 KM_2 断电，油泵停止，按钮 SB_1 才能起到断开 KM_1 线圈电路的作用，油泵电动机才能停止。这样就实现了按顺序起动、按顺序停止的联锁控制。

如图 4-3 所示为车床的主轴电动机和油泵电动机按顺序起动、停车工作的控制线路原理图。图中 M_1 为油泵电动机；M_2 为主轴电动机；SB_1、SB_2 为 M_1 的停止、起动按钮；SB_3、SB_4 为 M_2 的停止、起动按钮。

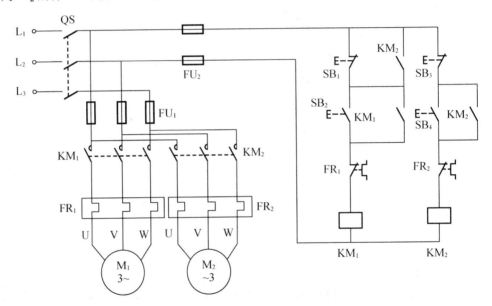

图 4-3　控制电路实现电动机顺序起动、停止控制线路原理图

在停车时，要求主轴电动机停止后，油泵电动机才能停止工作。

电路的工作过程如下。

起动过程：合上电源开关 QS，按下起动按钮 SB_2，接触器 KM_1 线圈得电，接触器 KM_1 主触点和常开辅助触点闭合，电动机 M_1 起动连续运转；再按下按钮 SB_4，接触器 KM_2 线圈得电，接触器 KM_2 主触点和常开辅助触点头闭合，电动机 M_2 起动连续运转。

停车时：按下按钮 SB_3，接触器 KM_2 线圈失电，主触点分断，电动机 M_2 失电停止运行。接触器 KM_2 常开辅助触点断开解锁 SB_1，按下停止按钮 SB_1，接触器 KM_1 线圈断开，电动机 M_1 失电停止运行。

总结上述关系，可以得到如下两条控制规律。

(1) 当要求甲接触器工作后方可允许乙接触器工作，则在乙接触器线圈电路中串入甲接触器的常开触点。

(2) 当要求乙接触器线圈断电后方可允许甲接触器线圈断电，则将乙接触器的常开触点并联在甲接触器的停止按钮两端。

实 训 操 作

1．实训目的

(1) 通过各种不同顺序控制电路的学习，加深对一些有特殊要求的控制线路的了解。

(2) 掌握两台电动机顺序起动控制方法。

2．实训设备和器件

接触器、热继电器、熔断器、断路器、按钮、电动机、端子排、电工常用工具、万用表、导线、回路标号管、电工装配实训台。

3．实训内容

(1) 主电路实现顺序起动控制线路安装。

(2) 控制电路实现电动机顺序起动控制线路安装。

(3) 控制电路实现电动机顺序起动、停止控制线路安装。

4．实训步骤

(1) 熟悉电气原理图 4-1～图 4-3，分析实现电动机顺序控制线路的控制关系。

(2) 根据电气原理图绘制控制电路图进行电器元件的选择、布置到实训板(台)上并固定电器元件。

(3) 找到对应的交流接触器等元器件，并用万用表检查元、器件是否完好。

(4) 按电气原理图绘制电气线路安装图并按图安装接线。注意接线要牢固、接触要良好、文明操作。

(5) 在接线完成后，若检查无误，经指导老师检查允许后方可通电调试。

(6) 接通三相交流电源。按下各电气原理图中的起动按钮观察并记录电动机和接触器的运行状态。

(7) 按下各电气原理图中停止按钮观察并记录电动机和接触器的运行状态。

注意事项如下。

(1) 在表 4-1 的主电路中要注意 KM_2 的主触点的 L_1、L_2、L_3 是接在 KM_1 的触点的 T_1、T_2、T_3 上，不能接在接触器主触点的进线侧，否则不能实现主电路顺序控制，控制线路中 FR_1 和 FR_2 是串联关系。

(2) 在表 4-2 的控制线路中 SB_2 与 KM_2 的常开触点应接在 KM_1 自锁触点的后面，防止接到前面而不能实现电动机顺序控制。

(3) 在表 4-3 的控制线路中的 KM_2 的常开触点与 SB_1 按钮的并联，一定不能接错，否则不能实现顺序停车。

5．实训考核

表4-1 主电路实现顺序起动控制线路的安装

考核项目	考核内容	配 分	考核要求及评分标准	得 分
电器安装	接触器的安装 顺序控制的安装	10	接触器 KM_1、KM_2 安装到位 5 分 主电路顺序起动控制的安装到位 5 分	
布线	主电路连接 控制电路连接	20	电动机的连接、主电路连接到位 10 分 控制电路连接 10 分	
通电试验	系统组成 系统运行 运行结果分析	30	能说明系统组成 10 分 系统运行正常 10 分 会分析运行结果 10 分 定额时间为 1 个半小时，每超 5 分钟扣 5 分	
实训报告	完成情况	40	实训报告完整、正确 40 分	

表4-2 控制电路实现电动机顺序起动控制线路安装

考核项目	考核内容	配 分	考核要求及评分标准	得 分
电器安装	接触器的安装 顺序控制的安装	10	接触器 KM_1、KM_2 安装到位 5 分 主电路顺序起动控制的安装到位 5 分	
布线	主电路连接 控制电路连接	20	电动机的连接、主电路连接到位 10 分 控制电路连接 10 分	
通电试验	系统组成 系统运行 运行结果分析	30	能说明系统组成 10 分 系统运行正常 10 分 会分析运行结果 10 分 定额时间为 2 个半小时，每超 5 分钟扣 5 分	
实训报告	完成情况	40	实训报告完整、正确 40 分	

表4-3 控制电路实现电动机顺序起动、停止控制线路

考核项目	考核内容	配 分	考核要求及评分标准	得 分
电器安装	接触器的安装 顺序控制的安装	10	接触器 KM_1、KM_2 安装到位 5 分 主电路顺序起动控制的安装到位 5 分	
布线	主电路连接 控制电路连接	20	电动机的连接、主电路连接到位 10 分 控制电路连接 10 分	
通电试验	系统组成 系统运行 运行结果分析	30	能说明系统组成 10 分 系统运行正常 10 分 会分析运行结果 10 分 定额时间为 2 个半小时，每超 5 分钟扣 5 分	
实训报告	完成情况	40	实训报告完整、正确 40 分	

课 后 练 习

1. 在图 4-1 中，如果按下 SB_1 按钮，M_1、M_2 两台电动机都运行了，故障原因出在什么地方？

2. 在图 4-2 中，如果按下 SB_3 按钮，则 M_1、M_2 两台电动机都停止不了，故障原因出在什么地方？

3. 在图 4-3 中，如果不能顺序停车，故障原因出在什么地方？

4. 设计满足下列要求的控制电路：两台电动机 M_1 与 M_2，M_1 起动后，经过一段时间 M_2 再起动；M_2 起动后，M_1 立即停止。要求具有必要的保护环节。

项目 5

三相笼型异步电动机正反转控制

知识要求

- 掌握电动机接触器联锁的正、反转控制线路的工作原理。
- 掌握常用低压电器元件故障检修方法。

技能要求

- 掌握三相异步电动机接触器联锁的正、反转控制线路的工作原理；学习电动机正、反转控制线路的安装工艺，了解其控制线路的工作过程。
- 熟悉电气联锁的使用和正确接线。
- 培养对电气控制线路故障和电器故障的分析能力和排除能力；
- 掌握电动机正、反转控制电路的安装和调试方法。

学习情景 5.1 具有双重互锁的电动机正反转控制

【问题的提出】

在生产加工过程中，往往要求电动机能够实现可逆运行。如机床工作台的前进与后退、主轴的正转与反转、起重机吊钩的上升与下降等。这就要求电动机可以正反转。

【相关知识】

1. 接触器联锁的正、反转控制线路

图 5-1 所示为电动机接触器联锁的正、反转控制电路图。该图为利用两个接触器的常闭触点 KM_1、KM_2 起相互控制作用，即利用一个接触器通电时，其常闭辅助触点的断开来锁住对方线圈的电路。这种利用两个接触器的常闭辅助触点互相控制的方法叫做互锁，而两对起互锁作用的触点便叫做互锁触点。

主电路中接触器 KM_1 和 KM_2 构成正、反转相序接线，按下正向起动按钮 SB_2，正向控制接触器 KM_1 线圈得电动作，其主触点闭合，电动机正向转动，按下停止按钮 SB_1，电动机停转。按下反向起动按钮 SB_3，反向接触器 KM_2 线圈得电动作，其主触点闭合，主电路定子绕组变正转相序为反转相序，电动机反转。

控制线路作正反向操作控制时，必须首先按下停止按钮 SB_1，然后再反向起动，因此它是按"正——停——反"顺序控制线路的。

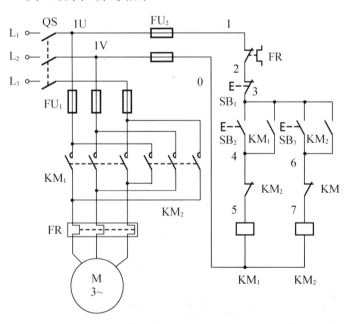

图 5-1 接触器联锁的正、反转控制线路

21世纪高职高专自动化类实用规划教材

图 5-1 所示的三相异步电动机接触器联锁正反转控制线路是实训线路。线路的动作过程(先合上电源开关 QS)如下。

(1) 正转控制。按下按钮 SB_2→KM_1 线圈得电→KM_1 主触点闭合→电动机 M 起动连续正转。

(2) 反转控制。先按下按钮 SB_1→KM_1 线圈失电→KM_1 主触点分断→电动机 M 失电停转；再按下按钮 SB_3→KM_2 线圈得电→KM_2 主触点闭合→电动机 M 起动连续反转。

(3) 停止。按停止按钮 SB_1→控制电路失电→KM_1(或 KM_2)主触点分断→电动机 M 失电停转。

2. 具有双重联锁的正、反转控制线路

在生产实际中，为了提高劳动生产率，减少辅助工时，要求直接实现电动机双重联锁的正、反转变换控制。由于电动机正转的时候，按下反转按钮时首先应断开正转接触器线圈线路，待正转接触器释放后再接通反转接触器，于是在图 5-1 电路的基础上，将正转起动按钮 SB_2 与反转起动按钮 SB_3 的常闭触点串接到对方常开触点电路中，如图 5-2 所示。这种利用按钮的常开、常闭触点的机械连接，在电路中互相制约的接法，称为机械互锁。这种具有电气、机械双重互锁的控制电路是常用的、可靠的电动机可逆旋转控制电路，它既可实现正转——停止——反转——停止的控制，又可实现正转——反转——停止的控制。

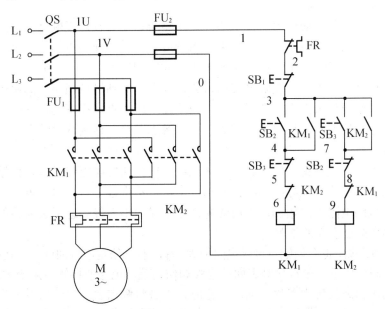

图 5-2　三相异步电动机双重联锁的正、反转控制线路

图 5-2 所示是三相异步电动机双重联锁正、反转控制的实训线路。线路的动作过程(先合上电源开关 QS)如下。

(1) 正转控制。按下按钮 SB_2→SB_2 常闭触点分断对 KM_2 联锁(切断反转控制电路)。SB_2 常开触点后闭合→KM_1 线圈得电→KM_1 主触点闭合→电动机 M 起动连续正转。KM_1 联锁触点分断对 KM_2 联锁(切断反转控制电路)。

(2) 反转控制。按下按钮 SB_3→SB_3 常闭触点先分断→KM_1 线圈失电→KM_1 主触点分

断→电动机 M 失电；SB$_3$ 常开触点后闭合→KM$_2$ 线圈得电→KM$_2$ 主触点闭合→电动机 M 起动连续反转。KM$_2$ 联锁触点分断对 KM$_1$ 联锁(切断正转控制电路)。

(3) 停止。按停止按钮 SB$_1$→整个控制电路失电→KM$_1$(或 KM$_2$)主触点分断→电动机 M 失电停转。

学习情景 5.2　常用低压电器的故障与检修

【问题的提出】

电器元件在电气控制线路中，频繁的吸合和断开，经常会出现小的故障，如何快速地排除故障？这就要求从业者能具有较强的低压电器的检修技术。

【相关知识】

1. 电器零部件的常见故障及维修

1) 触点的故障与维修

(1) 触点过热。触点通过电流会发热，其发热的程度与触点接触电阻的大小有直接关系。动、静触点间的接触电阻越大，触点发热越厉害，以致使触点的温度上升而超过允许值，甚至将动、静触点熔焊在一起。造成触点过热的原因有以下几个方面。

① 触点接触压力不足。接触器使用日久，或由于受到机械损伤和高温电弧的影响，使弹簧变形、变软而失去弹性，造成触点压力不足；或触点磨损变薄，使动、静触点的终压力减小。这两种情况都使接触电阻增大，引起触点发热。遇到这种情况应重新调整弹簧或更换新弹簧。

② 触点表面接触不良。触点表面氧化或积垢均会使接触电阻增大，使触点过热。对于银触点，由于其氧化膜电导率和纯银不相上下，可不进行处理；对于铜触点，由于其氧化膜电导率使接触电阻大大增加，可用油光锉锉平或用小刀轻轻地刮去表面的氧化层，但要注意不能损伤触点表面的平整度。

如果触点有污垢，也会使触点接触电阻增大，解决的办法是用汽油或四氯化碳清洗干净。

③ 触点表面烧毛。触点接触表面被电弧灼伤烧毛，也会使接触电阻增大，出现过热。修理时，要用小刀或什锦锉整修毛面。整修时，不必将触点表面整修得过分光滑，因为过分光滑会使接触面减小，接触电阻增大。不允许使用砂布或砂纸来整修触点毛面。

(2) 触点磨损。触点的磨损分为电磨损和机械磨损。电磨损是触点间电弧或电火花的高温使触点金属气化蒸发造成的；机械磨损是触点闭合时撞击以及触点接触面的相对滑动、摩擦造成的。

如果触点磨损得很厉害，超行程不符合规定，则应更换触点。一般磨损到只剩下原厚度的 2/3～1/2 时，就需要更换触点。若触点磨损过快，应查明原因，排除故障。

(3) 触点熔焊。动、静触点表面被熔化后在一起而分断不开的现象，称为触点熔焊。一般来说，触点间的电弧温度可高达 3000～6000℃，使触点表面灼伤甚至烧熔，将动、静触点焊在一起。故障的原因大都是触点弹簧损坏，触点初压力太小，这就需要调整触点压力或更换弹簧；如果触点容量太小而产生熔焊，更换时应选容量大一些的电器；线路发生过载，触点闭合时通过电流太大，超过触点额定电流的 10 倍以上时，也会使触点熔焊。触点熔焊后，只能更换触点。

2)　电磁系统的故障及维修

电磁系统一般由铁芯和线圈组成。常见的故障有动、静铁芯端面接触不良或铁芯歪斜、短路环损坏、电压太低等，使衔铁噪声增大，甚至造成线圈过热或烧毁。

(1)　衔铁噪声大。电磁系统正常工作时发出一种轻微的"嗡嗡"声。若大于正常响声，就说明电磁系统有故障。衔铁噪声大的原因有以下几个方面。

①　动、静铁芯的接触面接触不良或衔铁歪斜，动、静铁芯经过多次碰撞后，接触面就会变形和磨损，接触面上如积有锈蚀、油污、尘垢，都将造成相互间接触不良而产生振动，发出噪音。

修理时，应拆下线圈，检查动、静铁芯之间的接触面是否平整，有无油污。若不平整，应锉平或磨平；若有油污，要进行清洗；若铁芯歪斜或松动，应该加以校正或紧固。

②　短路环损坏。铁芯经多次碰撞后，安装在铁芯内的短路环可能出现断裂或跳出。短路环断裂常发生在槽外的转角和槽口部分，修理时，可将断口焊牢，两端用环氧树脂固定；或按原尺寸用铜块制好换上；或换铁芯。如果短路环跳出，可先用钢锯条将槽壁刮毛，然后用扁凿将短路环压入槽内。

③　机械方面的原因。如果触点弹簧压力过大，或因活动部分运动受到卡阻而使衔铁不能完全吸合，也会产生较强的振动和噪音。

(2)　线圈的故障及检修。线圈的主要故障是由于所通过的电流过大导致过热而烧毁。产生电流过大的原因通常是线圈绝缘损坏，或因机械损伤形成匝间短路或碰地，或因电源电压过低，动、静铁芯接触不紧密，都会使线圈电流过大，线圈过热导致烧毁。

若线圈因短路烧毁，则要重新绕制。重绕时，可从烧坏的线圈中测得导线的线径和匝数；也可从铭牌或手册上查出线圈的线径和匝数。按铁芯中心柱截面制作线模，线圈绕好后先放在 105～110℃ 的烘箱中烘 3h，冷却至 60～70℃ 浸 1010 沥青漆，也可用其他绝缘漆。滴尽余漆后再在温度为 110～120℃ 的烘箱中烘干，冷却至常温即可。

线圈接通电源后，如果衔铁不能被铁芯吸合，也会烧坏线圈。应检查活动部分是否被卡住，动、静铁芯之间是否有异物，电源电压是否过低等。应区别不同情况，及时处理。

3)　灭弧系统的故障及修理

当灭弧罩受潮、磁吹线圈匝间短路、灭弧罩碳化或破碎、弧角和栅片脱落时都能引起不能灭弧或灭弧时间延长等故障。在开关分断时倾听灭弧的声音，如果出现微弱的"噗噗"声，就是灭弧时间延长的表现，需拆开检查：如系受潮，烘干后即可使用；如系磁吹线圈短路，可用旋凿拨开短路处；如系灭弧罩碳化，可以刮除积垢；如系弧角脱落，则应重新装上；如系栅片脱落或烧毁，可用铁片按原尺寸重做。

2. 低压电器产品的故障及维修

1)　热继电器的故障及维修

热继电器的故障一般有热元件烧坏、热继电器误动作和热继电器不动作等。

(1) 电阻丝烧断。若电动机不能起动或起动时有"嗡嗡"声，可能是热继电器的热元件中的电阻丝烧断。发生此类故障的原因可能是热继电器动作频率太高、负载侧发生短路等，应切断电源，检查电路。待排除故障后，更换合适的热继电器。热继电器更换后要重新调整整定值。

(2) 热继电器误动作。这种故障的原因一般有以下几种情况：一是整定值偏小，以致未过载就动作，或电动机起动时间过长，使热继电器在起动过程中动作；二是操作频率太高，使热元件经常受到冲击电流的冲击；三是使用场合有强烈的冲击及震动，使其动作机构松动而脱扣。这些故障的处理方法是调换适合于上述工作的热继电器，并合理地调整整定值。

(3) 热继电器不动作。这种故障通常是电流整定值偏大，以致过载很久，仍不动作。应根据负载电流调整整定电流。

热继电器的维护。热继电器使用日久，应定期校验其动作可靠性。热继电器动作脱扣后，应待双金属片冷却后再复位。按复位按钮时用力不可过猛，否则会损坏操作机构。

2) 时间继电器的故障及维修

机床电气控制中常用的时间继电器是空气阻尼式时间继电器，它的电磁系统和触点系统的故障维修与前面所述相同，其余的故障主要是延时不准确。这种故障的原因是空气室密封不严或橡皮薄膜损坏而漏气，使延时动作时间缩短，甚至不延时；如果在拆装过程中或其他原因有灰尘进入空气通道，使空气通道受阻，继电器的延时时间就会变得很长。前者要重新装配空气室，如橡皮薄膜损坏、老化，予以更换；后者要拆开空气室，清除空气室内的灰尘，排除故障。

3) 自动开关的故障及检修

自动开关的常见故障主要有不能合闸、不能分闸、自动掉闸、触点不能同步动作等几种。

(1) 手动操作的自动开关不能合闸。这种故障的现象是扳动手柄，接通自动开关送电时，无法使其稳定在主电路接通的位置上。可能的故障原因有：失压脱扣器线圈开路、线圈引线接触不良、储能弹簧变形、损坏或线路无电。检修时，应检查失压脱扣线圈是否正常、脱扣机构是否动作灵活、储能弹簧是否完好无损、线路上有无额定电压。找到故障点后，再根据具体情况修理。

(2) 电动操作的自动开关不能合闸。这种自动开关常用于大容量电路的控制。导致不能合闸的原因和修理方法有：操作电源不合要求，应调整或更换操作电源；电磁铁损坏或行程不够，应修理电磁铁或调整电磁铁拉杆行程；操作电动机损坏或电动机定位开关失灵，应排除电动机故障或修理电动机定位开关。

(3) 失压脱扣器不能使自动开关分闸。这种故障的现象是操作失压脱扣器按钮时，自动开关不动作，仍停留在接通位置，不能分断主电路。可能的原因有：反作用弹簧弹力太大或储能弹簧弹力太小，应调整更换有关弹簧；传动机构卡死，不能动作，应检修传动机构，排除卡塞故障。

(4) 起动电动机时自动掉闸。这种故障的现象是电动机起动时自动掉闸，将主电路分断。可能的原因有：过载脱扣装置瞬时动作，整定电流调得太小，应重新调整。

(5) 工作一段时间后自动掉闸。这种故障的现象是电路工作一段时间后，自动开关自动掉闸，造成电路停电。可能的原因有：过载脱扣装置长延时整定值调得太短，应重调；

21世纪高职高专自动化类实用规划教材

热元件或延时电路元件损坏，应检查更换。

(6)　自动开关动作后常开主触点不能同时闭合。这种故障的主要原因是某相触点传动机构损坏或失灵，应检查调整该触点的传动机构。

(7)　辅助触点不能闭合。这种故障可能的原因是动触点桥卡死或脱出，传动机构卡死或损坏，应检修动触点桥或动触点传动机构。

学习情景 5.3　工作台自动循环控制

【问题的提出】

在生产过程中，利用机械设备运动部件行程位置控制电动机正、反转，从而使生产机械自动往复循环运动。

【相关知识】

利用机械设备运动部件行程位置，控制电动机正、反转，从而使生产机械自动往复循环运动，其控制原理如图 5-3 所示。

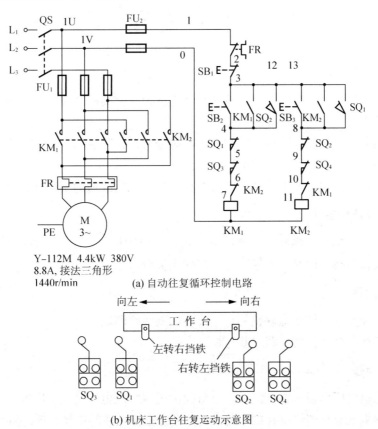

(a) 自动往复循环控制电路

(b) 机床工作台往复运动示意图

图 5-3　自动往复循环控制线路

图 5-3 是自动往复控制线路的实训电路。线路的动作过程：先合上电源开关 QS。按下按钮 SB$_2$→KM$_1$ 通电并自锁→电动机 M 正转，拖动工作台向左移动；当运动到位时→压下 SQ$_1$ 常闭触点断开→KM$_1$ 线圈断电→电动机 M 停转→同时 SQ$_1$ 常开触点闭合→KM$_2$ 通电并自锁→电动机 M 反转，拖动工作台向右移动，当运动到位时→压下 SQ$_2$→KM$_2$ 线圈断电，同时 SQ$_2$ 常开触点闭合→KM$_1$ 又通电→电动机 M 由反转变为正转，拖动运动部件变后退为前进，如此周而复始地自动往复工作。

图 5-3(a) 为自动往复循环控制电路。合上电源开关 QS，按下起动按钮 SB$_2$，接触器 KM$_1$ 通电自锁，电动机正向旋转，拖动工作台向左移动；当运动加工到位时，挡铁 1 压下行程开关 SQ$_1$，使 SQ$_1$ 常闭触点断开，接触器 KM$_1$ 线圈断电释放，电动机 M 停转。与此同时，SQ$_1$ 常开触点闭合，又使接触器 KM$_2$ 线圈通电吸合，电动机反转，拖动工作台向右移动，当向右移到位时，挡铁 2 压下行程开关 SQ$_2$，使接触器 KM$_2$ 线圈断电释放，同时接触器 KM$_1$ 又通电，电动机由反转变为正转，拖动运动部件变后退为前进，如此周而复始地自动往复工作。

图 5-3(b) 为机床工作台往复运动示意图。SQ$_1$、SQ$_2$、SQ$_3$、SQ$_4$ 分别固定安装在床身上，SQ$_1$、SQ$_2$ 反映加工起点、终点位置；SQ$_3$、SQ$_4$ 限制工作台往复运动的极限位置，防止 SQ$_1$、SQ$_2$ 失灵，工作台运动超出行程而造成事故。挡铁 1、2 安装在工作台移动部件上。

实 训 操 作

1．实训目的

(1) 掌握电动机正、反转控制线路的安装工艺，了解其控制线路的工作过程。

(2) 熟悉电气联锁的使用和正确接线。

(3) 培养对电气控制线路的了解和电器故障分析及排除能力。

(4) 掌握电动机自动往返运动的控制方法。

(5) 熟悉行程开关的使用方法，掌握对自动往返电气线路的安装操作能力。

2．实训设备和器件

接触器、热继电器、熔断器、断路器、按钮、电动机、端子排、行程开关、电工常用工具、万用表、导线、回路标号管、电工装配实训台。

3．实训内容

(1) 三相异步电动机双重联锁的正、反转控制线路调试。

(2) 自动往复循环控制线路安装与调试。

4．实训步骤

(1) 熟悉电气原理图 5-2、图 5-3，分析控制电路实现电动机正、反转控制线路的原理。

(2) 根据电气原理图绘制控制电路图，并进行电器元件的选择，布置到实验板(台)上并固定电器元件。

(3) 找到对应的交流接触器等元器件，并用万用表检查元器件是否完好。

(4) 按电气原理图绘制电气线路安装图并按图安装接线。注意接线要牢固，接触要良好，文明操作。

(5) 在接线完成后，若检查无误，经指导老师检查允许后方可通电调试。

(6) 接通三相交流电源。按下各电气原理图中的起动按钮观察并记录电动机和接触器的运行状态。

(7) 按下各电气原理图中的停止按钮观察并记录电动机和接触器的运行状态。

注意事项如下。

在双重联锁正反转控制线路的安装与调试中，接线后要对照电气原理图认真逐线核对接线，重点检查主电路 KM_1 和 KM_2 之间的换向线以及辅助电路中按钮、接触器辅助触点之间的连接线。特别要注意每一对触点的上下端子接线不可颠倒。

(1) 检查主要电路。用万用表 $R×100Ω$ 挡，断开 FU_2 切除辅助电路，检查各相通路和换向通路。

(2) 检查辅助电路。断开 FU_1 切除主电路，用万用表笔放在 0、1 端子上，做以下几项检查。

① 检查起动和停机控制。分别按下 SB_2、SB_3，应测得 KM_1、KM_2 线圈的电阻值；在操作 SB_2 和 SB_3 的同时按下 SB_1，万用表应显示电路由通而断。

② 检查自锁线路。分别按下 KM_1、KM_2 的触点架，应测得 KM_1、KM_2 线圈的电阻值；如果同时按下 SB_1，万用表应显示电路由通而断。如果发现异常，则重点检查接触器自锁触点上、下端子连线。这里容易将 KM_1 自锁线错接到 KM_2 的自锁触点上；将常闭触点用做自锁触点等，应根据异常现象进行分析、检查。

③ 检查按钮联锁。SB_2 测得 KM_1 线圈的电阻值后，同时按下 SB_3，万用表应显示电路由通而断；同样先按下 SB_3 再同时按下 SB_2，也应测得电路由通而断。发现异常时，应重点检查按钮盒内 SB_1、SB_2 和 SB_3 之间的连线；检查按钮盒引出护套线与接线端子板 XT 的连接是否正确，发现错误应及时更正。

④ 查辅助触点联锁线路。按下 KM_1 触点架测得 KM_1 电阻值后，同时按下 KM_2 触点架，万用表应显示电路由通而断；同样先按下 KM_2 触点架再同时按下 KM_1 触点架，也应测得电路由通而断。如果发现异常，应重点检查接触器常闭触点与相反转向接触器线圈之间的连线。

常见的错误接线有：将动合触点错当联锁触点；将接触器的联锁线错接到同一接触器的线圈端子上等，应对照电气原理图、安装接线图认真核查并排除错接故障。

在自动往复循环控制线路的安装与调试中，在接线完成后要检查电动机的转向与限位开关是否协调。例如电动机正转(即 KM_1 吸合)，运动部件运动到所需要反向的位置时，挡铁应该撞到限位开关 SQ_1，而不应撞到限位开关 SQ_2。否则，电动机不会反向，即运动部件不会反向，如果电动机与限位开关不协调，只要将三相异步电动机的三根电源线对调两根即可。

5. 实训考核

考核项目	考核内容	配 分	考核要求及评分标准	得 分
电器安装	接触器的安装 热继电器的安装	10	接触器 KM_1、KM_2 安装到位 5 分 热继电器、行程开关安装整定到位 5 分	
布线	主电路连接 控制电路连接	20	主电路连接(含电动机连接)10 分 控制电路连接 10 分	
通电试验	系统组成 系统运行 运行结果分析	30	能说明系统组成 10 分 系统运行正常 10 分 会分析运行结果 10 分 定额时间为 3 小时，每超 5 分钟扣 5 分	
实训报告	完成情况	40	实训报告完整、正确 40 分	

课 后 练 习

1. 接触器联锁正反锁控制线路有何优、缺点？
2. 接线时，将正反转的自锁触点误接成互换，电动机将会如何？
3. 为什么要采用双重联锁？
4. 如果采用按钮或接触器联锁，各有哪些弊端？
5. 行程开关 SQ_3、SQ_4 在电路在起什么作用？
6. 行程开关应该安装在控制柜里的控制板上还是安装在床身上？

21世纪高职高专自动化类实用规划教材

项目 6

三相笼型异步电动机降压起动控制

知识要求

- 掌握三相笼型异步电动机降压起动控制线路的工作原理。
- 掌握降压起动控制线路的安装操作方法。

技能要求

- 掌握三相异步电动机降压起动控制线路的安装与调试。
- 培养对电气控制线路的了解和电器故障分析及排除能力。

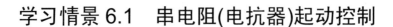

学习情景 6.1　串电阻(电抗器)起动控制

【问题的提出】

一般容量小的电动机通常直接起动，若不满足条件时，则必须采用降压起动。有时为了减小和限制起动时对机械设备的冲击，即使允许直接起动的电动机，也往往采用降压起动。降压起动方法的实质，就是在电源电压不变的情况下，起动时减小加在电动机定子绕组上的电压，以限制起动电流，而在起动以后再将电压恢复至额定值，电动机进入正常运行状态。

【相关知识】

笼型异步电动机采用全压直接起动时，控制线路简单，维修工作量较少。但是，并不是所有的异步电动机在任何情况下都可以采用全压起动，这是因为在电源变压器容量不是足够大的情况下，由于异步电动机起动电流一般可达其额定电流的 4~7 倍，致使变压器二次侧电压大幅度下降，这样不但会减小电动机本身的起动转矩，甚至导致电动机无法起动，还要影响同一供电网路中其他设备的正常工作。

判断一台电动机能否采用全压起动，可以用下面的经验公式来确定

$$\frac{I_{\text{ST}}}{I_{\text{N}}} \leqslant \frac{3}{4} + \frac{S}{4P} \tag{6-1}$$

式中：I_{ST} —— 电动机全压起动电流(A)；

I_{N} —— 电动机额定电流(A)；

S —— 电源变压器容量(kVA)；

P —— 电动机容量(kW)。

三相笼型异步电动机降压起动的方法有：定子绕组串电阻(或电抗器)；Y/△换接；延边三角形和使用自耦变压器起动等。这些起动方法的实质，都是在电源电压不变的情况下，起动时减小加在电动机定子绕组上的电压，以限制起动电流，而在起动以后再将电压恢复至额定值，电动机进入正常运行状态。

图 6-1 所示是定子串电阻降压起动控制线路图。电动机起动时在三相定子电路中串接电阻，使电动机定子绕组电压降低，起动结束后再将电阻短接，电动机在额定电压下正常运行，这种起动方式由于不受电动机接线形式的限制，设备简单，因而在中小型机床中也有应用。图中 KM_1 为接通电源接触器，KM_2 为短接电阻接触器，KT 为起动时间继电器，R 为降压起动电阻。

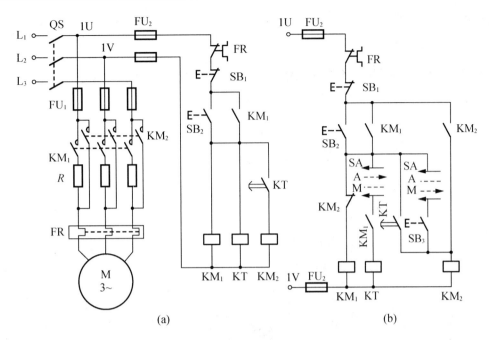

图 6-1　定子串电阻降压起动控制线路

图 6-1(a)控制线路工作情况如下：合上电源开关 QS，按起动按钮 SB$_2$，KM$_1$ 通电并自锁，同时 KT 通电，电动机定子串入电阻 R 进行降压起动，经时间继电器 KT 延时，其常开延时闭合触点闭合，KM$_2$ 通电，将起动电阻短接，电动机进入全电压正常运行。

电动机进入正常运行后，KM$_1$、KT 始终通电工作，不但消耗了电能，而且增加了出现故障的几率。若发生时间继电器触点不动作故障，将使电动机长期在降压下运行，造成电动机无法正常工作，甚至烧毁电动机。

图 6-1(b)为具有手动和自动控制串电阻降压起动电路，它是在图 6-1(a)电路的基础上增设了一个选择开关 SA，其手柄有两个位置，当手柄置于 M 位时为手动控制；当手柄置于 A 位时为自动控制。一旦发生 KT 触点闭合不上，可将 SA 扳至 M 位置，按下升压按钮 SB$_3$，KM$_2$ 通电，电动机便可进入全压下工作，使电路更加安全可靠。

学习情景 6.2　星形/三角形起动控制

【问题的提出】

正常运行时，定子绕组接成三角形的笼型步电动机，可采用星形/三角形的降压换接起动的方法来达到限制起动电流的目的。

【相关知识】

起动时，定子绕组首先接成星形(Y)，待转速上升到接近额定转速时，将定子绕组的接线由星形换接成三角形(△)，电动机便进入全电压正常运行状态。因功率在 4kW 以上的三相笼型异步电动机均为三角形接法，故都可以采用星形/三角形起动方法。

1. 按钮切换星形/三角形降压起动控制线路

图 6-2 所示为按钮切换星形/三角形降压起动控制电路。

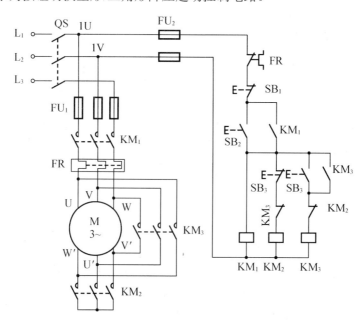

图 6-2　按钮切换星形/三角形降压起动控制电路

电动机星形接法起动：先合上电源开关 QS，按下 SB₂，接触器 KM₁ 线圈通电，KM₁ 自锁触点闭合，同时 KM₂ 线圈通电，KM₂ 主触点闭合，电动机 Y 接法起动，此时，KM₂ 常闭互锁触点断开，使得 KM₃ 线圈不能得电，实现电气互锁。

电动机三角形接法运行：当电动机转速升高到一定值时，按下 SB₃，KM₂ 线圈断电，KM₂ 主触点断开，电动机暂时失电，KM₂ 常闭互锁触点恢复闭合，使得 KM₃ 线圈通电，KM₃ 自锁触点闭合，同时 KM₃ 主触点闭合，电动机三角形接法运行，此时，KM₃ 常闭互锁触点断开，使得 KM₂ 线圈不能得电，实现电气互锁。

按钮切换星形/三角形降压起动控制电路由起动到全压运行，需要两次按动按钮不太方便，并且，切换时间也不易掌握。为了克服上述缺点，也可采用时间继电器自动切换控制电路。

2. 时间继电器自动切换星形/三角形降压起动控制电路

图 6-3 所示是采用时间控制环节自动切换星形/三角形降压起动控制电路。

电路工作原理：合上 QS，按下 SB₂，接触器 KM₁ 线圈通电，KM₁ 常开主触点闭合，KM₁ 辅助触点闭合并自锁。同时星形控制接触器 KM₂ 和时间继电器 KT 的线圈通电，KM₂ 主触点闭合，电动机作星形连接起动。KM₂ 常闭互锁触点断开，使三角形控制接触器 KM₃ 线圈不能得电，实现电气互锁。经过一定时间后，时间继电器的常闭延时触点打开，常开延时触点闭合，使 KM₂ 线圈断电，其常开主触点断开，常闭互锁触点闭合，使 KM₃ 线圈通电，KM_3 常开触点闭合并自锁，电动机恢复三角形连接全压运行。KM_3 的常闭互锁触点分断，切断 KT 线圈电路，并使 KM_2 不能得电，实现电气互锁。

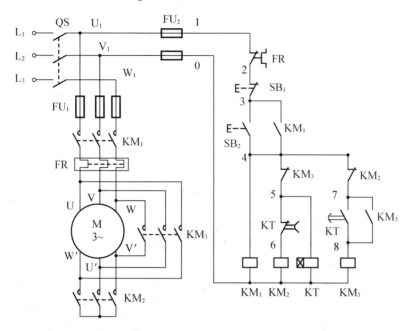

图 6-3　时间继电器自动切换星形/三角形降压起动控制电路

SB_1 为停止按钮，必须指出，KM_2 和 KM_3 实行电气互锁的目的，是为了避免 KM_2 和 KM_3 同时通电吸合而造成的严重的短路事故。

三相笼型异步电动机采用星形/三角形降压起动时，定子绕组星形连接状态下起动电压为三角形连接直接起动的电压的 $1/\sqrt{3}$。起动转矩为三角形连接直接起动的 $1/3$，起动电流也为三角形连接直接起动电流的 $1/3$。与其他降压起动相比，星形/三角形降压起动投资少，线路简单，但起动转矩小。这种起动方法适用于空载或轻载状态下起动，同时，这种降压起动方法只能用于正常运转时定子绕组接成三角形的异步电动机。

学习情景 6.3　延边三角形起动控制

【问题的提出】

采用星形/三角形降压起动时，可以在不增加专用起动设备的条件下实现降压起动，但是其起动转矩较小，仅适用于空载或轻载状态下的起动。而延边三角形降压起动是既不增加专用起动设备，还可适当提高起动转矩的一种降压起动方法。

【相关知识】

延边三角形起动，是在电动机起动过程中将绕组接成延边三角形，待起动完毕后，将其绕组接成三角形进入正常运行。为此，电动机每相绕组有三个接线头，其连接情况如图6-4所示。

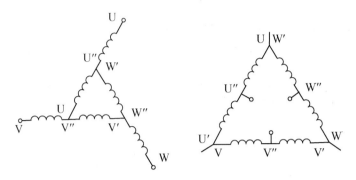

图6-4 延边三角形起动电动机绕组接线示意图

电动机定子绕组接线作延边三角形连接时，每相绕组承受的电压比三角形连接时低，又比星形连接时高，这样既可实现降压起动，又可提高起动转矩。接成延边三角形时，每相绕组的相电压、起动电流和起动转矩的大小是根据每相绕组的两部分阻抗的比例(称为抽头比)的改变而变化的。在实际应用中，可根据不同的使用要求，选用不同的抽头比进行降压起动，待电动机起动旋转以后，再将绕组接成三角形，使电动机在额定电压下正常运行。

延边三角形降压起动控制线路如图6-5所示。在图6-5中，KM_1 为延边三角形连接接触器，KM_2 为线路接触器，KM_3 为三角形连接接触器，KT 为起动时间继电器。起动时，KM_1、KM_2 通电并自锁，电动机接成延边三角形起动，经过一定延时后，KT 动作使 KM_1 断电，KM_3 通电，电动机接成三角形连接正常运转。

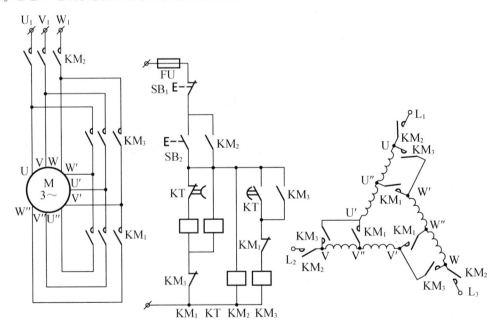

图6-5 延边三角形降压起动控制线路

学习情景 6.4　自耦变压器起动控制

【问题的提出】

在自耦变压器降压起动控制线路中，电动机起动电流的限制是依靠自耦变压器的降压作用来实现的。电动机起动的时候，定子绕组得到的电压是自耦变压器的二次电压，一旦起动完毕，自耦变压器便被短接，额定电压即自耦变压器的一次电压直接加在定子绕组上，电动机进入全压正常工作。

【相关知识】

自耦变压器一次侧电压、电流和二次侧电压、电流的关系为

$$\frac{U_1}{U_2} = \frac{I_2}{I_1} = K \tag{6-2}$$

起动转矩正比于电压的平方，定子每相绕组上的电压降低到直接起动的 $1/K$，起动转矩也将降低到直接起动的 $1/K^2$。因此，起动转矩的大小可通过改变电压比 K 得到调整。

1. 两个接触器控制的自耦变压器降压起动控制电路

图 6-6 所示为两个接触器控制的自耦变压器降压起动控制电路。在图 6-6 中，KM_1 为降压接触器，KM_2 为正常运行接触器，KT 为起动时间继电器。

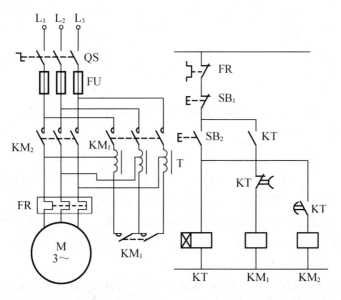

图 6-6　两个接触器控制的自耦变压器降压起动控制电路

电路工作情况：合上电源开关 QS，按下起动按钮 SB_2，KM_1 通电并自锁，将自耦变压器 T 接入，电动机定子经自耦变压器供电作降压起动，同时 KT 通电，经延时 KT 延时断开

的常闭触点使 KM$_1$ 断电，KT 延时闭合的常开触点使 KM$_2$ 通电，自耦变压器切除，电动机在全压下正常运行。该电路在电动机起动过程中会出现二次涌流冲击，仅适用于不频繁、电动机容量在 30kW 以下的设备中。

2. 三个接触器控制的自耦变压器降压起动控制电路

图 6-7 所示为三个接触器控制的自耦变压器降压起动控制电路。图中选择开关 SA 有自动与手动位置，KM$_1$、KM$_2$ 为降压起动接触器，KM$_3$ 为正常运行接触器，KA 为起动中间继电器，KT 为时间继电器，HL$_1$ 为电源指示灯，HL$_2$ 为降压起动指示灯，HL$_3$ 为正常运行指示灯。

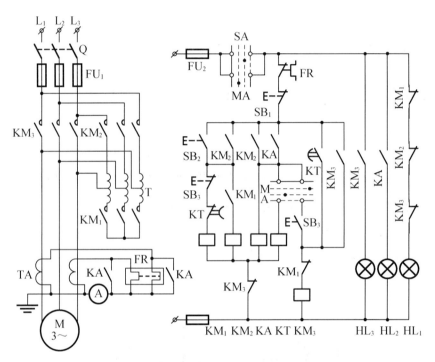

图 6-7 三个接触器控制的自耦变压器降压起动控制电路

电路工作情况：当 SA 置于自动控制位置 A 时，HL$_1$ 亮，表明电源正常。按下起动按钮 SB$_2$，KM$_1$、KM$_2$ 相继通电并自锁，HL$_1$ 暗，KM$_1$ 触点先将自耦变压器作星形连接，再由 KM$_2$ 触点接通电源，电动机定子绕组经自耦变压器实现降压起动。同时 KA 通电并自锁，KT 也通电，此时 HL$_2$ 亮，表示正在进行降压起动，在起动过程中由 KA 触点将电动机主电路电流互感器二次侧的热继电器 FR 发热元件短接。当时间继电器 KT 延时到，相应延时触点动作，使 KM$_1$、KM$_2$、KA、KT 相继断电，而 KM$_3$ 通电并自锁，指示灯 HL$_3$ 亮，进入正常运行状态，降压起动过程结束。

若将选择开关 SA 扳在手动控制 M 位置，当按下起动按钮 SB$_2$，电动机降压起动过程的电路工作情况与自动控制时工作过程相同，只是在转接全压运行时，尚需再按下 SB$_3$，使 KM$_1$ 断电，KM$_3$ 通电并自锁，实现全压下正常运行。

电路的联锁环节：电动机起动完毕投入正常运行时，KM$_3$ 常闭触点断开，使 KM$_1$、KM$_2$、

21世纪高职高专自动化类实用规划教材

KA、KT 电路切断，确保正常运行时自耦变压器切断，只在起动时短时接入。

中间继电器 KA 断电后，将热继电器 FR 发热元件接入定子电路，实现长期过载保护。

在操作按钮 SB_2 时，要求按下时间稍长一点，待 KM_2 通电并自锁后才可松开，否则，自耦变压器无法接入，不能实现正常起动。

自耦变压器降压起动常用于电动机容量较大的场合，因无大容量的热继电器，故采用电流互感器后使用小容量的热继电器来实现过载保护。

实 训 操 作

1．实训目的

(1)　掌握三相异步电动机星形/三角形降压起动控制电路的安装操作方法。

(2)　掌握三相异步电动机自耦变压器降压起动控制电路的安装操作方法。

2．实训设备和器件

接触器、热继电器、熔断器、断路器、按钮、电动机、端子排、时间继电器、自耦变压器、电工常用工具、万用表、导线、回路标号管、电工装配实训台。

3．实训内容

(1)　时间继电器自动切换星形/三角形降压起动控制电路安装与调试。

(2)　自耦变压器降压起动控制电路安装与调试。

4．实训步骤

(1)　分析三相异步电动机星形/三角形降压起动控制电路、自耦变压器降压起动控制电路。

(2)　绘制电气安装接线图，正确标注线号。

(3)　检查各电器元件，特别是时间继电器的检查，对其延时类型、延时器的动作是否灵活，将延时时间调整为 5s(调节延时器上端的针阀)左右。

(4)　固定电器元件，安装接线。要注意时间继电器的安装方位。如果设备安装底板垂直于地面，则时间继电器的衔铁释放方向必须指向下方，否则就是违反安装规程。

(5)　按电气安装接线图连接导线。注意接线要牢固，接触要良好，文明操作。

(6)　在接线完成后，用万用表检查线路的通断。分别检查主电路，辅助电路的起动控制、联锁线路、KT 的控制作用等，若检查无误，经指导老师检查允许后方可通电调试。

在进行时间继电器自动切换星形/三角形降压起动控制电路的安装时注意事项如下。

(1)　进行星形/三角形起动控制的电动机，接法必须是三角形连接。额定电压必须等于三相电源线电压。其最小容量为 2、4、8 极的 4kW。

(2)　接线时要注意电动机的三角形连接不能接错，同时应该分清电动机的首端和尾端的连接。

(3)　电动机、时间继电器、接线端板的不带电的金属外壳或底板应可靠接地。

在进行自耦变压器降压起动控制电路的安装时注意事项如下。

(1) 进行自耦变压器降压起动控制电路的电动机，接法必须是三角形连接。额定电压必须等于三相电源线电压。其最小容量为 2、4、8 极的 4kW。

(2) 接线时要注意电动机的三角形连接不能接错，同时应该分清电动机的首端和尾端的连接。

(3) 电动机、时间继电器、接线端板的不带电的金属外壳或底板应可靠接地。

5．实训考核

考核项目	考核内容	配　分	考核要求及评分标准	得　分
电器安装	元器件的安装	10	元器件安装到位 10 分	
布线	主电路连接 控制电路连接	20	电动机的连接、主电路连接到位 10 分 控制电路连接 10 分	
通电试验	系统组成 系统运行 运行结果分析	30	能说明系统组成 10 分 系统运行正常 10 分 会分析运行结果 10 分 定额时间为 4 小时，每超 5 分钟扣 5 分	
实训报告	完成情况	40	实训报告完整、正确 40 分	

课 后 练 习

1．三相异步电动机星形/三角形降压起动的目的是什么？

2．采用星形/三角形降压起动对电动机有什么要求？

3．一台电动机为星形/三角形连接，允许轻载起动，设计满足下列要求的控制电路：采用手动和自动控制降压起动；实现连续运转和点动工作，且当点动工作时应处于降压状态下；具有必要的联锁与保护环节。

4．在图 6-7 中，中间继电器起什么作用？

项目 7

三相笼型异步电动机的电气制动

知识要求

- 掌握反接制动控制电路的组成、控制原理及制动特点。
- 掌握能耗制动控制电路的组成、控制原理及制动特点。

技能要求

- 掌握反接制动控制电路的安装、调试方法。
- 掌握能耗制动控制电路的安装、调试方法。

学习情景 7.1　反接制动控制

【问题的提出】

　　交流异步电动机的定子绕组在脱离电源后，由于机械惯性的作用，转子需要一段时间才能完全停止。而在实际生产过程中，生产机械往往要求电动机快速、准确地停车，这就需要对电动机采取有效的制动措施。常用的制动方式有机械制动和电气制动，其中电气制动包括反接制动和能耗制动。

【相关知识】

1．反接制动的原理

　　所谓反接制动，是指在电动机三相电源被切除后，立即向异步电动机定子绕组中通入反相序的三相交流电源，使电动机产生与转子转动方向相反的转矩，迫使电动机迅速停转。

　　反接制动时，由于转子与旋转磁场的相对速度接近于两倍的同步转速，所以定子绕组中流过的反接制动电流相当于全压起动电流的两倍，冲击电流很大。为了减小冲击电流，需要在电动机主电路中串接一定的电阻以限制反接制动电流。另外，反接制动时还必须在电动机转速接近零时切除反相序电源，否则电动机会反转，造成事故。

2．反接制动控制电路

反接制动控制电路有单向运行反接制动控制电路和可逆运行反接制动控制电路。

1）　单向运行反接制动控制电路

电动机单向运行反接制动控制电路如图 7-1 所示。

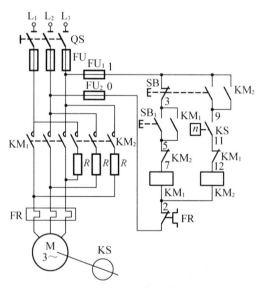

图 7-1　单向运行反接制动控制电路

在图 7-1 中，KM_1 为电动机运行接触器，KM_2 为反接制动接触器，KS 为速度继电器，R 为反接制动电阻。电动机正常运转时，KM_1 通电并自锁，速度继电器 KS 的常开触点闭合，为制动做好准备。需要停车时，按下停止按钮 SB，其常闭触点断开，KM_1 线圈断电，主触点断开，切断三相交流电源，同时按钮 SB 常开触点闭合，使 KM_2 线圈通电并自锁，电动机定子串接电阻接入反相序三相电源进行反接制动，电动机速度迅速下降，当电动机转速低于 100r/min 时，速度继电器 KS 的常开触点复位，使 KM_2 线圈断电释放，电动机断开反相序电源，自然停车。

速度继电器 KS 在电动机反接制动控制中起着十分重要的作用，利用它来"判断"电动机的转速。在结构上，速度继电器与电动机同轴连接，其常开触点串联在电动机控制电路中，当电动机转动时，速度继电器的常开触点闭合；电动机转速低于其动作速度时，其常开触点打开。

2)　可逆运行反接制动控制电路

电动机可逆运行的反接制动控制电路如图 7-2 所示。

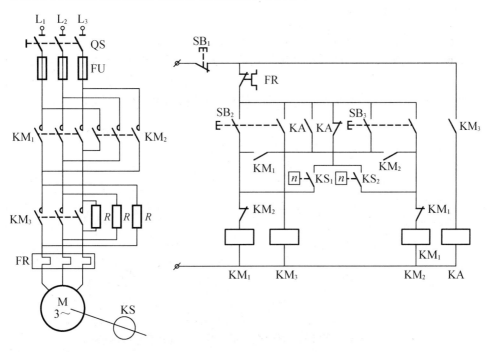

图 7-2　可逆运行的反接制动控制电路

在图 7-2 中，KM_1 为电动机运行接触器，KM_2 为反接制动接触器，KS 为速度继电器，R 为反接制动电阻，KM_3 为制动电阻切除接触器，KA 为中间继电器。按下起动按钮 SB_1，KM_1、KM_3、KA 线圈通电，KM_1 通过 KA、KM_1 的常开触点实现自锁，电动机正转，速度继电器 KS 的常开触点 KS_2 闭合，为制动做好准备。

按下停止按钮 SB_1，KM_1、KM_3、KA 线圈失电，电动机断开三相交流电源，KA 的常闭触点复位闭合，与 KS_2 触点一起，将反向起动接触器 KM_2 线圈电路接通，电动机接入反相序电源，电动机开始反接制动，当速度趋近于零时，速度继电器 KS_2 复位断开，切断 KM_2 的线圈电路，完成正转的反接制动。在反接制动过程中，KM_3 失电，所以限流电阻 R 一直

起限制反接制动电流的作用。反转时的反接制动工作过程与此相似，KS₁ 触点闭合，制动时，接通接触器 KM₁ 的线圈电路，进行反接制动。

学习情景 7.2　能耗制动控制

【问题的提出】

三相异步电动机的制动除上述反接制动措施外，对功率较小的电动机还可采用能耗制动措施。

【相关知识】

1. 能耗制动的原理

能耗制动是在异步电动机脱离三相电源后，迅速给定子绕组通入直流电流，使定子产生静止磁场，电动机转子导体因惯性旋转切割定子磁场产生感应电流，电流与磁场相互作用，产生制动力矩，使电动机制动减速。这种制动的方法是将电动机旋转的动能转变为电能，消耗在制动电阻上，故称为能耗制动。能耗制动的原理如图 7-3 所示。

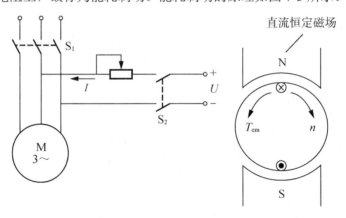

(a) 定子绕组加入直流电压示意图　　　(b) 静止磁场示意图

图 7-3　能耗制动的原理

2. 能耗制动控制电路

能耗制动的控制可以根据时间控制原则，用时间继电器进行控制，一般适用于转速比较稳定的生产设备；也可以按速度控制原则，用速度继电器进行控制，常用于因生产需要负载经常变化的设备。

1)　按时间原则控制的单向能耗制动控制电路

(1)　无变压器单相半波整流控制电路。

为减小能耗制动设备，在要求不高、电动机容量在 10kW 以下时可采用无变压器的单管半波整流器作为直流制动电源，如图 7-4 所示。此时，电动机定子绕组串接二极管的示意图如图 7-5 所示。

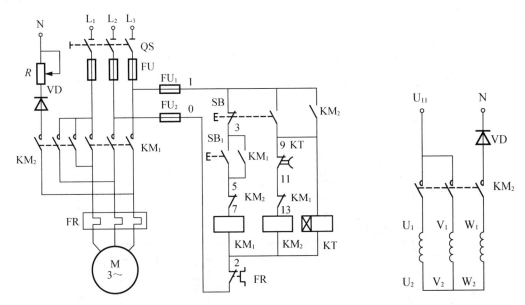

图 7-4　无变压器单相半波整流能耗制动控制电路　　　图 7-5　定子绕组串接二极管示意图

在图 7-4 中，KM_1 为运行接触器，KM_2 为能耗制动接触器，KT 为时间继电器，VD 为整流二极管。假设电动机已正常运行，KM_1 通电并自锁。若使电动机停转，按下停止按钮 SB，其常闭触点先断开，KM_1 线圈断电，电动机定子绕组脱离三相交流电源；接着 SB 的常开触点闭合，KM_2、KT 线圈同时通电并自锁，KM_2 主触点将经过二极管 VD 整流后的直流电接入电动机定子绕组，电动机能耗制动，此时，电动机绕组 U_1U_2、V_1V_2 并联后与绕组 W_1W_2 串联，其定子绕组的连接如图 7-5 所示(假设电动机为星形接法)。电动机的速度迅速降低。当转速接近零时，时间继电器 KT 延时时间到，其常闭触点打开，使 KM_2、KT 线圈相继断电，能耗制动结束。

能耗制动的实质是把电动机转子储存的机械能转变成电能，又消耗在转子的制动上。显然，制动作用的强弱与通入直流电流的大小和电动机的转速有关。调节电阻 R，可调节制动电流的大小，从而调节制动强度。相对反接制动方式，能耗制动方式制动准确、平稳，能量消耗较小，一般用于对制动要求较高的设备，如磨床、龙门刨床等机床的控制电路中。

(2) 全波整流能耗制动。

全波整流的制动电流是半波整流的两倍，所以较大功率(10kW 以上)的电动机常采用全波整流能耗制动。

全波整流能耗制动控制电路如图 7-6 所示，交流电压经过变压器变压，再通过全波整流得到直流电源。

2) 按速度原则控制的单向能耗制动控制电路

按速度原则控制的单向能耗制动控制电路如图 7-7 所示。该电路与图 7-6 的控制电路基本相同，只不过是用速度继电器 KS 取代了时间继电器 KT。KS 安装在电动机轴的伸出端，其常开触点取代时间继电器 KT 延时断开的常闭触点。

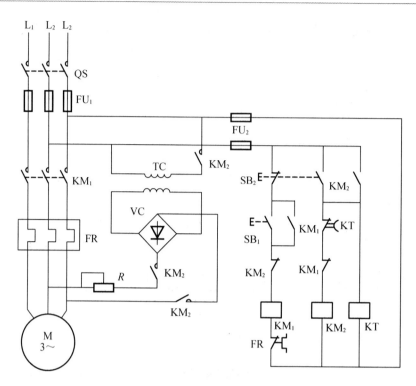

图 7-6　全波整流能耗制动控制电路

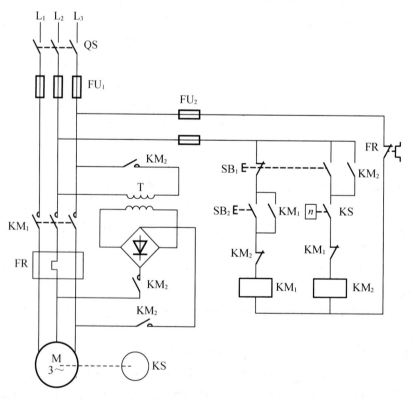

图 7-7　按速度原则控制的单向能耗制动控制电路

电路工作原理如下：按下起动按钮 SB_2，KM_1 通电并自锁，电动机正向运转，同时 KM_1 的常闭触点断开切断 KM_2 线圈电路。电动机正常运转后，速度继电器 KS 的常开触点闭合，为电动机能耗制动做准备。停车时按下停止按钮 SB_1，其常闭触点先断开，断开 KM_1 线圈电路，主触点断开，电动机切断交流电源；接着 SB_1 的常开触点闭合，由于此时 KS 常开触点闭合且 KM_1 的常闭触点复位闭合，所以接通 KM_2 线圈电路，KM_2 通电并自锁，电动机接通直流电源开始进行能耗制动，电动机转速不断下降。当电动机转速降至 100r/min 左右时，KS 的常开触点断开，KM_2 断电，电动机直流电源切断，能耗制动结束，电动机自由停车。

实 训 操 作

1. 实训目的

(1) 掌握三相异步电动机制动控制电路的安装。
(2) 掌握三相异步电动机制动控制电路工作原理。
(3) 会用万用表排除电路故障。

2. 实训器材

接触器、热继电器、熔断器、断路器、制动电阻、整流二极管、按钮、电动机、电工常用工具、万用表、导线、回路标号管、电工装配实训台。

3. 实训内容

(1) 电动机单向反接制动电路的安装。
(2) 电动机单管能耗制动电路的安装。

4. 实训步骤

(1) 用万用表检测整流二极管及其他电器元件的好坏，若有问题，排除故障或更换。
(2) 画出单向反接制动、单管能耗制动电路的安装图
(3) 根据原理图、安装图安装单向反接制动、单管能耗制动控制电路。
(4) 在断开电源的前提下，用万用表的欧姆挡，通过测量电路通、断的"电阻法"检测电路安装是否正确。
(5) 在教师的指导下做通电试验，看动作是否正常。若动作不正常，用万用表的交流电压挡，用"电压法"排除电路故障。

以图 7-3 单管能耗制动电路为例，假设按下按钮 SB_1 后，接触器 KM_1 不吸和，用"电压法"排除故障的方法如下。

首先用万用表交流电压挡测量图中标号 0 和 1 之间的电压，若无 380V 电压，说明控制电路熔断器熔断或电源电压不正常。

若 0 和 1 之间的电压正常，再测量 0 和 3 之间的电压。在按钮 SB 常闭触点闭合正常情况下，0 和 3 之间的电压为 380V，若无电压，说明按钮 SB 常开触点没有闭合。

若 0 和 3 之间的电压正常，在测量 3 和 2 之间的电压，以判断热继电器常闭触点是否闭合良好。正常情况下 3 和 2 之间的电压为 380V，否则热继电器常闭触点 FR 没有闭合。

若 3 和 2 之间的电压正常，再测量 3 和 7 之间是否有 380V 电压。正常时应有 380V 电压，若无电压，说明接触器线圈断线或接线接触不良。

若 3 和 7 之间正常，在测量 3 和 5 之间电压是否有 380V 电压。正常时应有 380V 电压，否则，说明 KM$_2$ 常闭触点没有闭合或接线接触不良。

通过上述"电压法"测量，总能查处故障所在。其他故障，可用同样的方法排除。

5. 实训考核

考核项目	考核内容	配　分	考核要求及评分标准	得　分
电器安装	元器件的安装	10	元器件安装到位 10 分	
布线	主电路连接 控制电路连接	20	电动机的连接、主电路连接到位 10 分 控制电路连接 10 分	
通电试验	系统组成 系统运行 运行结果分析	30	能说明系统组成 10 分 系统运行正常 10 分 会分析运行结果 10 分 定额时间为 4 小时，每超 5 分钟扣 5 分	
实训报告	完成情况	40	实训报告完整、正确 40 分	

课　后　练　习

1. 什么是反接制动？反接制动有何特点？
2. 什么是能耗制动？能耗制动有何特点？
3. 如何调节反接制动、能耗制动效果的强弱？

21世纪高职高专自动化类实用规划教材

项目 8

三相笼型异步电动机的调速控制

知识要求

- 掌握变极调速控制电路的组成、控制原理及特点。
- 掌握变频器电路的组成、控制原理及特点。

技能要求

- 掌握变极调速控制电路的安装、调试方法。
- 掌握变频器调速电路的安装、调试方法。

学习情景 8.1 变极调速控制

【问题的提出】

在实际生产过程中，根据加工工艺的要求，生产机械传动机构的运行速度需要进行调节，这种负载不变，人为调节转速的过程称为调速。调速通常有机械调速和电气调速两种方法，通过改变电动机参数而改变系统运行转速的调速方法称为电气调速。

三相异步电动机的转速公式为

$$n = \frac{60f}{p}(1-s) \tag{8-1}$$

式中： f ——电源的频率；

p ——定子绕组磁极对数；

s ——转差率。

由式(8-1)可知，改变异步电动机转速的方法有三种：改变电源的频率 f ；改变电动机定子绕组的磁极对数 p ；改变转差率 s 。

【相关知识】

当电源的频率固定以后，电动机的同步转速与它的磁极对数成反比，因此，只要改变定子绕组的磁极对数，就能改变它的同步转速，从而改变转子的转速。变极调速有两种方法：第一种，改变定子绕组的连接方法；第二种，在定子绕组上设置具有不同极对数的两套相互独立的绕组。

1. 变极原理

下面以单绕组双速电动机为例，对变极调速控制的原理进行分析。定子绕组产生的磁极对数的改变，是通过改变绕组的接线方式得到的。图 8-1 所示为三相感应电动机定子绕组接线及产生的磁极数，只画出了 A 相绕组的情况。每相绕组为两个等效集中线圈正向串联，例如 AX 绕组为 a_1x_1 与 a_2x_2 首尾串联，如图 8-1(a)所示。因此由 AX 绕组产生的磁极数便是四极，如图 8-1(b)所示，可以直观地看出三相绕组的磁极数为四极的，即为四极感应电动机。

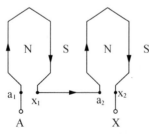

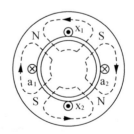

(a) 单相绕组首尾串联示意图   (b) 磁极对数示意图

图 8-1 三相感应电动机定子 A 相绕组连接原理图

　　如果把图 8-1 中的接线方式改变一下，每相绕组不再是两个线圈首尾串联，而变成为两个线圈尾尾串联，即 A 相绕组 AX 为 a_1x_1 与 a_2x_2 反向串联，如图 8-2(a)所示，或者每相绕组两个线圈变成为首尾串联后再并联，即 AX 为 a_1x_1 与 a_2x_2 反向并联，如图 8-2(b)所示。改变后的两种接线方式，A 相绕组产生的磁极数都是二极的，如图 8-3(c)所示，即为二极感应电动机。由此可见，改变极对数的关键在于使每相定子绕组中的一半绕组内的电流改变方向，即改变半相绕组的电流方向，使极对数减少一半，从而使转速上升一倍，这就是变极调速的原理。

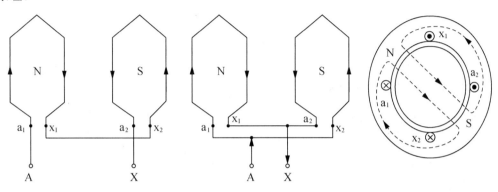

(a) 单相绕组反向串联示意图　　　　(b) 单相绕组反向并联示意图　　　　(c) 磁极对数示意图

图 8-2　二极感应电动机定子 A 相绕组连接原理图

　　需要说明的是，为了保证变极调速时电动机的转向不变，变极调速的同时需要改变绕组的相序或者说是电源的相序；否则，电动机将反转。理由很简单，要使电动机转向不变，就要求磁通势旋转方向不变，也就是 J、V、W 三相绕组空间电角度依次相差 120°不变。

　　若在定子绕组上装两套独立绕组，各自具备所需的极对数，两套独立绕组中每套又可以有不同的连接，这样就可以分别得到双速、三速或四速等电动机，称为多速电动机，如图 8-3 所示。

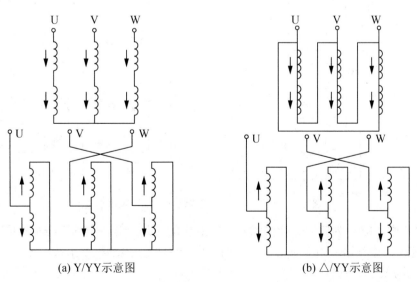

(a) Y/YY示意图　　　　　　　　　(b) △/YY示意图

图 8-3　双速电动机变极接线方式

多速电动机中典型的变极方法有两种:一种是 Y/YY 接法,如图 8-3(a)所示,即每相绕组由串联改成并联,则极对数减少了一半;另一种是△/YY 接法,如图 8-3(b)所示,将定子绕组由△改接成 YY 时,极对数也减小了一半。国产 YD 系列双速电动机所采用的变极方法是△/YY 接法,允许输出的功率近似不变,属于恒功率调速方式。另外,由于极对数的改变,不仅使转速发生了改变,而且三相定子绕组排列的相序也改变了。假设高速时三相绕组的空间位置为 0° → 120° →240°,那么低速时极对数增加一倍,三相绕组空间位置变成了 0° →240° →480° (120°)。

需要注意的是,绕组改接后其相序方向和原来相反,所以在变极时,必须改变三相绕组接线的相序,可将电动机的任意两个出线端对调,以保持电动机在高速和低速时的转向相同。如图 8-3 所示,可将 V 相和 W 相对调一下,也可将其他两相对调。

2. 双速电动机变速控制电路

双速电动机的控制电路很多,常用的有按钮控制电路和时间继电器控制电路。

1) 按钮控制的双速电动机变速控制电路

图 8-4 所示为按钮控制的双速电动机变速控制电路图。

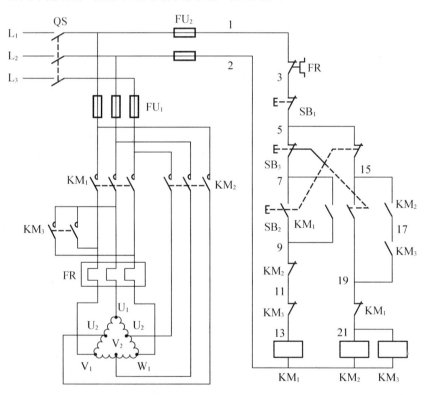

图 8-4 按钮控制的双速电动机控制电路图

在图 8-4 中,KM$_1$ 为低速运行接触器,KM$_1$ 主触点闭合时,电动机绕组接成△;KM$_2$、KM$_3$ 为高速运行接触器,当 KM$_2$、KM$_3$ 的主触点闭合时,电动机绕组接成 YY。

电路工作原理如下。

(1) 低速运行。

(2) 高速运行。

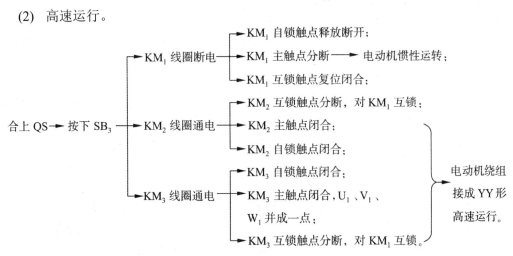

2) 时间继电器控制的双速电动机变速控制电路

图 8-5 所示为时间继电器控制的双速电动机变速控制电路图。

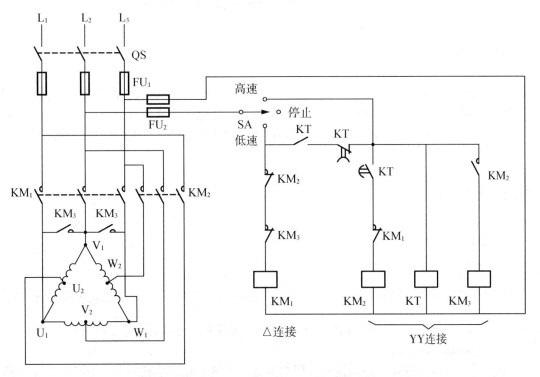

图 8-5 时间继电器控制的双速电动机控制电路图

图 8-5 是用了三个接触器控制电动机定子绕组的连接方式。当接触器 KM_1 的主触点闭

合，KM₂、KM₃ 的主触点断开时，电动机定子绕组为△接法，对应"低速"挡；当接触器 KM₁ 主触点断开，KM₂、KM₃ 主触点闭合时，电动机定子绕组为 YY 接法，对应"高速"挡。为了避免"高速"挡起动电流对电网的冲击，图 8-5 所示电路在"高速"挡时，先以"低速"起动，待起动电流过去后，再自动切换到"高速"运行。

SA 是具有三个挡位的转换开关。当扳到中间位置时，为"停止"位，电动机不工作；当扳到"低速"挡位时，接触器 KM₁ 线圈得电动作，其主触点闭合，电动机定子绕组的三个出线端 U₁、V₁、W₁ 与电源相接，定子绕组接成三角形，低速运转；当扳到"高速"挡位时，时间继电器 KT 线圈首先得电动作，其瞬动常开触点闭合，接触器 KM₁ 线圈得电动作，电动机定子绕组接成△低速起动。经过延时，KT 延时断开的常闭触点断开，KM₁ 线圈断电释放，KT 延时闭合的常开触点闭合，接触器 KM₂ 线圈得电动作。紧接着，KM₃ 线圈也得电动作，电动机定子绕组被 KM₂、KM₃ 的主触点换接成 YY，以高速运行。

变极调速的优点是可以适应不同性质的负载的要求，如需要恒功率调速时可采用△/YY 接法，需要恒转矩调速时用 Y/YY 接法，且线路简单、维修方便。其缺点是变极调速时，转速几乎是成倍变化，所以调速的平滑性差。但它在每个转速等级运转时，和通常的感应电动机一样，具有较硬的机械特性，稳定性较好，所以对于不需要无级调速的生产机械，如金属切削机床、通风机、升降机等都采用多速电动机拖动。

学习情景 8.2　变频调速控制

【问题的提出】

在交流电动机调速方法中，除采用变极调速方法以外，目前广泛使用的是变频调速方法。所谓变频调速就是在交流调速系统中，通过半导体功率变换器改变异步电动机供电电源的频率，从而进行转速的调节。目前变频调速已成为交流调速的主要发展方向，并已在许多生产领域发挥着巨大的作用。

【相关知识】

1. 变频器简介

1）变频调速的原理

根据三相异步电动机的转速公式：$n = \dfrac{60f}{p}(1-s)$，三相异步电动机的同步转速 n 与电源频率 f 成正比。因此，改变三相异步电动机的电源频率，可以实现电动机的调速。

2）变频器的基本组成

要实现电动机的变频调速，需要使用变频器。所谓变频器是利用电力半导体器件的通断作用将工频电源变换为另一频率的电能控制装置。不同厂家的变频器外形大同小异，图 8-6 所示为西门子 MM440 变频器的外形图。

21世纪高职高专自动化类实用规划教材

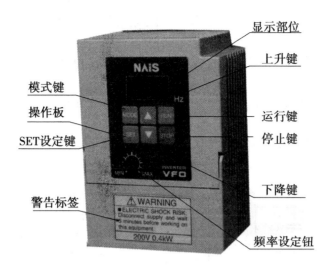

图 8-6　西门子 MM440 变频器的外形图

变频器的工作原理就是把市电(380V 或 220V、50Hz)通过整流器变成平滑直流,然后利用半导体器件(GTO、GTR 或 IGBT)组成的三相逆变器,将直流电变成可变电压和可变频率的交流电,并采用输出波形调制技术,使得输出波形更完善,例如采用正弦脉宽调制(SPWM)方法,使输出波形近似正弦波,用于驱动异步电动机,实现无级调速,即把恒压频(CVCF)的交流电转换为变压变频(VVVF)的交流电,以满足交流电动机变频调速的需要。

从结构上看,变频器可分为间接变频和直接变频两类。间接变频器是先将工频交流电源通过整流器变成直流,然后再经过逆变器将直流变换为可控频率的交流,因此又称它为有中间直流环节的变频装置或交一直一交变频器。直接变频器是将工频交流一次变换为可控频率交流,没有中间直流环节,即所谓的交一交变频器。目前应用较多的中小型交流调速采用的是交一直一交变频器,它的基本构成如图 8-7 所示。

图 8-7 所示为交一直一交变频器的基本构成,由主电路和控制电路构成,其中主电路包括整流器、直流中间电路和逆变器。

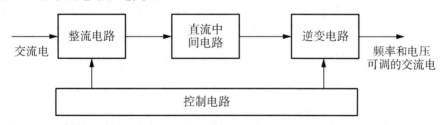

图 8-7　交一直一交变频器的基本构成

整流器,将单相或三相交流电变换为直流电压。

直流中间电路,对整流电路输出的脉动直流电压进行平滑处理,使逆变器和控制电路得到质量较高的直流电源。

逆变器,在控制电路的控制下,将固定的直流电压变换成电压和频率可调的交流电压。

控制电路,由信号检测电路、运算电路、驱动电路和控制信号的输入/输出电路等部分组成。其主要任务是完成对逆变器的开关控制、对整流器的电压控制,以及完成各种保护功能等。其控制方法可以采用模拟控制和数字控制两种。

3) 变频器的类型

(1) 按电源的性质分类，变频器可分为电压型变频器和电流型变频器两类，如图 8-8 所示。

电压型变频器如图 8-8(a)所示。其直流中间环节采用大电容作为储能元件，主电路直流电压比较平稳，逆变器输出端的电压波形为方波或阶梯波，输出电流波形接近正弦波。

电流型变频器如图 8-8(b)所示。其直流中间环节采用大电感作为储能元件，主电路直流电流比较平稳，逆变器输出端的电流波形为方波或阶梯波，输出电压波形接近正弦波。

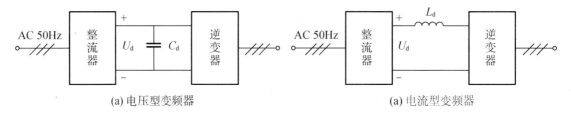

(a) 电压型变频器　　　　　　　　　(a) 电流型变频器

图 8-8　电压型与电流型变频器的基本结构

(2) 按输出电压的调制方式分类，变频器可分为 PAM 和 PWM 两类。

PAM 即脉冲幅值调节方式，是通过改变直流侧的电压幅值进行调压的。在 PAM 变频器中，逆变器只负责调节输出频率，而输出电压则由相控整流器或直流斩波器通过调节直流电压去实现。PAM 调制方式一般应用于晶闸管逆变器的中大功率变频器中。

PWM 即脉冲宽度调制方式，变频器的输出电压的大小通过改变输出脉冲的占空比来进行调节。变频器中的整流器采用不可控的二极管整流电路，变频器的输出频率和输出电压的调节均有逆变器按 PWM 方式来完成。目前普遍应用的是占空比按正弦规律安排的正弦波脉宽调制(SPWM)方式。

(3) 按控制方式分类，变频器可分为 U/f 控制、转差频率控制、矢量控制三种方式。

U/f 控制方式又称 VVVF(变压变频)控制方式。主电路逆变器采用双极晶体管，用 PWM 方式进行控制，逆变器的控制脉冲由 U/f 曲线发生器决定。在此控制方式下，基频以下可以实现恒转矩调速，基频以上则可以实现恒功率调速。

关于转差频率控制和矢量控制请参考有关文献。

2. 变频器的应用

1) 变频器的面板操作与运行

MM440 系列变频器是德国西门子公司广泛应用于工业场合的多功能标准变频器。它采用高性能的矢量控制技术，提供低速高转矩输出和良好的动态特性，同时具备超强的过载能力，以满足不同的应用场合。对于变频器的应用，首先要熟悉变频器的面板操作，然后根据实际应用，对变频器的各种功能参数进行设置。

(1) 变频器面板的操作。

利用变频器的操作面板和相关参数设置，即可实现对变频器的某些基本操作如正反转、点动等运行。变频器面板的介绍见图 8-6，按键功能说明见表 8-1，具体参数号和相应功能参照系统手册。

表 8-1 变频器面板按键功能

显示部位	显示输出频率、电流、线速度、异常内容、设定功能时的数据及其参数 NO
RUN(运行)键	变频器运行键
STOP(停止)键	变频器运行停止键
MODE(模式)键	切换"输出频率、电流"显示,"频率设定、监控","旋转方向设定","功能设定"等各种模式以及将数据显示切换为模式显示所用的键
SET(设定)键	切换模式和数据显示以及存储数据所用的键。在"输出频率"、"电流显示模式"下,进行频率显示和电流显示的切换
UP(上升)键	改变数据或输出频率以及利用操作板使其正转运行时,用于设定正转方向
DOWN(下降)键	改变数据或输出频率以及利用操作板使其反转运行时,用于设定反转方向
频率设定按钮	用操作板设定运行频率而使用的按钮

(2) 基本操作面板修改设置参数的方法。

MM440 变频器在缺省设置时,用 BOP 控制电动机的功能是被禁止的。如果要用 BOP 进行控制,参数 P0700 应设置为 1,参数 P1000 也应设置为 1。用基本操作面板(BOP)可以修改任何一个参数。修改参数的数值时,BOP 有时会显示"busy",表明变频器正忙于处理优先级更高的任务。下面就以设置 P1000 = 1 的过程为例,介绍通过基本操作面板(BOP)修改设置参数的流程,见表 8-2。

表 8-2 基本操作面板(BOP)修改设置参数流程

	操作步骤	BOP 显示结果
1	按 🅿 键,访问参数	r0000
2	按 ▲ 键,直到显示 P1000	P1000
3	按 🅿 键,直到显示 in000,即 P1000 的第 0 组值	in000
4	按 ▲ 键,显示当前值 2	2
5	按 ▼ 键,达到所要求的值 1	1
6	按 🅿 键,存储当前设置	P1000
7	按 Fn 键,显示 r0000	r0000
8	按 🅿 键,显示频率	50.00

【例 8-1】　通过变频器操作面板对电动机的起动、正反转、点动、调速控制。

①　系统接线如图 8-9 所示。

②　参数设置：设定 P0010 = 30 和 P0970 = 1，按下 P 键，开始复位，复位过程大约 3min，这样就可保证变频器的参数恢复到工厂默认值。

设置电动机参数，为了使电动机与变频器相匹配，需要设置电动机参数。电动机参数设置见表 8-3。电动机参数设定完成后，设 P0010 = 0，变频器当前处于准备状态，可正常运行。

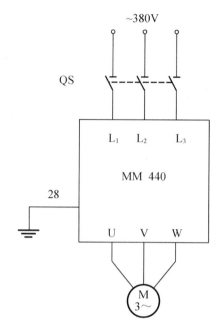

图 8-9　变频调速系统电气接线图

表 8-3　电动机参数设置

参 数 号	出 厂 值	设 置 值	说　明
P0003	1	1	设用户访问级为标准级
P0010	0	1	快速调试
P0100	0	0	工作地区：功率以 kW 表示，频率为 50Hz
P0304	230	380	电动机额定电压(V)
P0305	3.25	1.05	电动机额定电流(A)
P0307	0.75	0.37	电动机额定功率(kW)
P0310	50	50	电动机的额定频率(Hz)
P0311	0	1400	电动机的额定转速(r/min)

(3)　设置面板操作控制参数，见表 8-4。

表 8-4　面板基本操作控制参数

参 数 号	出 厂 值	设 置 值	说　　明
P0003	1	1	设用户访问级为标准级
P0010	0	0	正确进行运行命令的初始化
P0004	0	7	命令和数字 I/O
P0700	2	1	由键盘输入设定值(选择命令源)
P0003	1	1	设用户访问级为标准级
P0004	0	10	设定值通道和斜坡函数发生器
P1000	2	1	由键盘(电动电位计)输入设定值
P1080	0	0	电动机运行的最低频率(Hz)
P1082	50	50	电动机运行的最高频率(Hz)
P0003	1	2	设用户访问级为扩展级
P0004	0	10	设定值通道和斜坡函数发生器
P1040	5	20	设定键盘控制的频率值(Hz)
P1058	5	10	正向点动频率(Hz)
P1059	5	10	反向点动频率(Hz)
P1060	10	5	点动斜坡上升时间(s)
P1061	10	5	点动斜坡下降时间(s)

变频器起动：在变频器的前操作面板上按运行键，变频器将驱动电动机升速，并运行在由 P1040 所设定的 20Hz 频率对应的 560r/min 的转速上。

正反转及加减速运行：电动机的转速(运行频率)及旋转方向可直接通过按前操作面板上的增加键/减少键(▲/▼)来改变。

点动运行：按下变频器前操作面板上的点动键，则变频器驱动电动机升速，并运行在由 P1058 所设置的正向点动 10Hz 频率值上。当松开变频器前操作面板上的点动键，则变频器将驱动电动机降速至零。这时，如果按下变频器前操作面板上的换向键，再重复上述的点动运行操作，电动机可在变频器的驱动下反向点动运行。

电动机停车：在变频器的前操作面板上按停止键，则变频器将驱动电动机降速至零。

2)　变频器的外部运行操作

在实际应用中，电动机经常要根据各类机械的某种状态进行正转、反转、点动、调速等运行，变频器的给定频率信号、电动机的起动信号等都是通过变频器控制端子给出，即变频器的外部运行操作，大大提高了生产过程的自动化程度。

(1) MM440 变频器的数字输入端口。

MM440 变频器有六个数字输入端口，具体如图 8-10 所示。

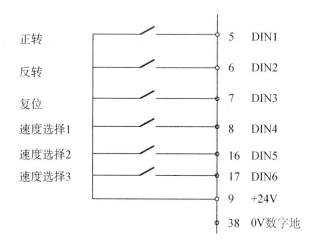

正转 5 DIN1
反转 6 DIN2
复位 7 DIN3
速度选择1 8 DIN4
速度选择2 16 DIN5
速度选择3 17 DIN6
9 +24V
38 0V数字地

图 8-10　MM440 变频器的数字输入端

(2)　数字输入端口功能。

MM440 变频器的六个数字输入端口(DIN1～DIN6)，即端口 5、6、7、8、16 和 17，每一个数字输入端口功能很多，用户可根据需要进行设置。参数号 P0701～P0706 为与端口数字输入 1 至数字输入 6 功能，每一个数字输入功能设置参数值范围均为 0～99，出厂默认值均为 1，各数值的具体含义见表 8-5。

表 8-5　MM440 变频器数字输入端口功能设置表

参 数 值	功能说明
0	禁止数字输入
1	ON/OFF(接通正转，停止命令 1)
2	ON/OFF(接通反转，停止命令)
3	OFF2(停车命令 2)，按惯性自由停车
4	OFF3(停车命令 3)，按斜坡函数曲线快速降速
9	故障确认
10	正向点动
11	反向点动
12	反转
13	MOP(电动电位计)升速(增加频率)
14	MOP 降速(减少频率)
15	固定频率设定值(直接选择)
16	固定频率设定值(直接选择+ON 命令)
17	固定频率设定值(二进制编码选择+ON 命令)
25	直流注入制动

（3）变频器的模拟信号操作控制。

MM440 变频器可以通过六个数字输入端口对电动机进行正反转运行、正反转点动运行方向控制；可通过基本操作板，按频率调节按键可增加和减少输出频率，从而设置正反向转速的大小；也可以由模拟输入端控制电动机转速的大小。

MM440 变频器的 1、2 输出端为用户的给定单元提供了一个高精度的+10V 直流稳压电源；也可利用转速调节电位器串联在电路中，调节电位器，改变输入端口 AIN1+给定的模拟输入电压，变频器的输入量将紧紧跟踪给定量的变化，从而平滑无级地调节电动机转速的大小。

MM440 变频器为用户提供了两对模拟输入端口，即端口 3、4 和端口 10、11，通过设置 P0701 的参数值，使数字输入 5 端口具有正转控制功能；通过设置 P0702 的参数值，使数字输入 6 端口具有反转控制功能；模拟输入 3、4 端外接电位器，通过 3 端口输入大小可调的模拟电压信号，控制电动机转速的大小，即由数字输入端控制电动机转速的方向，由模拟输入端控制转速的大小。

【例 8-2】用自锁按钮 SB$_1$ 控制实现电动机起停功能，由模拟输入端控制电动机转速的大小。

变频器模拟信号控制接线如图 8-11 所示。检查电路正确无误后，合上主电源开关 S。

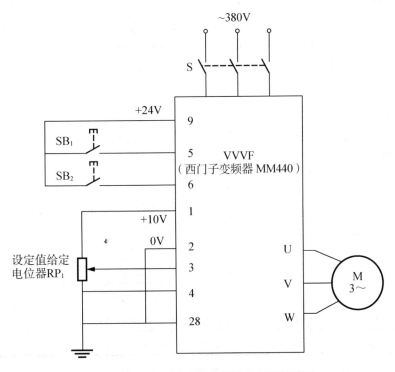

图 8-11　MM440 变频器模拟信号控制接线图

3）参数设置

恢复变频器工厂默认值，设定 P0010 = 30 和 P0970 = 1，按下 P 键，开始复位。

设置电动机参数，电动机参数设置见表 8-6。电动机参数设置完成后，设 P0010 = 0，变频器当前处于准备状态，可正常运行。

表 8-6　电动机参数设置

参 数 号	出 厂 值	设 置 值	说　明
P0003	1	1	设用户访问级为标准级
P0010	0	1	快速调试
P0100	0	0	工作地区：功率以 kW 表示，频率为 50Hz
P0304	230	380	电动机额定电压(V)
P0305	3.25	0.95	电动机额定电流(A)
P0307	0.75	0.37	电动机额定功率(kW)
P0308	0	0.8	电动机额定功率因数
P0310	50	50	电动机的额定频率(Hz)
P0311	0	2800	电动机的额定转速(r/min)

4)　模拟信号操作控制参数

模拟信号操作控制参数设置见表 8-7。

表 8-7　模拟信号操作控制参数

参 数 号	出 厂 值	设 置 值	说　明
P0003	1	1	设用户访问级为标准级
P0004	0	7	命令和数字 I/O
P0700	2	2	命令源选择由端子排输入
P0003	1	2	设用户访问级为扩展级
P0004	0	7	命令和数字 I/O
P0701	1	1	ON 接通正转，OFF 停止
P0702	1	2	ON 接通反转，OFF 停止
P0003	1	1	设用户访问级为标准级
P0004	0	10	设定值通道和斜坡函数发生器
P1000	2	2	频率设定值选择为模拟输入
P1080	0	0	电动机运行的最低频率(Hz)
P1082	50	50	电动机运行的最高频率(Hz)

电动机正转与调速：按下电动机正转自锁按钮 SB_1，数字输入端口 DIN1 为 ON，电动机正转运行，转速由外接电位器 RP_1 来控制，模拟电压信号在 0～10V 之间变化，对应变频器的频率在 0～50Hz 之间变化，对应电动机的转速在 0～1500r/min 之间变化。当松开带锁按钮 SB_1 时，电动机停止运转。

电动机反转与调速：按下电动机反转自锁按钮 SB_2，数字输入端口 DIN2 为 ON，电动机反转运行，与电动机正转相同，反转转速的大小仍由外接电位器来调节。当松开带锁按钮 SB$_2$ 时，电动机停止运转。

　　5)　变频器的多段速运行操作

　　由于现场工艺上的要求，很多生产机械在不同的转速下运行，为方便这种负载，大多数变频器提供了多挡频率控制功能。用户可以通过几个开关的通、断组合来选择不同的运行频率，实现不同转速下运行的目的。

　　多段速功能，也称作固定频率，就是设置参数 P1000 = 3 的条件下，用开关量端子选择固定频率的组合，实现电动机多段速度运行。该功能可通过如下三种方法实现。

　　(1)　直接选择(P070~P0706=15)。

　　在这种操作方式下，一个数字输入选择一个固定频率，端子与参数设置对应见表 8-8。

　　(2)　直接选择+ON 命令(P0701~P0706=16)。

　　在这种操作方式下，数字量输入既选择固定频率(见表 8-8)，又具备起动功能。

表 8-8　端子与参数设置对应表

端子编号	对应参数	对应频率设定值	说　　明
5	P0701	P1001	
6	P0702	P1002	
7	P0703	P1003	(1) 频率给定源 P1000 必须设置为 3;
8	P0704	P1004	(2) 当多个选择同时激活时，选定的频率是它们的总和
16	P0705	P1005	
17	P0706	P1006	

　　(3)　二进制编码选择+ON 命令(P0701~P0704=17)

　　MM440 变频器的六个数字输入端口(DIN1~DIN6)，通过 P0701~P0706 设置实现多频段控制。每一频段的频率分别由 P1001~P1015 参数设置，最多可实现 15 频段控制，各个固定频率的数值选择见表 8-9。在多频段控制中，电动机的转速方向是由 P1001~P1015 参数所设置的频率正负决定的。六个数字输入端口，哪一个作为电动机运行、停止控制，哪一个作为多段频率控制，可以由用户任意确定，一旦确定了某一数字输入端口的控制功能，其内部的参数设置值必须与端口的控制功能相对应。

表 8-9　固定频率选择对应表

频率设定	DIN4	DIN3	DIN2	DIN1
P1001	0	0	0	1
P1002	0	0	1	0
P1003	0	0	1	1
P1004	0	1	0	0
P1005	0	1	0	1

续表

频率设定	DIN4	DIN3	DIN2	DIN1
P1006	0	1	1	0
P1007	0	1	1	1
P1008	1	0	0	0
P1009	1	0	0	1
P1010	1	0	1	0
P1011	1	0	1	1
P1012	1	1	0	0
P1013	1	1	0	1
P1014	1	1	1	0
P1015	1	1	1	1

【例 8-3】 变频器的多段速运行操作举例。

① 按要求接线。

按图 8-12 所示连接电路，检查线路正确后，合上变频器电源空气开关 QS。

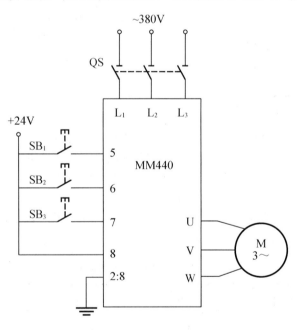

图 8-12　三段固定频率控制接线图

② 参数设置。

恢复变频器工厂缺省值，设定 P0010 = 30，P0970 = 1。按下 P 键变频器开始复位到工厂缺省值。

设置电动机参数，见表 8-10。电动机参数设置完成后，设 P0010 = 0 变频器当前处于准备状态，可正常运行。

表 8-10 电动机参数设置

参 数 号	出 厂 值	设 置 值	说 明
P0003	1	1	设用户访问级为标准级
P0010	0	1	快速调试
P0100	0	0	工作地区：功率以 kW 表示，频率为 50Hz
P0304	230	380	电动机额定电压(V)
P0305	3.25	0.95	电动机额定电流(A)
P0307	0.75	0.37	电动机额定功率(kW)
P0308	0	0.8	电动机额定功率因数
P0310	50	50	电动机的额定频率(Hz)
P0311	0	2800	电动机的额定转速(r/min)

设置变频器三段固定频率控制参数，见表 8-11。

表 8-11 变频器三段固定频率控制参数设置

参 数 号	出 厂 值	设 置 值	说 明
P0003	1	1	设用户访问级为标准级
P0004	0	7	命令和数字 I/O
P0700	2	2	命令源选择由端子排输入
P0003	1	2	设用户访问级为扩展级
P0004	0	7	命令和数字 I/O
P0701	1	17	选择固定频率
P0702	1	17	选择固定频率
P0703	1	1	ON 接通正转，OFF 停止
P0003	1	1	设用户访问级为标准级
P0004	2	10	设定值通道和斜坡函数发生器
P1000	2	3	选择固定频率设定值
P0003	1	2	设用户访问级为扩展级
P0004	0	10	设定值通道和斜坡函数发生器
P1001	0	20	选择固定频率 1Hz
P1002	5	30	选择固定频率 2Hz
P1003	10	50	选择固定频率 3Hz

3．变频器运行操作

当按下带按钮 SB_3 时，数字输入端口 7 为 ON，允许电动机运行。

第 1 频段控制。当 SB_1 按钮开关接通、SB_2 按钮开关断开时，变频器数字输入端口 5 为 ON，端口 6 为 OFF，变频器工作在由 P1001 参数所设定的频率为 20Hz 的第 1 频段上。

第 2 频段控制。当 SB_1 按钮开关断开，SB_2 按钮开关接通时，变频器数字输入端口 5 为 OFF、6 为 ON，变频器工作在由 P1002 参数所设定的频率为 30Hz 的第 2 频段上。

第 3 频段控制。当按钮 SB_1、SB_2 都接通时，变频器数字输入端口 5、6 均为 ON，变频器工作在由 P1003 参数所设定的频率为 50Hz 的第 3 频段上。

电动机停车。当 SB_1、SB_2 按钮开关都断开时，变频器数字输入端口 5、6 均为 OFF，电动机停止运行。或在电动机正常运行的任何频段，将 SB_3 断开使数字输入端口 7 为 OFF，电动机也能停止运行。

注意：三个频段的频率值可根据用户要求的 P1001、P1002 和 P1003 参数来修改。当电动机需要反向运行时，只要将相对应频段的频率值设定为负就可以实现。

实 训 操 作

1．实训目的

(1) 掌握绕双速电动机控制电路的安装。

(2) 掌握使用变频器对电动机进行调速控制。

(3) 会用万用表、兆欧表检测控制电路，会排除电路故障。

2．实训器材

接触器、热继电器、熔断器、断路器、按钮、电动机、端子排、电工工具、导线、回路标号管、万用表、西门子变频器、电工装配实训台。

3．实训内容

(1) 按钮控制的双速电动机控制线路的安装及调试。

(2) 变频器的模拟信号操作控制。

4．实训步骤

(1) 设计并画出按钮控制的双速电动机控制电路安装图。

(2) 根据所画的安装图进行电路安装。

(3) 用万用表，使用"电阻法"检测控制电路是否正确。

(4) 在教师指导下，通电试车。

(5) 变频器与电源、电动机的主电路连接。

(6) 变频器参数的设定。

(7) 变频器运行，通过电位器调速。

5. 实训考核

考核项目	考核内容	配分	考核要求及评分标准	得　分
电器安装	元器件的安装	10	元器件安装到位 10 分	
布线	主电路连接 控制电路连接	20	电动机的连接、主电路连接到位 10 分 控制电路连接 10 分	
通电试验	系统组成 系统运行 运行结果分析	30	能说明系统组成 10 分 系统运行正常 10 分 会分析运行结果 10 分 定额时间为 4 小时，每超 5 分钟扣 5 分	
实训报告	完成情况	40	实训报告完整、正确 40 分	

课 后 练 习

1. 现有一台双速电动机，试按下列要求设计控制电路。
(1) 分别用两个按钮操作电动机的高速和低速运行，用总停止按钮操作电动机的停转。
(2) 高速运行时，应先接成低速，然后经延时后再换接到高速。
(3) 应有短路保护和过载保护。
2. 熟悉一款其他品牌变频器的功能。

项目 9

绕线转子异步电动机起动控制

知识要求

- 掌握绕线式异步电动机转子串电阻起动,按电流原则控制电路的组成、控制原理及起动特点。
- 掌握绕线式异步电动机转子串电阻起动,按时间原则控制电路的组成、控制原理及起动特点。

技能要求

- 掌握绕线式异步电动机串电阻起动控制电路的安装。
- 掌握使用万用表检测电路并能排除电路故障。

学习情景 9.1　电流原则串电阻起动控制

【问题的提出】

对于笼型异步电动机来说，在容量较大且需重载起动的场合，增大起动转矩与限制起动电流的矛盾十分突出。为此，在桥式起重机等要求起动转矩较大的设备中，常采用绕线转子异步电动机。绕线转子异步电动机可以在转子绕组中通过集电环串接外加电阻或频敏变阻器起动，达到减小起动电流、提高转子电路功率因数和增大起动转矩的目的。

根据绕线式异步电动机起动过程中转子电流变化及需要起动时间分类，有电流原则和时间原则两类。转子串电阻适用于调速要求不高、电动机容量不大的场合；转子串频敏变阻器起动适用于大容量电动机或频繁起动的场合。

【相关知识】

1．电气控制原理图

绕线转子电动机串电阻起动,按电流原则控制串接电阻起动的控制电路图如图 9-1 所示。

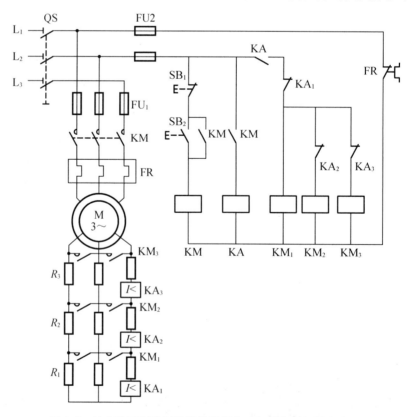

图 9-1　按电流原则控制的绕线转子电动机串电阻起动电路图

在图 9-1 电路中，KM 为电动机电源接触器，$KA_1 \sim KA_3$ 为欠电流继电器，这 3 个继电器的吸合电流值相同，但释放电流不一样。KA_1 的释放电流最大，KA_2 次之，KA_3 的释放电流最小。电阻 R 为转子串接的起动电阻，接成星形。起动开始，电阻全部接入电路，随着起动过程中转子电流大小的不断减小，起动电阻在逐级切除。

2．电路工作原理

电路起动过程如下。

合上电源开关 QS，按下起动按钮 SB_2，KM 线圈得电并自锁，其主触点接通电动机定子电源；中间继电器 KA 得电，为 $KM_1 \sim KM_3$ 通电做准备，由于起动电流较大，$KA_1 \sim KA_3$ 同时吸合动作，$KM_1 \sim KM_3$ 均不得电，电动机转子串接全部电阻起动。

随着转速升高，转子电流逐渐减小，KA_1 最先释放，其常闭触点闭合，KM_1 线圈得电，其主触点闭合，短接第一级电阻 R_1，电动机 M 转速升高；随转子电流进一步减小，KA_2 又释放，其常闭触点闭合，KM_2 线圈得电，其主触点闭合，短接第二级电阻 R_2，电动机 M 转速再升高；随着转子电流再减小，KA_3 最后释放，常闭触点闭合，KM_3 线圈得电，其主触点闭合，短接最后一段电阻 R_3，电动机 M 起动过程结束。

停止时，按下按钮 SB_1，KM、KA、$KM_1 \sim KM_3$ 线圈均断电释放，电动机 M 断电停止。

中间继电器 KA 是为保证电动机起动时，转子电路串入全部电阻而设计。若无 KA，在电动机 M 起动时，转子电流由零上升但尚未达到电流继电器的吸合电流值，$KA_1 \sim KA_3$ 不能吸合，接触器 $KM_1 \sim KM_3$ 同时通电，转子电阻全部被短接，电动机 M 处于直接起动状态。有了 KA，从 KM 线圈得电到 KA 常开触点闭合需要一段时间，这段时间能保证转子电流达到最大值，使 $KA_1 \sim KA_3$ 全部吸合，其常闭触点全部断开，$KM_1 \sim KM_3$ 均断电，确保电动机串入全部电阻起动。

学习情景 9.2   时间原则串电阻起动控制

【问题的提出】

绕线式异步电动机起动过程中除根据转子电流变化实施的电流原则外，还有根据起动时间实施的时间原则。

【相关知识】

1．电气控制原理图

绕线转子电动机串电阻起动，按时间原则控制串电阻起动的控制电路如图 9-2 所示。

在图 9-2 电路中，KM_1 为电动机电源接触器，$KT_1 \sim KT_3$ 为时间继电器，这 3 个时间继电器的延时动作时间可设定为相同也可不同。 电阻 R 为转子串接的起动电阻，接成星形。起动开始，电阻全部接入电路，随着起动时间的不断增加中，起动电阻在逐级切除。

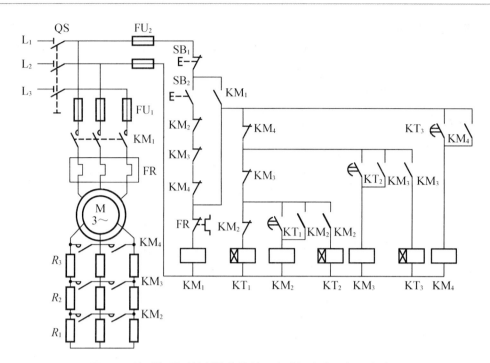

图 9-2 按时间原则控制的绕线转子电动机串电阻起动电路图

2．电路工作原理

电路起动过程如下。

合上电源开关 QS，按下起动按钮 SB_2，KM_1 线圈得电并自锁，其主触点接通电动机定子电源；同时时间继电器 KT_1 得电，延时一段时间后，KT_1 延时闭合的常开触点闭合，使 KM_2 线圈得电并通过自己的常开触点实现自锁，主触点闭合切除转子电阻 R_1 电动机升速；KM_2 的常闭触点切断 KT_1 线圈回路，常开触点接通 KT_2 线圈回路。再延时一段时间后，KT_2 延时闭合的常开触点闭合，KM_3 线圈得电并自锁，主触点闭合，短接转子电阻 R_2，电动机再升速，KM_3 的常闭触点切断了 KT_2 线圈回路，同时 KM_3 常开触点接通 KT3 线圈回路，KT_3 延时时间到其延时闭合的常开触点闭合，使 KM_4 线圈得电并自锁，主触点短接电阻 R_3，电动机继续升速。KM_4 的常闭触点切断 KM_2、KM_3、KT_3 线圈电路，电动机起动结束。

停止时，按下按钮 SB_1，KM_1、KM_4 线圈均断电释放，电动机断电停止。

学习情景 9.3 时间原则串频敏变阻器起动控制

【问题的提出】

在转子串电阻起动中，由于电阻是逐级切除的，起动电流和转矩突变，产生一定的机械冲击力，而且电阻本身粗笨、体积较大、能耗大，而且控制电路复杂。频敏变阻器的阻抗能随着电动机转速的上升而自动平滑地减小，使电动机能平稳地起动，常用于较大容量绕线转子电动机的起动。

【相关知识】

1. 频敏变阻器简介

频敏变阻器的结构和等效电路如图 9-3 所示。

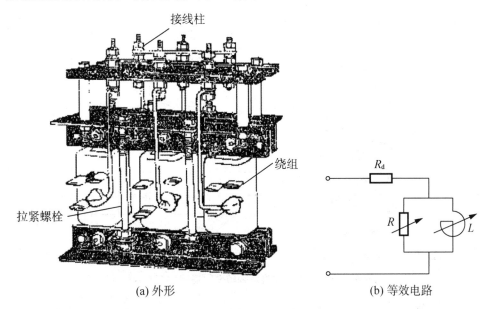

(a) 外形　　　　　　　(b) 等效电路

图 9-3　频敏变阻器的结构和等效电路

频敏变阻器由铁芯和绕组两个主要部分组成，一般做成三柱式，每个柱上有一个绕组，实际是一个特殊的三相铁芯电抗器，通常接成星形，铁芯是用几毫米到几十毫米厚的钢板焊成的。图 9-3(b)是等效电路，R_d 为绕组直流电阻，R 为铁损等效电阻，L 为等效电感，R、L 值与转子电流频率有关。

在起动过程中，随着转速的变化，转子电流频率是变化的。刚起动时，转速为零，转差率 $s=1$，转子电流频率 f_2 与电源频率 f_1 的关系为 $f_2 = s f_1$。所以，刚起动时，$f_2 = f_1$，频敏变阻器的电感和电阻均为最大，转子电流受到抑制。随着电动机转速的升高，s 减小，转子电流频率下降，频敏变阻器的阻抗随之减小。可见，绕线转子电动机转子串接频敏变阻器起动时，随着电动机转速的升高，变阻器阻抗逐渐减小，实现了平滑的无级起动。

2. 绕线转子电动机串频敏变阻器起动控制电路

绕线转子电动机串频敏变阻器起动控制电路如图 9-4 所示。

在图 9-4 电路中，KM_1 为电动机电源接触器，KM_2 为频敏变阻器短接接触器，KA 为中间继电器，TA 为电流互感器。电流互感器 TA 的作用是将主电路中的大电流变换成小电流进行测量。为避免因起动时间较长而使热继电器 FR 误动作，在起动过程中，用 KA 的常闭触点将 FR 的加热元件短接，待起动结束，电动机正常运行时才将 FR 的加热元件接入电路。

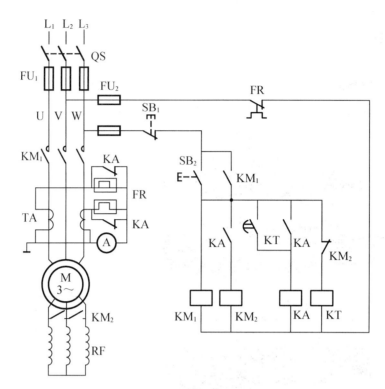

图 9-4 绕线转子电动机串频敏变阻器起动控制电路图

3．电路工作原理

线路工作过程如下。

按下起动按钮 SB$_2$，KM$_1$ 线圈得电并自锁，KM$_1$ 主触点闭合，电动机转子电路串入频敏变阻器起动；同时 KT 线圈得电，延时一段时间后，延时闭合的常开触点闭合，KA 得电并自锁，KM$_2$ 得电，KM$_2$ 主触点闭合，短接频敏变阻器；同时，KM$_2$ 辅助常闭触点断开，KT 断电，起动结束。

按下停止按钮 SB$_1$，KM$_1$、KM$_2$、KA 线圈断电释放，电动机断电停止。

实 训 操 作

1．实训目的

(1) 掌握绕线式异步电动机的串电阻起动控制电路的安装。

(2) 会用万用表、兆欧表检测控制电路，会排除电路故障。

2．实训器材

接触器、热继电器、熔断器、断路器、按钮、电动机、端子排、时间继电器、中间继电器、电工常用工具、万用表、导线、回路标号管、电工装配实训台。

3．实训内容

(1) 按电流原则控制的绕线转子电动机串电阻起动电路的安装及调试。

(2) 按时间原则控制的绕线转子电动机串电阻起动电路的安装及调试

4．实训步骤

(1) 设计并画出继电器控制的绕线式异步电动机串电阻起动的控制电路安装图。

(2) 根据所画的安装图进行电路安装。

(3) 用万用表，使用"电阻法"检测控制电路是否正确。

(4) 使用兆欧表测量电动机转子电路的绝缘电阻，电阻应 $\geqslant 50 M\Omega$。

(5) 在教师指导下，通电试车。

5．实训考核

考核项目	考核内容	配　分	考核要求及评分标准	得　分
电器安装	元器件的安装	10	元器件安装到位 10 分	
布线	主电路连接 控制电路连接	20	电动机的连接、主电路连接到位 10 分 控制电路连接 10 分	
通电试验	系统组成 系统运行 运行结果分析	30	能说明系统组成 10 分 系统运行正常 10 分 会分析运行结果 10 分 定额时间为 4 小时，每超 5 分钟扣 5 分	
实训报告	完成情况	40	实训报告完整、正确 40 分	

课 后 练 习

1. 三相绕线式异步电动机的转子回路串接适当的电阻时，为什么起动电流减小时，起动转矩反而增大？

2. 三相绕线式异步电动机转子回路串电阻起动，切除电阻是按什么原则进行的？

3. 三相绕线式异步电动机外接变阻器由于某种原因开路时，电动机能否起动？

项目 10

直流电动机的电气控制

知识要求

- 掌握直流电动机起动控制电路的组成、控制原理及特点。
- 掌握直流电动机制动控制电路的组成、控制原理及特点。

技能要求

- 掌握直流电动机串电阻起动控制电路的安装。
- 掌握使用万用表检测电路并能排除电路故障。

学习情景 10.1 直流电动机起动控制

【问题的提出】

直流电动机具有良好的起动、制动与调速性能，容易实现各种运行状态的自动控制。因此，在工业生产中直流拖动系统得到广泛的应用，直流电动机的控制已经成为电力拖动自动控制的重要组成部分。

直流电动机有串励、并励、复励、他励四种，其控制电路基本相同。本节仅讨论直流他励电动机的起动控制电路。

【相关知识】

1. 单向运转起动控制电路

由《电动机原理》可知，直流电动机电势平衡方程式与反电动势为

$$U = E_m + I_m R_m \tag{10-1}$$
$$E_m = C_e \Phi_n \tag{10-2}$$

式中：U——电源电压(V)；

E_m——电枢反电动势(V)；

I_m——电枢电流(A)；

R_m——电枢电阻(Ω)。

电动机接通电源开始起动的瞬间，由于 $n=0$，则 $E_m=0$，电枢电流 $I_m = U/R_m$，因电枢电阻 R_m 很小，若采用直接起动，起动电流可高达额定电流的 10～20 倍，引起换向条件的恶化，产生极严重的火花和机械冲击。因此，除小容量电动机外，一般不允许全压直接起动，必须采用加大电枢电路电阻或减低电枢电压的方法来限制起动电流。

图 10-1 所示为电枢串二级电阻、按时间原则起动控制电路。

在图 10-1 中，KA_1 为过电流继电器，KM_1 为起动接触器，KM_2、KM_3 为短接起动电阻接触器，KT_1、KT_2 为时间继电器，KA_2 为欠电流继电器，R_3 为放电电阻。

电路工作情况如下。

合上电源开关 Q_1 和控制开关 Q_2，KT_1 通电，其常闭触点断开，切断 KM_2、KM_3 电路。保证起动时串入电阻 R_1、R_2。按下起动按钮 SB_2，KM_1 通电并自锁，主触点闭合，接通电动机电枢电路，电枢串入二级电阻起动，同时 KT_1 断电，为 KM_2、KM_3 通电短接电枢回路电阻做准备。在电动机起动的同时，并接在 R_1 电阻两端的 KT_2 通电，其常闭触点打开，使 KM_3 不能通电，确保 R_2 串入电枢。

经一段时间延时后，KT_1 延时闭合触点闭合，KM_2 通电，短接电阻 R_1，随着电动机转速升高，电枢电流减小，为保持一定的加速转矩，起动过程中将串接电阻逐级切除，就在

R_1 被短接的同时，KT_2 线圈断电，经一定延时，KT_2 常闭触点闭合，KM_3 通电，短接 R_2，电动机在全电压下运转，起动过程结束。

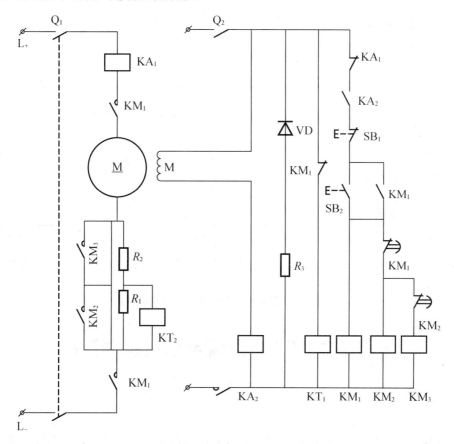

图 10-1　直流电动机串二级电阻按时间原则起动控制电路

电动机保护环节：过电流继电器 KA_1 实现过载保护和短路保护；欠电流继电器 KA_2 实现欠磁场保护；电阻 R_3 与二极管 VD 构成电动机励磁绕组断开电源时的放电回路，避免发生过电压。

2. 可逆运转起动控制电路

改变直流电动机的旋转方向有两种方法：其一是改变励磁电流的方向；其二是改变电枢电压极性。由于前者电磁惯性大，对于频繁正反向运行的电动机，通常采用后一种方法。

图 10-2 所示为直流电动机可逆运转的起动控制电路。

在图 10-2 中，KM_1、KM_2 为正、反转接触器，KM_3、KM_4 为短接电枢电阻接触器，KT_1、KT_2 为时间继电器，KA_1 为过电流继电器，KA_2 为欠电流继电器，R_1、R_2 为起动电阻，R_3 为放电电阻，SQ_2 为正转变反转行程开关，SQ_1 为反转变正转行程开关。

电路工作原理与图 10-1 基本相同，仅增加反向工作接触器 KM_2 以通过 SQ_1、SQ_2 实现工作台的自动换向控制。

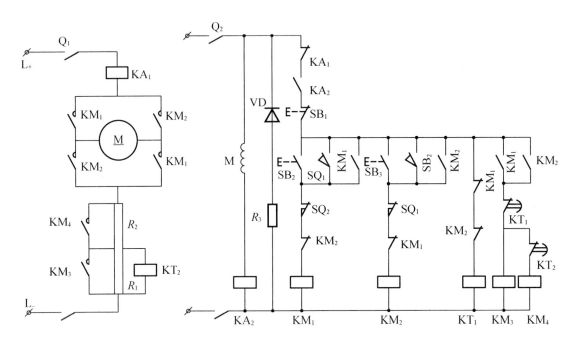

图 10-2 直流电动机可逆运转起动控制电路

学习情景 10.2 直流电动机制动控制

【问题的提出】

直流电动机的电气制动有能耗制动、反接制动和再生制动三种。为了准确、迅速停车，一般只采用能耗制动和反接制动。

【相关知识】

1．能耗制动控制电路

图 10-3 所示为直流电动机单向运行串二级电阻起动，停车采用能耗制动的控制电路。

在图 10-3 中，KM_1 为电源接触器，KM_2、KM_3 为起动接触器，KM_4 为制动接触器，KA_1 为过电流继电器，KA_2 为欠电流继电器，KA_3 为电压继电器，KT_1、KT_2 为时间继电器。

电路工作情况如下。

电动机起动时电路工作情况与图 10-1 相同，停车时，按下停止按钮 SB_1，KM_1 断电，切断电枢直流电源。此时电动机因惯性仍以较高速度旋转，电枢两端仍有一定电压，并联在电枢两端的 KA_3 经自锁触点仍保持通电，使 KM_4 通电，将电阻 R_4 并接在电枢两端，电动机实现能耗制动，转速急剧下降，电枢电动势也随之下降，当降至一定值时，KA_3 释放，KM_4 断电，电动机能耗制动结束。

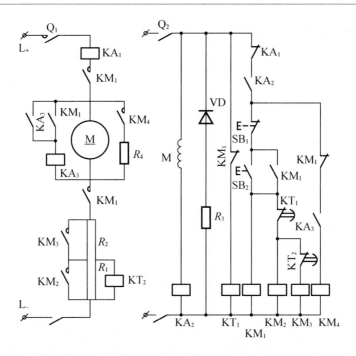

图 10-3　直流电动机单向运行能耗制动控制电路

2. 反接制动控制电路

图 10-4 所示为电动机可逆旋转反接制动控制电路。

在图 10-4 中，KM_1、KM_2 为正、反转接触器，KM_3、KM_4 为起动接触器，KM_5 为反接制动接触器，KA_1 为过电流继电器，KA_2 为欠电流继电器，KA_3、KA_4 为反接制动电压继电器，KT_1、KT_2 为时间继电器，R_1、R_2 为起动电阻，R_3 为放电电阻，R_4 为制动电阻，SQ_1 为正转变反转行程开关，SQ_2 为反转变正转行程开关。

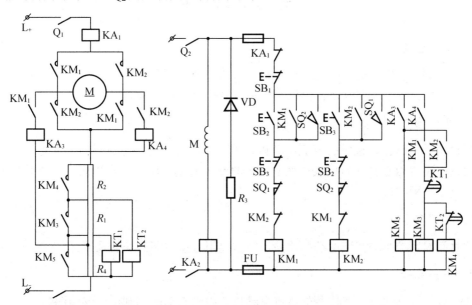

图 10-4　电动机可逆旋转反接制动控制电路

该电路采用时间原则两级起动，能正、反转运行，并能通过行程开关 SQ_1、SQ_2 实现自动换向。在换向过程中，电路能实现反接制动，以加快换向过程。下面以电动机正向转反向为例说明电路工作情况。

电动机正向运转，拖动运动部件，当撞块压下行程开关 SQ_1 时，KM_1、$KM_3 \sim KM_5$、KA_3 断电，KM_2 通电，使电动机电枢接上反向电源，同时 KA_4 通电，反接时的电枢电路如图 10-5 所示。

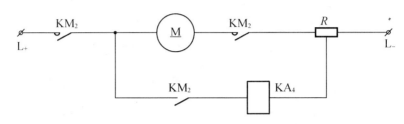

图 10-5 反接时的电枢电路

由于机械惯性存在，电动机转速 n 与电动势 E_m 的大小和方向来不及变化，且电动势 E_m 的方向与电压降 IR 方向相反，此时反接电压继电器 KA_4 的线圈电压很小，不足以使 KA_4 通电，使 $KM_3 \sim KM_5$ 线圈处于断电状态，电动机电枢串入全部电阻进行反接制动。随着电动机转速下降，E_m 逐渐减小，反接继电器 KA_4 上电压逐渐增加。当 $n \approx 0$ 时，$E_m \approx 0$，加至 KA_4 线圈两端电压使它吸合，使 KM_5 通电，短接反接制动电阻 R_4 电动机串入 R_1、R_2 进行反向起动，直至反向正常运转。

当反向运转拖动运动部件，撞块压下行程开关 SQ_2 时，则由 KA_3 控制实现反转—制动—正向起动过程。

实 训 操 作

1．实训目的

(1) 掌握直流电动机串电阻起动控制电路的安装。

(2) 会用万用表、兆欧表检测控制电路，会排除电路故障。

2．实训器材

接触器、断路器、按钮、直流电动机、端子排、时间继电器、过电流继电器、欠电流继电器、电工常用工具、万用表、兆欧表、导线、起动电阻、放电电阻、二极管、回路标号管、电工装配实训台。

3．实训内容

按时间原则控制的直流电动机单向运转串电阻起动线路的安装及调试。

4．实训步骤

(1) 设计并画出继电器控制的直流电动机串电阻起动的控制电路安装图。

(2) 根据所画的安装图进行电路安装。

(3) 用万用表，使用"电阻法"检测控制电路是否正确。

(4) 在教师指导下，通电试车。

5. 实训考核

考核项目	考核内容	配　分	考核要求及评分标准	得　分
电器安装	元器件的安装	10	元器件安装到位 10 分	
布线	主电路连接 控制电路连接	20	电动机的连接、主电路连接到位 10 分 控制电路连接 10 分	
通电试验	系统组成 系统运行 运行结果分析	30	能说明系统组成 10 分 系统运行正常 10 分 会分析运行结果 10 分 定额时间为 4 小时，每超 5 分钟扣 5 分	
实训报告	完成情况	40	实训报告完整、正确 40 分	

课 后 练 习

1. 改变直流电动机旋转方向的方法是什么？

2. 直流电动机的电气制动有哪些方法？

3. 说明图 10-2 中直流电动机由反向转正向的电路工作过程。如实际电路中 KT_1 线圈出现断线时，电路工作状态如何？

单 元 小 结

  本单元较为详细地讨论了常用电动机的起动、制动、调速等基本的控制环节，这是学习电气控制技术的基础，任何复杂的电气控制系统都离不开这些基本的环节。因此，读者应熟练掌握本单元介绍的典型控制电路。

第三单元　常用生产机械的电气控制

■ 项目 11

车床的电气控制

知识要求

● 了解车床的主要结构及运动形式，能根据电气原理图分析线路各部分的工作原理。

● 学会机床电气电路板的接线规则和方法，了解机床电气控制电路的线号标注规则及导线、按钮规定使用的颜色。

技能要求

● 能阅读和分析机床简单电气控制原理图。

● 能处理机床控制电路的简单故障。

● 能正确使用仪表、工具等对车床电气控制电路进行有针对性的检查、测试和维修。

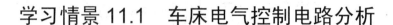

学习情景 11.1 车床电气控制电路分析

【问题的提出】

在金属切削机床中，车床所占的比重最大，应用也最广泛。它能够完成车削内圆、外圆、端面、螺纹和螺杆，能够车削定型表面，并可用钻头、绞刀等刀具进行钻孔、镗孔、倒角、割槽及切断等加工工作。本节以 C620-1 卧式车床为例进行分析。

【相关知识】

1. 车床的主要结构及运动形式

1) 车床的主要结构

C620-1 卧式车床主要由床身、主轴变速箱、进给箱、溜板箱、溜板、丝杠和刀架等几部分组成，如图 11-1 所示。

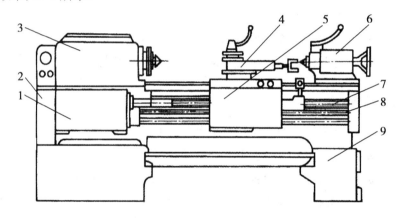

图 11-1　C620-1 卧式型车床外形图

1—进给箱　2—挂轮箱　3—主轴变速箱　4—拖板与刀架
5—溜板箱　6—尾架　7—丝杆　8—丝杠　9—床身

2) 车床的运动形式

车削加工的主运动是主轴通过卡盘或顶尖带动工件的旋转运动，且由主轴电动机通过带传动传到主轴变速箱再旋转的，机床的其他进给运动是由主轴传给的。

C620-1 卧式车床共有两台电动机，一台是主轴电动机，带动主轴旋转，采用普通笼型异步电动机，功率为 7kW，配合齿轮变速箱实行机械调速，以满足车削的特点，该电动机属长期工作制运行；另一台是冷却泵电动机，为车削工件是输送冷却液，也采用笼型异步电动机，功率为 0.125kW，属长期工作制运行。车床要求两台电动机单向运动，且采用全压直接起动。

2．电气控制分析

C620-1 卧式车床电气控制电路是由主电路、控制电路、照明电路等部分组成，如图 11-2 所示。由于向车床供电的电源开关要装熔断器，而电动机 M_1 的电流要比电动机 M_2 及控制电路的电流大得多，所以电动机 M_1 没有再安装熔断器。

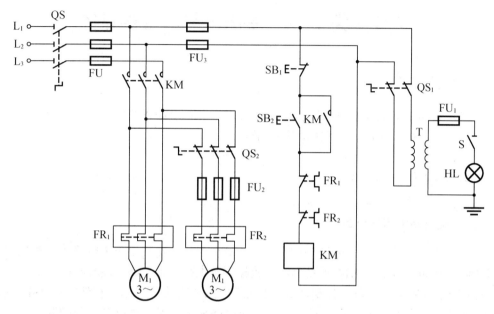

图 11-2　C620-1 卧式车床电气原理图

1)　主电路分析

从主电路看，C620-1 卧式车床电动机电源采用 380V 的交流电源，由组合开关 QS_1 引入。主轴电动机 M_1 的起停由 KM 的主触点控制，主轴通过摩擦离合器实现正反转；主轴电动机起动后，才能起动冷却泵电动机 M_2，是否需要冷却，由组合开关 QS_2 控制。熔断器 FU_1 为电动机 M_2 提供短路保护。时间继电器 FR_1 和 FR_2 为电动机 M_1 和 M_2 提供过载保护，它们的常闭触点串联后接在控制电路中。

2)　控制电路分析

C620-1 卧式车床的控制电路是一个单向起、停的典型电路。

主轴电动机的控制过程为：合上电源开关 QS_1，按下起动按钮 SB_1，接触器 KM 线圈通电使铁芯吸合，电动机 M_1 和 M_2 的三个主触点吸合而通电起动运转，同时并联在 SB_1 两端的 KM 辅助触点吸合，实现自锁；按下停止按钮 SB_2，接触器 KM 的三个主触点断开，电动机 M_1 停转。

冷却泵电动机的控制过程：当主轴电动机 M_1 起动后(KM 主触点闭合)，合上 QS_2，电动机 M_2 断开，电动机 M_1 停转。

只要电动机 M_1 和 M_2 中任何一台过载，其相对应的热继电器的常闭触点断开，从而使控制电路失电，接触器 KM 断电释放，所有电动机停转。FU_2 为控制电路的短路保护。另外，控制电路还具有失压和欠压保护，同时由接触器 KM 来完成，因为当电源电压低于接触器 KM 线圈额定电压的 85%时，KM 会自动释放，从而保护两台电动机。

工厂电气控制技术

3） 辅助电路分析

C620-1 卧式车床的辅助电路主要是照明电路。照明由变压器 T 将交流 380V 转变为 36V 的安全电压供电，FU₃ 为短路保护，S 为照明电路的电源开关，合上开关 S，照明灯 EL 亮。照明电路必须接地，以确保人身安全。

学习情景 11.2　车床电气故障的排除

【问题的提出】

学习车床的运动情况与电气控制方法以后，读者不仅需要掌握其电气控制原理，在实际生产现场还需要掌握其电气故障的排除方法。

【相关知识】

1．主轴电动机不能起动

发生主轴电动机不能起动的故障时，首先要检查故障是发生在主电路还是控制电路，若按下起动按钮，接触器 KM 不吸合，此故障则发生在控制电路，接着应检查 FU₂ 是否熔断，过载保护 FR₁ 是否动作，接触器 KM 的线圈接线端子是否松脱，按钮 SB₁、SB₂ 的触点接触是否良好。若故障发生在主电路，应检查车间配电箱及主电路开关的熔断器的熔丝是否熔断，导线连接处是否有松脱现象，KM 主触点的接触是否良好。

2．主轴电动机起动后不能自锁

当按下起动按钮后，主轴电动机能起动运转，但松开起动按钮后，主轴电动机也随之停止。造成这种故障的原因是接触器 KM 的自锁触点的连接导线松脱或接触不良。

3．主轴电动机不能停止

出现此类故障的原因主要有两方面：一方面是 KM 的主触点发生熔焊、主触点被杂物卡阻或有剩磁，使它不能复位，检修时应先断开电源，再修复或更换接触器；另一方面是停止按钮常闭触点被卡阻，不能断开，应更换停止按钮。

4．按下起动按钮，电动机发出"嗡嗡"声，不能起动

这是因为电动机的三相电源线中有一相断了。可能的原因有：熔断器有一相熔丝烧断，接触器有一对主触点没有接触好，电动机接线有一处断线等。一旦发生此类故障，应立即切断电源，否则会烧坏电动机。排除故障后再重新起动，直到正常工作为止。

5．冷却泵电动机不能起动

出现此类故障可能有这几方面原因：主轴电动机未起动、熔断器 FU₁ 熔丝已烧断、转换开关 QS₂ 已损坏或冷却泵电动机已损坏。应及时做相应的检查，排除故障，直到正常工作。

21世纪高职高专自动化类实用规划教材

6. 照明灯不亮

这类故障的原因可能有：照明灯泡已坏、照明开关 S 已损坏、熔断器 FU3 的熔丝已烧断、变压器原绕组或副绕组已烧毁。应根据具体情况逐项检查，直到故障排除。

实 训 操 作

1. 实训目的

(1) 掌握车床电气控制电路板的接线规则和方法，了解车床电气控制电路的线号标注规则及导线、按钮规定使用的颜色。

(2) 熟悉所用电器的规格、型号、用途及动作原理。

(3) 掌握继电—接触器控制电路的基本环节在机床电路中的控制作用，初步具备改造和安装一般生产机械电气设备控制电路的能力。

(4) 学会根据电气原理图分析和排除故障，初步掌握一般机床电气设备的调试、故障分析和排除故障的方法，具有一定的维修能力。

2. 实训器材

按钮、接触器、熔断器、接线端子、导线、电工工具、万用表、三相异步电动机、电工装配实训台。

3. 实训内容

(1) C620-1 卧式车床电气控制线路的安装。

(2) C620-1 卧式车床电气控制故障的检修。

4. 实训步骤

1) C620-1 卧式车床电气控制线路的安装

(1) 根据原理图绘出 C620-1 卧式车床控制电路的电器位置图和电气接线图。

(2) 按原理图所示配齐所有的电器元件，并进行检验。

① 电器元件的技术数据(如型号、规格、额定电压、额定电流)应完整并符合要求，外观无损伤。

② 电器元件的电磁机构动作是否灵活，有无衔铁卡阻等不正常现象，用万用表检测电磁线圈的通断情况以及各触点的分合情况。

③ 接触器的线圈电压和电源电压是否一致。

④ 对电动机的质量进行常规检查(每相绕组的通断，相间绝缘，相对地绝缘)

(3) 在控制板上按电器位置图安装电器元件，工艺要求如下。

① 组合开关、熔断器的受电端子应安装在控制板的外侧。

② 元件的安装位置应整齐、匀称、间距合理、便于布线及元件的更换。

③ 紧固各元件时要用力均匀，紧固程度要适当。

(4) 按接线图的走线方法进行板前明线布线和套编码套管，板前明线布线的工艺要求如下。

①　布线通道尽可能地少，同路并行导线按主、控制电路分类集中，单层密排，紧贴安装面布线。

②　同一平面的导线应高低一致或前后一致，不能交叉。非交叉不可时，应水平架空跨越，但必须走线合理。

③　布线应横平竖直，分布均匀。变换走向时应垂直。

④　布线时严禁损伤线芯和导线绝缘。

⑤　在每根剥去绝缘层导线的两端套上编码套管，所有从一个接线端子(或线桩)到另一个接线端子(或接线桩)的导线必须连接，中间无接头。

⑥　导线与接线端子或接线桩连接时，不得压绝缘层，不反圈及不露铜过长。

⑦　一个电器元件接线端子上的连接导线不得多于两根。

(5)　根据电气接线图检查控制板布线是否正确。

(6)　安装电动机。

(7)　连接电动机和按钮金属外壳的保护接地线(若按钮为塑料外壳，则按钮外壳不需接地线)。

(8)　连接电源、电动机等控制板外部的导线。

(9)　自检。

①　按电路原理图或电气接线图从电源端开始，逐段核对接线及接线端子处是否正确，有无漏接、错接之处。检查导线接点是否符合要求，压接是否牢固。接触应良好，以免带负载运行时产生闪弧现象。

②　用万用表检查线路的通断情况。检查时，应选用倍率适当的电阻挡，并进行校零，以防短路故障发生。对控制电路的检查(可断开主电路)，可将表笔分别搭在 U、V 线端上，读数应为"∞"。按下 SB_1 时，读数应为接触器线圈的电阻值，然后断开控制电路再检查主电路有无开路或短路现象，此时可用手动来代替接触器通电进行检查。

③　用兆欧表检查线路的绝缘电阻应不得小于 0.5MΩ。

(10)　经指导教师检查无误后通电试车。通电完毕先拆除电源线，后拆除负载线。

2)　C620-1 卧式车床电气控制故障的检修

(1)　KM_1 接触器不吸合，主轴电动机不工作。

首先根据故障现象在电气原理图上标出可能的最小故障范围，然后按下面的步骤进行检查，直到找出故障点。

检修步骤如下。

①　接通 QS 电源开关，观察电路中的各元件有无异常，如发热、焦味、异常声响等，如有异常现象的发生，应立即切断电源，重点检查异常部位，并采取相应的措施。

②　用万用表的 AC 500～750V 挡检查两相间的电压应为380V，判断熔断器 FU_2 是否有故障。

③　用万用表的 AC 500～750V 挡检查各点的电压值，判断停止按钮 SB_2、热继电器 FR_1 和 FR_2 的常闭触点以及接触器 KM 的线圈是否有故障。

④　切断电源开关 QS，用万用表的 $R×1$ 电阻挡，分别按起动按钮 SB_1 及 KM 的触点架

使之闭合，检查 SB₁ 的触点、KM 的自锁触点是否有故障。

技术要求及注意事项如下。

① 带电操作时，应做好安全防护，穿绝缘鞋，身体各部分不得碰触机床，并且要由老师监护。

② 正确使用仪表，各点测试时表笔的位置要准确，不得与相邻点相碰撞，防止发生短路事故。一定要在断电的情况下使用万用表的欧姆挡测电阻。

③ 发现故障部位后，必须用另一种方法复查，准确无误后，方可修理或更换有故障的元件。更换时要采用原型号规格的元件。

(2) CA620 车床电动机缺相不能运转的检查。

首先根据故障现象在电气原理图上标出可能的最小故障范围，然后按下面的步骤进行检查，直至找出故障点。

检修步骤如下。

① 机床起动后，KM 接触器吸合后 M₁ 电动机不能运转，听电动机有无"嗡嗡"声，电动机外壳有无微微振动的感觉，如有即为缺相运行应立即停机。

② 用万用表的 AC 500～750V 挡测 QS 的进出三相线之间的电压应为 380×(1+10%)V。

③ 拆除 M₁ 的接线起动机床。

④ 用万用表的 AC 500～750V 挡检查 KM 交流接触器的进出线三相之间的电压应为 380×(1+10%)V。

⑤ 若以上无误，切断电源拆开电动机的接线端子，用兆欧表检测电动机的三相绕组。

3) 注意事项

(1) 电动机有"嗡嗡"声说明电动机缺相运行，若电动机不运行则可能无电源。

(2) QS 的电源进线缺相应检查电源，若出线缺相应检修 QS 开关。

(3) 接触器 KM 进线电源缺相则电力线路有断点，若出线缺相则 KM 的主触点损坏，需要更换触点。

(4) 带电操作注意安全，防止仪表的指针造成短路。

(5) 万用表的挡位要选择正确以免损坏万用表。

5. 实训考核

考核项目	考核内容	配 分	评分标准	得 分
电路板的安装接线	电器安装	5	布置美观牢固 5 分	
	电路接线	10	接线规范正确 10 分	
	电动机接线	5	连接正确 5 分	
	运行结果	5	实现控制要求 5 分	
	分析电路能力	10	熟练表述电路工作原理 10 分	

续表

考核项目	考核内容	配　分	评分标准	得　分
故障检修	判断方法	10	判断方法正确10分	
	判断故障	10	判断故障准确10分	
团结协作	文明操作	5	团队协作、安全文明操作5分	
实训报告	完成情况	40	实训报告完整、正确40分	

课　后　练　习

1. C620-1 车床电气控制的特点有哪些？

2. 叙述 C620-1 车床电气控制线路的工作原理。

3. C620-1 车床在车削过程中，若有一个控制主轴电动机的接触器主接触点接触不良，会出现什么现象？如何解决？

4. C620-1 车床电路具有完善的保护环节，其主要包括哪几方面？

5. C620-1 车床主轴电动机 M_1 如不能起动，试分析其故障原因。

6. C620-1 车床主轴电动机 M_1 起动后不能自锁，试分析其故障原因。

7. C620-1 车床电动机 M_1 如不能停转，试分析其故障原因。

项目 12

磨床的电气控制

知识要求

- 了解 M7130 平面磨床的用途，熟悉 M7130 平面磨床的主要电气设备
  及工作原理。
- 掌握 M7130 平面磨床的电力拖动特点，能根据电气控制线路图，分析
  各部分的工作过程。

技能要求

- 掌握 M7130 平面磨床电气线路安装步骤、常见电气故障的排除。
- 能排除电磁吸盘中出现的故障。

学习情景 12.1 磨床电气控制电路分析

【问题的提出】

磨床是用砂轮对工件的表面进行磨削加工的一种精密机床。通过磨削，使工件表面的形状、精度和光洁度等达到预期的要求。磨床的种类很多，按其工作性质可分为外圆磨床、内圆磨床、平面磨床、工具磨床以及一些专用磨床，其中尤以平面磨床的应用最为普遍。平面磨床也分为四种基本类型：立轴矩台平面磨床，卧轴矩台平面磨床，立轴圆台平面磨床，卧轴圆台平面磨床。下面以 M7130 平面磨床为例对其原理加以分析。

【相关知识】

1. 磨床主要结构及运动形式

1) 磨床主要结构

M7130 卧轴矩台平面磨床是利用砂轮圆周进行磨削加工平面的磨床。主要由床身、工作台、电磁吸盘、砂轮箱(又称磨头)、滑柱和立柱等组成，如图 12-1 所示。

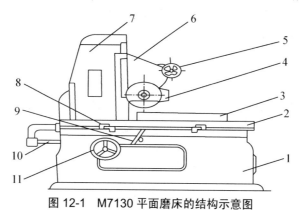

图 12-1 M7130 平面磨床的结构示意图

1—床身 2—工作台 3—电磁吸盘 4—砂轮箱 5—砂轮箱横向移动手轮 6—滑座 7—立柱

8—工作台换向撞块 9—工作台往复运动换向手柄 10—活塞杆 11—砂轮箱垂直进刀手柄

2) 磨床的运动形式

砂轮的快速旋转是平面磨床的主运动；进给运动包括垂直进给(滑座在立柱上的上下运动)、横向进给(砂轮箱在滑座上的水平移动)、纵向进给(工作台沿床身的往复运动)。

对电力拖动与控制的要求如下。

(1) 砂轮电动机、液压泵电动机和冷却泵电动机都只要求单方向旋转。

(2) 冷却泵电动机随砂轮电动机运转而运转，但冷却泵电动机不需要时，可单独断开。

(3) 具有电磁吸盘吸持工件、松开工件，并使工件去磁的控制环节。

2. 电气控制分析

M7130 平面磨床的电气原理图如图 12-2 所示。

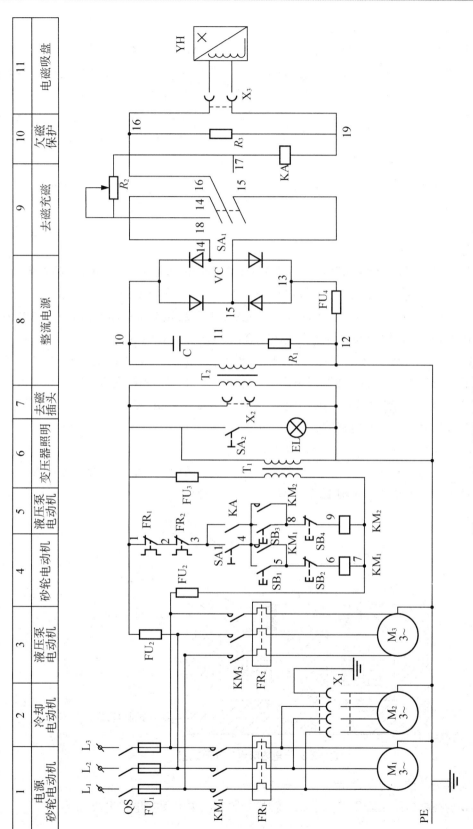

图 12-2 M7130 平面磨床的电气原理图

1	2	3	4	5	6	7	8	9	10	11
电源 砂轮电动机	冷却 电动机	液压泵 电动机	砂轮电动机	液压泵 电动机	变压器照明	去磁 插头	整流电源	去磁充磁	欠磁 保护	电磁吸盘

1) 主电路分析

在主电路中，M₁ 为砂轮电动机，拖动砂轮的旋转；M₂ 为冷却泵电动机，拖动冷却泵供给磨削加工时需要的冷却液；M₃ 为液压泵电动机，拖动油泵，供出压力油，经液压传动机构来完成工作台往复运动并实现砂轮的横向自动进给，并承担工作台的润滑。

主电路的控制要求：M₁、M₂、M₃ 只需进行单方向的旋转，且磨削加工无调速要求；在砂轮电动机 M₁ 起动后才开动冷却泵电动机 M₂；三台电动机共用 FU₁ 作短路保护，M₁、M₂、M₃ 分别用 FR₁、FR₂ 作过载保护。

在主电路中 M₁、M₂ 由接触器 KM₁ 控制，由于冷却泵箱和床身是分开安装的，所以冷却泵电动机 M₂ 经插头插座 X₁ 和电源连接，当需要冷却液时，将插头插入插座。M₃ 由接触器 KM₂ 控制。

2) 控制电路分析

在控制电路中，SB₁、SB₂ 为砂轮电动机 M₁ 和冷却泵电动机 M₂ 的起动按钮和停止按钮，SB₃、SB₄ 为液压泵电动机 M₃ 的起动按钮和停止按钮。只有在转换开关 SA₁ 扳到退磁位置，其常开触点 SA₁(3-4)闭合，或者欠电流继电器 KA 的常开触点 KA(3-4)闭合时，控制电路才起作用。按下 SB₁，接触器 KM₁ 的线圈通电，其常开触点 KM₁(4-5)闭合进行自锁，其主触点闭合，砂轮电动机 M₁ 及冷却泵电动机 M₂ 起动运行。按下 SB₂，KM₁ 线圈断电，M₁、M₂ 停止。按下 SB₃，接触器 KM₂ 线圈通电，其常开触点 KM₂(4-8)闭合进行自锁，其主触点闭合，液压泵电动机 M₃ 起动运行。按下 SB₄，KM₂ 线圈断电，M₃ 停止。

3) 电磁吸盘(YH)控制电路的分析

(1) 电磁吸盘构造及原理。

电磁吸盘是用来吸住工件以便进行磨削加工，其线圈通以直流电，使芯体被磁化，将工件牢牢吸住，其工作原理如图 12-3 所示。

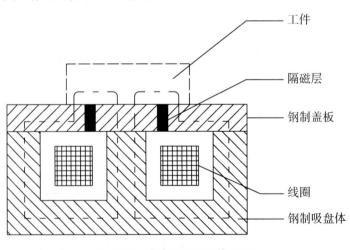

图 12-3　电磁吸盘工作原理图

(2) 电磁吸盘控制电路分析。

电磁吸盘控制电路由降压整流电路、转换开关和欠电流保护电路组成。

　　降压整流电路由变压器 T_2 和桥式全波整流装置 VD 组成。变压器 T_2 将交流电压 220V 降为 127V，经过桥式整流装置 VD 变为 110V 的直流电压，供给电磁吸盘的线圈。电阻 R_1 和电容 C 是用来限制过电压的，防止交流电网的瞬时过电压和直流回路的通断在 T_2 的二次侧产生过电压对桥式整流装置 VD 产生危害。

　　电磁吸盘由转换开关 SA_1 控制，SA_1 有"充磁"、"断电"和"退磁"三个位置。

　　电磁吸盘工作过程如下。

　　将 SA_1 扳到"充磁"位置时，SA_1(14-16)和 SA_1(15-17)闭合，电磁吸盘 YH 加上 110V 的直流电压，进行充磁，当通过 YH 线圈的电流足够大时，可将工件牢牢吸住，同时欠电流继电器 KA 吸合，其触点 KA(3-4)闭合，这时可以操作控制电路的按钮 SB_1 和 SB_3，起动电动机对工件进行磨削加工，停止加工时，按下按钮 SB_2 和 SB_4，电动机停转。在加工完毕后，为了从电磁吸盘上取下工件，将 SA_1 扳到"退磁"位置，这时 SA_1(14-18)、SA_1(15-16)、SA_1(4-3)接通，电磁吸盘中通过反方向的电流，并用可变电阻 R_2 限制反向去磁电流的大小，达到既能退磁又不致反向磁化目的。退磁结束后，将 SA_1 扳至"断电"位置，SA_1 的所有触点都断开，电磁吸盘断电，取下工件。若工件的去磁要求较高时，则应将取下的工件，再在磨床的附件交流退磁器上进一步去磁。使用时，将交流去磁器的插头插在床身的插座 X_2 上，将工件放在去磁器上即可去磁。

　　当转换开关 SA_1 扳到充磁位置时，SA_1 的触点 SA_1(3-4)断开，KA(3-4)接通，若电磁吸盘的线圈断电或电流太小吸不住工件，则欠电流继电器 KA 释放，其常开触点 KA(3-4)断开，M_1、M_2、M_3 因控制回路断电而停止。这样就避免了工件因吸不牢而被高速旋转的砂轮碰击飞出的事故。

　　如果不需要起动电磁吸盘，则应将 X_3 上的插头拔掉，同时将转换开关 SA_1 扳到退磁位置，这时 SA_1(3-4)接通，M_1、M_2、M_3 可以正常起动。

　　与电磁吸盘并联的电阻 R_3 为放电电阻，为电磁吸盘断电瞬间提供通路，吸收线圈断电瞬间释放的磁场能量。因为电磁吸盘是一个大电感，在电磁吸盘从工作位置转换到放松位置的瞬间，线圈产生很高的过电压，易将线圈的绝缘损坏，也将在转换开关 SA_1 上产生电弧，使开关的触点损坏。

　　4)　照明电路分析

　　照明变压器 T_1 将 380V 的交流电压降为 36V 的安全电压供给照明电路。EL 为照明灯，一端接地，另一端由开关 SA_2 控制，FU_3 为照明电路的短路保护。

学习情景 12.2　磨床电气故障的排除

【问题的提出】

　　学习磨床的运动情况与电气控制的方法以后，读者不仅需要掌握其电气控制原理，在实际生产中还需要掌握其电气故障的排除方法。

【相关知识】

1. 磨床中的电动机都不能起动

磨床中的电动机都不能起动的原因有以下两方面。

(1) 欠电流继电器 KA 的触点 KA(3-4)接触不良，接线松动脱落或有油垢，导致电动机的控制线路中的接触器不能通电吸合，电动机不能起动。将转换开关 SA_1 扳到励磁位置，检查继电器触点 KA(3-4)是否接通，不通则修理或更换触点，可排除故障。

(2) 转换开关 SA_1(3-4)接触不良、接线松动脱落或有油垢，控制电路断开，各电动机无法起动。将转换开关 SA_1 扳到退磁位置，拔掉电磁吸盘的插头，检查触点 SA_1(3-4)是否接通，不通则修理或更换转换开关。

2. 砂轮电动机的热继电器 FR_1 脱扣

FR_1 脱扣的原因及处理方法有以下三方面。

(1) 砂轮电动机的前轴瓦磨损，电动机发生堵转，产生很大的堵转电流，使得热继电器脱扣，此时应修理或更换轴瓦。

(2) 砂轮进刀量太大，电动机堵转，产生很大的堵转电流，使得热继电器动作，因此需要选择合适的进刀量。

(3) 更换后的热继电器的规格和原来的不符或未调整，应根据砂轮电动机的额定电流选择和调整热继电器。

3. 电磁吸盘没有吸力

其原因及处理方法有以下四方面。

(1) 检查熔断器 FU_1、FU_2 或 FU_4 熔丝是否熔断，若熔断应更换熔丝。

(2) 检查插头插座 X_3 接触是否良好，若接触不良应进行修理。

(3) 检查电磁吸盘电路。检查欠电流继电器的线圈是否断开，电磁吸盘的线圈是否断开，若断开应进行修理。

(4) 检查桥式整流装置。若桥式整流装置相邻的二极管都烧成短路，短路的管子和整流变压器的温度都较高，则输出电压为零，致使电磁吸盘吸力很小甚至没有吸力；若整流装置两个相邻的二极管发生断路，则输出电压也为零，则电磁吸盘没有吸力。此时应更换整流二极管。

4. 电磁吸盘吸力不足

其原因及处理方法有以下三方面。

(1) 交流电源电压低，导致整流后的直流电压相应下降，致使电磁吸盘吸力不足。

(2) 桥式整流装置故障。桥式整流桥的一个二极管发生断路，使直流输出电压为正常值的一半，断路的二极管和相对臂的二极管温度比其他两臂的二极管温度低。

(3) 电磁吸盘的线圈局部短路，空载时整流电压较高而接电磁吸盘时电压下降很多(低于110V)，这是由于电磁吸盘没有密封好，冷却液流入，引起绝缘损坏，此时应更换电磁吸盘

21世纪高职高专自动化类实用规划教材

线圈。

5．电磁吸盘退磁效果差，退磁后工件难以取下

其原因及处理方法有以下三方面。

(1) 退磁电路电压过高，此时应调整 R_2，使退磁电压为 5～10V。

(2) 退磁回路断开，使工件没有退磁，此时应检查转换开关 SA_1 接触是否良好，电阻 R_2 有无损坏。

(3) 退磁时间掌握不好，不同材料的工件，所需退磁时间不同，应掌握好退磁时间。

实 训 操 作

1．实训目的

(1) 掌握磨床电气控制电路板的接线规则和方法，了解磨床电气控制电路的线号标注规则及导线、按钮规定使用的颜色。

(2) 熟悉所用电器的规格、型号、用途及动作原理。

(3) 掌握继电—接触器控制电路的基本环节在机床电路中的控制作用，初步具备改造和安装一般生产机械电气设备控制电路的能力。

(4) 学会根据电气原理图分析和排除故障，初步掌握一般机床电气设备的调试、故障分析和排除故障的方法，具有一定的维修能力。

2．实训器材

按钮、接触器、熔断器、热继电器、接线端子、导线、电工工具、万用表、三相异步电动机、变压器电磁吸盘、硅整流器、欠电流继电器、电工装配实训台。

3．实训内容

(1) M7130 平面磨床电气控制线路的安装。

(2) M7130 平面磨床电气控制故障的检修。

4．实训步骤

1) M7130 平面磨床电气控制线路的安装

(1) 根据原理图绘出 M7130 平面磨床控制电路的电器位置图和电气接线图。

(2) 按原理图所示配齐所有电器元件，并进行检验。

① 电器元件的技术数据(如型号、规格、额定电压、额定电流)应完整并符合要求，外观无损伤。

② 电器元件的电磁机构动作是否灵活，有无衔铁卡阻等不正常现象，用万用表检测电磁线圈的通断情况以及各触点的分合情况。

③ 接触器的线圈电压和电源电压是否一致。

④ 对电动机的质量进行常规检查(每相绕组的通断，相间绝缘，相对地绝缘)。

(3) 在控制板上按电器位置图安装电器元件，工艺要求如下。

① 组合开关、熔断器的受电端子应安装在控制板的外侧。

② 元件的安装位置应整齐、匀称、间距合理，便于布线及元件的更换。

③ 紧固各元件时要用力均匀，紧固程度要适当。

(4) 按接线图的走线方法进行板前明线布线和套编码套管，板前明线布线的工艺要求如下。

① 布线通道尽可能地少，同路并行导线按主、控制电路分类集中，单层密排，紧贴安装面布线。

② 同一平面的导线应高低一致或前后一致，不能交叉。非交叉不可时，应水平架空跨越，但必须走线合理。

③ 布线应横平竖直，分布均匀。变换走向时应垂直。

④ 布线时严禁损伤线芯和导线绝缘。

⑤ 在每根剥去绝缘层导线的两端套上编码套管。所有从一个接线端子(或线桩)到另一个接线端子(或接线桩)的导线必须连接，中间无接头。

⑥ 导线与接线端子或接线桩连接时，不得压绝缘层、不反圈及不露铜过长。

⑦ 一个电器元件接线端子上的连接导线不得多于两根。

(5) 根据电气接线图检查控制板布线是否正确。

(6) 安装电动机。

(7) 连接电动机和按钮金属外壳的保护接地线(若按钮为塑料外壳，则按钮外壳不需接地线)。

(8) 连接电源、电动机等控制板外部的导线。

(9) 自检。

① 按电路原理图或电气接线图从电源端开始，逐段核对接线及接线端子处是否正确，有无漏接、错接之处。检查导线接点是否符合要求，压接是否牢固。接触应良好，以免带负载运行时产生闪弧现象。

② 用万用表检查线路的通断情况。检查时，应选用倍率适当的电阻挡，并进行校零，以防短路故障发生。对控制电路的检查(可断开主电路)，可将表笔分别搭在 U、V 线端上，读数应为"∞"。按下 SB_1 时，读数应为接触器线圈的电阻值，然后断开控制电路再检查主电路有无开路或短路现象，此时可用手动来代替接触器通电进行检查。

③ 用兆欧表检查线路的绝缘电阻应不得小于 $0.5M\Omega$。

(10) 经指导教师检查无误后通电试车。通电完毕先拆除电源线，后拆除负载线。

2) M7130 平面磨床电气控制故障的检修

(1) 故障调查。

了解故障的特点，询问故障出现时机床所产生的特殊现象，这有助于进行第二步，即依据电气原理图和所了解的故障情况，对故障产生的可能原因和所涉及的部位作出初步的分析和判断，并在电气原理图上标出最小故障范围。

如机床的故障现象为电动机 M_3 不能起动。产生这一故障的原因会是多种的，所涉及的电路范围也会有多处。而了解清楚故障出现时机床的运行情况，可有助于缩小故障的检查范围，直达故障区。如果操作者说是由于工件过长，工作台行程较大，往返工作几次后出现这一情况，并且吸盘无吸力，则可进行电路分析。

(2)　电路分析。

根据以上故障现象和操作者所介绍的情况依据电气原理图，对故障可能产生的原因和所涉及的电路部分进行分析并作出初步判断。

对电动机 M_3 不动作故障，从原理图上看，故障可能出现的范围会涉及电路的以下几部分：一是电动机及其 M_3 控制回路(包括 M_3 本身故障，FU_1、FU_2 及接触器 KM_2 的故障及线路连接问题)。二是电磁吸盘和整流电路部分。而根据操作者的介绍，可以初步断定故障范围极大可能在电磁吸盘和整流电路部分，很可能是由于行程过长，造成吸盘接线接触不好或断裂。为准确地对故障原因作出判断，可根据以上分析结果对电路进行检查。

(3)　检查线路。

检查分两种，断电检查和通电检查。

首先作断电检查：用万用表对电磁吸盘及其引出线和插头插座进行检查，看有否断线和接触不良，有断线和接触不良应解决处理。若处理好后，该故障仍然存在，同时发现吸盘仍无吸力，就要进行通电检查，看整流电路有无输出。

其次作通电检查：接通电源，用万用表测 16 号线与 19 号线间电压，无输出。再测 16 号线和 17 号线间电压，有电压为直流 110V。据此可以断定，问题存在于 16 号线、17 号线、19 号线范围内，需要断电检查。经检查，17 号线至 19 号线间不通。进一步检查发现电流继电器 KA 的线圈坏了。更换电流继电器后，故障排除，机床正常工作。

这个例子只是介绍排除故障的步骤及常用方法，但电气故障是多种多样的，就是同一故障现象，发生的原因也不会相同。因此，要在看懂电气原理图的基础上与实际情况相结合灵活处理，才能迅速、准确地判断和排除故障。

3)　注意事项

(1)　通电检查时，最好将电磁吸盘拆除，用 110V，100W 的白炽灯作负载。一是便于观察整流电路的直流输出情况，二是因为整流二极管为电流元件，通电检查必须要接入负载。

(2)　通电检查时，必须熟悉电气原理图，弄清机床线路走向及元件部位。检查时不但要核对好导线线号，而且要注意安全防护和监护。

(3)　用万用表测电磁吸盘线圈电阻值时，要先调好零，选用低阻值挡。因为吸盘的直流电阻较小。

(4)　用万用表测直流电压时，要注意选用的量程和挡位，还要注意检测点的极性。选用量程可根据说明书所注电磁吸盘的工作电压和电气原理图中图注选择。

(5)　用万用表检查整流二极管，应断电进行。测试时，应拔掉熔断器 FU_4 并将 SA_1 置于中间位置。

(6)　检修整流电路时，不可将二极管的极性接错，若接错一只二极管，将会发生整流器和电源变压器的短路事故。

5. 实训考核

考核项目	考核内容	配　分	评分标准	得　分
电路板的 安装接线	电器安装	5	布置美观牢固 5 分	
	电路接线	10	接线规范正确 10 分	
	电动机接线	5	连接正确 5 分	
	运行结果	5	实现控制要求 5 分	
	分析电路能力	10	熟练表述电路工作原理 10 分	
故障检修	判断方法	10	判断方法正确 10 分	
	判断故障	10	判断故障准确 10 分	
团结协作	文明操作	5	团队协作、安全文明操作 5 分	
实训报告	完成情况	40	实训报告完整、正确 40 分	

课 后 练 习

1. M7130 平面磨床电力拖动及控制有哪些要求？

2. 试述 M7130 平面磨床电器控制线路工作原理。

3. M7130 平面磨床中为什么采用电磁吸盘来夹持工作？电磁吸盘线圈为何要采用直流供电而不采用交流电源？

4. 试述 M7130 平面磨床电磁吸盘工作原理。

5. 试述 M7130 平面磨床中欠电流继电器的作用。

6. M7130 平面磨床砂轮电动机不能起动，分析其故障原因。

7. M7130 平面磨床电磁吸盘不能"吸合"，分析其故障原因。

项目 13

钻床的电气控制

知识要求

- 了解 Z3040 型钻床的用途，熟悉 Z3040 型钻床的主要电气设备及工作原理。
- 掌握 Z3040 型钻床的电力拖动特点，能根据电气控制线路图，分析各部分的工作过程。

技能要求

- 掌握 Z3040 型钻床电气线路安装步骤、常见的电气故障的排除。
- 能排除摇臂上升后不能夹紧的故障。

学习情景 13.1　钻床电气控制线路分析

【问题的提出】

　　钻床是一种孔加工机床，可用来钻孔、扩孔、铰孔、攻螺纹及修刮断面等多种形式的加工。钻床的结构形式很多，有立式钻床、卧式钻床、深孔钻床及多轴钻床等。摇臂钻床是一种立式钻床，它适用于单件或批量生产中带有多空大型零件的孔加工，是一般机械加工车间常用的机床，常见的有 Z3040 型摇臂钻床。

【相关知识】

1. 钻床的主要结构及运动形式

1)　钻床的主要结构

　　摇臂钻床主要由底座、内立柱、外立柱、摇臂、主轴箱、工作台等组成，如图 13-1 所示。

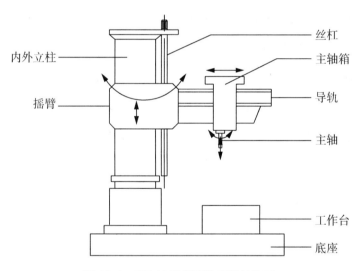

图 13-1　Z3040 型摇臂钻床的结构图

　　摇臂钻床的内立柱固定在底座上，在它外面空套着外立柱，外立柱可绕着不动的内立柱回转一周。摇臂一端的套筒部分与外立柱滑动配合，借助于丝杆，摇臂可沿外立柱上下移动，但两者不能作相对转动，因此，摇臂只能与外立柱一起相对内立柱回转。主轴箱是一个复合部件，它由主电动机、主轴和主轴传动机构、进给和进给变速箱机构以及机床的操作机构等部分组成。主轴箱安装在摇臂水平导轨上，它借助手轮操作使其在水平导轨上沿摇臂作径向运动。当进行加工时，由特殊的夹紧装置将主轴箱紧固在摇臂导轨上，外立柱紧固在内立柱上，摇臂紧固在外立柱上，然后进行钻削加工。钻削加工时，钻头进行旋转切削的同时进行纵向进给。

2)　钻床的运动形式

摇臂钻床的主运动为主轴旋转(产生的切削)运动。进给运动为主轴的纵向进给。辅助运动包括摇臂在外立柱上的垂直运动(摇臂的升降),摇臂与外立柱一起绕内立柱的旋转运动及主轴箱沿摇臂长度方向的运动。对于摇臂在立柱上的升降,Z3040 型摇臂钻床摇臂的松开与夹紧是依靠液压推动松紧机构自动进行的。

由于摇臂钻床的运动部件较多,为简化传动装置,常采用多电动机拖动。通常设有主电动机、摇臂升降电动机、夹紧放松电动机及冷却泵电动机。

2.　电气控制分析

Z3040 型钻床的电气控制原理图如图 13-2 所示。

1)　主电路分析

钻床的总电源由三相断路器 QF_1 控制,并配有用作短路保护的熔断器 FU_1,主轴电动机 M_1,摇臂升降电动机 M_2 及液压泵电动 M_3 由接触器通过按钮控制。冷却泵电动机 M_4 根据工作需要,由三相断电器 QF_2 控制。摇臂升降电动机与液压泵电动机采用熔断器 FU_2 作短路保护。长期工作制运行的主电动机及液压泵电动机,采用热继电器作过载保护。

2)　控制电路分析

控制电路、照明电路及指示灯均由一台电源变压器 T 降压供电。有 127V、36V、6.3V 三种电压。127V 电压供给控制电路,36V 电压作局部照明电源,6.3V 作为信号指示电源。在图 13-2 中,KM_2、KM_3 分别为上升与下降接触器,KM_4、KM_5 分别为松开与夹紧接触器,SQ_3、SQ_4 分别为松开与夹紧限位开关,SQ_1、SQ_2 分别为摇臂升降极限开关,SB_3、SB_4 分别为上升与下降按钮,SB_5、SB_6 分别为立柱、主轴箱夹紧装置的松开与夹紧按钮。

(1)　主轴电动机运转。

按起动按钮 SB_2,接触器 KM_1 线圈通电吸合并自锁,其主触点接通主轴电动机的电源,主轴电动机 M_1 起动运转。需要使主电动机停止工作时,按停止按钮 SB_1 接触器 KM_1 断电释放,主电动机 M_1 被切断电源而停止工作。

主电动机的工作指示由 KM_1 的辅助常开触点控制指示灯 HL_1 来实现,当主电动机在工作时,指示灯 HL_1 亮。

(2)　摇臂的升降控制。

摇臂的升降对控制的要求如下。

①　摇臂的升降必须在摇臂放松的状态下进行。

②　摇臂的夹紧必须在摇臂停止时进行。

③　按下上升(或下降)按钮,首先使摇臂的夹紧机构放松,放松后,摇臂自动上升(或下降),上升到位后,放开按钮,夹紧装置自动夹紧,夹紧后,液压泵电动机停止。

④　横梁升降应有极限保护。横梁的上升或下降操作应为点动控制,以保证调整的准确性。

线路的工作过程如下。

首先由摇臂的初始位置决定按动哪个按钮,若希望摇臂上升,则按动 SB_3,否则应按动 SB_4。当摇臂处于夹紧状态时,限位开关 SQ_4 是处于被压状态的,即其常开触点闭合,常闭触点断开。

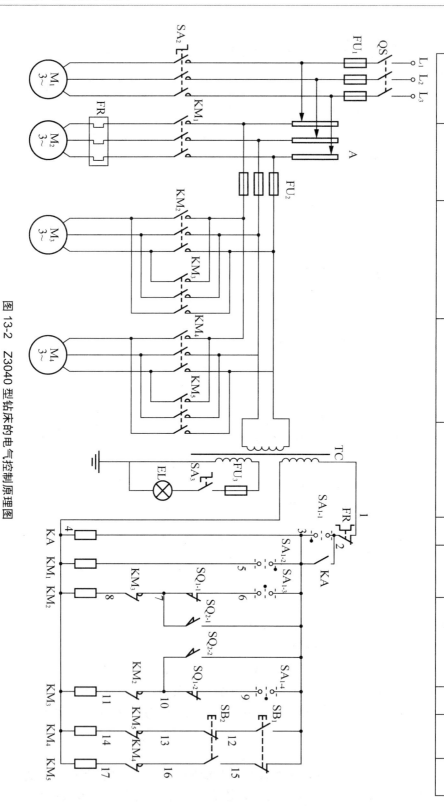

图 13-2　Z3040 型钻床的电气控制原理图

电源冷却泵电动机	主轴电动机	摇臂升降电动机	立柱松紧电动机	变压器照明指示	失压保护	主轴电机旋转	摇臂上升	摇臂下降	立柱松开	立柱夹紧
1	2	3	4	5	6	7	8	9	10	11

摇臂上升时，按下起动按钮 SB₃，断电延时型时间继电器 KT 线圈通电，尽管此时 SQ₄ 的常闭触点断开，但由于 KT 的延时打开的常开触点瞬时闭合，电磁阀 YU 线圈通电，同时 KM₄ 线圈通电，其常开触点闭合，接通液压泵电动机 M₃ 的正向电源，M₃ 起动正向旋转，供给的高压油进入摇臂松开油腔，推动活塞和菱形块，使摇臂夹紧装置松开。当摇臂松开到一定位置时，活塞杆通过弹簧片压动限位开关 SQ₃，其常闭触点断开，接触器 KM₄ 线圈断电释放，油泵电动机停止，同时 SQ₃ 的常开触点闭合，接触器 KM₂ 线圈通电，主触点闭合接通升降电动机 M₂，带动摇臂上升。由于此时摇臂已松开，SQ₄ 被复位。

当摇臂上升到预定位置时，松开按钮 SB₃，接触器 KM₂、时间继电器 KT 的线圈同时断电，摇臂升降电动机停止，断电延时型时间继电器开始断电延时(一般为 1～3s)，当延时结束，即升降电动机完全停止时，KT 的延时闭合常闭触点闭合，接触器 KM₅ 线圈通电，液压泵电动机反相序接通电源而反转，压力油经另一条油路进入摇臂夹紧油腔，反方向推动活塞与菱形块，使摇臂夹紧。当夹紧到一定位置时，活塞杆通过弹簧片压动限位开关 SQ₄，其常闭触点动作断开接触器 KM₅ 及电磁阀 YU 的电源，电磁阀 YU 复位，液压泵电动机 M₃ 断电停止工作。至此，摇臂升降调节全部完成。

摇臂下降时，按下按钮 SB₄，各电器的动作次序与上升时类似，在此就不再重复了，请读者自行分析。

(3) 联锁保护环节。

① 用限位开关 SQ₃，保证摇臂先松开然后才允许升降电动机工作，以免在夹紧状态下起动摇臂升降电动机，造成升降电动机电流过大。

② 用时间继电器 KT 保证升降电动机断电后完全停止旋转，即摇臂完全停止升降时，夹紧机构才能夹紧摇臂，以免在升降电动机旋转时夹紧，造成夹紧机构磨损。

③ 摇臂的升降都设有限位保护，当摇臂上升到上极限位置时，行程开关 SQ₁ 常闭触点断开，接触器 KM₂ 断电，断开上升电动机 M₂ 电源，M₂ 电动机停止旋转，上升运动停止。反之，当摇臂下降到极限位置时，行程开关 SQ₂ 常闭触点断开，接触器 KM₃ 断电，断开 M₂ 的反向电源，M₂ 电动机停止旋转，下降运动停止。

④ 液压泵电动机的过载保护，若夹紧行程开关 SQ₄ 调整不当，夹紧后仍不动作，则会使液压泵电动机长期过载而损坏电动机。所以，这个电动机虽然是短时运行，也要采用热继电器 FR₂ 作过载保护。

(4) 指示环节。

① 当主电动机工作时，KM₁ 通电，其辅助常开触点闭合，接通"主电动机工作"指示灯 HL₁。

② 当摇臂放松时，行程开关 SQ₄ 常闭触点合上，接通"松开"指示灯 HL₂。

③ 当摇臂夹紧时，行程开关 SQ₄ 常开触点合上，接通"夹紧"指示灯 HL₃。

④ 当需要照明时，接通开关 Q，照明灯 EL 亮。

(5) 立柱和主轴箱的松开与夹紧。

立柱与主轴箱均采用液压操纵夹紧与放松，二者同时进行工作，工作时要求电磁阀 YU 不通电。

若需要使立柱和主轴箱放松(或夹紧)，则按下松开按钮 SB₅(或夹紧按钮 SB₆)，接触器

KM₄(或 KM₅)吸合，控制液压泵电动机正转(或反转)，压力油从一条油路(或另一条油路)推动活塞与菱形块，使立柱与主轴箱分别松开(或夹紧)。

学习情景 13.2　钻床电气故障的排除

【问题的提出】

学习钻床的运动情况与电气控制方法以后，读者不仅需要掌握其电气控制原理，在实际生产现场还需要掌握其电气故障的排除方法。

【相关知识】

1．主轴电动机不能起动

主轴电动机不能起动的原因可能为：起动按钮 SB₂ 或停止按钮 SB₁ 损坏或接触不良；接触器 KM₁ 线圈断线、接线脱落，以及主触点接触不良或接线脱落；热继电器 FR₁ 动作；熔断器 FU₁ 的熔丝烧断。这些情况都可能引起主轴电动机不能起动，应逐项检查排除。

2．主轴电动机不能停转

主轴电动机不能停转一般是由于接触器 KM₁ 的主触点熔焊在一起造成的，更换熔焊的主触点即可排除故障。

3．摇臂不能上升或下降

由摇臂上升或下降的电气动作过程可知，摇臂移动的前提是摇臂完全松开，此时活塞杆通过弹簧片压下行程开关 SQ₂，电动机 M₃ 停止运动，电动机 M₂ 起动运转，带动摇臂的上升或下降。若 SQ₂ 的安装位置不当或发生偏移，这样摇臂虽然完全松开，但活塞杆仍压不上 SQ₂，致使摇臂不能移动；有时电动机 M₃ 的电源相序接反，此时按下摇臂上升或下降按钮 SB₃ 和 SB₄，电动机 M₃ 反转，使摇臂夹紧，更压不上 SQ₂，摇臂也不会上升或下降。有时也会出现因液压系统发生故障，使摇臂没有完全松开，活塞杆压不上 SQ₂。如果 SQ₂在摇臂松开后已动作，而摇臂不能上升或下降，则有可能由这些原因引起：按钮 SB₃ 和 SB₄的常闭触点损坏或接线脱落；接触器 KM₂ 和 KM₃ 线圈损坏或接线脱落，KM₂ 和 KM₃ 的触点损坏或接线脱落。应根据具体情况逐项检查，直到故障排除。

4．摇臂移动后夹不紧

摇臂移动后夹不紧的主要原因是由于信号开关 SQ₃ 安装位置不当或松动移位，过早地被活塞杆压上动作，使液压泵电动机 M₃ 在摇臂尚未充分夹紧时停止运转。

5．液压泵电动机不能起动

液压泵电动机不能起动的主要原因可能为：FU₂ 熔丝熔断；热继电器 FR₂ 已动作；接触器 KM₄ 或 KM₅ 的线圈损坏或接线脱落，以及其主触点损坏或脱落；时间继电器 KT 的线圈损坏或接线脱落，以及其相关的接点损坏或接线脱落。应逐项检查，直到故障排除。

6．液压系统不能正常工作

有时电气控制系统工作正常，而液压系统中的电磁阀芯卡阻或油路堵塞，导致液压系统不能正常工作，也可能造成摇臂无法移动、主轴箱和立柱不能松开与夹紧。

实 训 操 作

1．实训目的

(1) 掌握钻床电气控制电路板的接线规则和方法，了解钻床电气控制电路的线号标注规则及导线、按钮规定使用的颜色。

(2) 熟悉所用电器的规格、型号、用途及动作原理。

(3) 掌握继电—接触器控制电路的基本环节在机床电路中的控制作用，初步具备改造和安装一般生产机械电气设备控制电路的能力。

(4) 学会根据电气原理图分析和排除故障，初步掌握一般机床电气设备的调试、故障分析和排除故障的方法，具有一定的维修能力。

2．实训器材

按钮、接触器、熔断器、接线端子、导线、电工工具、万用表、三相异步电动机、转换开关、十字开关、冷却泵电动机开关、照明开关、零压继电器、热继电器、限位开关、行程开关、控制变压器、照明灯泡、汇流排、电工装配实训台。

3．实训内容

(1) Z3040 型钻床电气控制线路的安装。

(2) Z3040 型钻床电气控制故障的检修。

4．实训步骤

1) Z3040 型钻床电气控制线路的安装

(1) 根据原理图绘出 Z3040 型钻床控制电路的电器位置图和电气接线图。

(2) 按原理图所示配齐所有电器元件，并进行检验。

(3) 给各电器元件按原理图的符号做好标记，并给各电气元件接线端作编号标记。

(4) 根据电动机的容量、线路的走向和电气元件的尺寸，正确选配导线规格、导线通道类型和导线数量，选配接线板的节数、控制板的尺寸及管夹。

(5) 根据原理图的编号给各连接线端做好标记。

(6) 在实训台上安装电气元件并布线，布线时应选择合理的走向。

(7) 安装实训台外的所有控制元件，进行实训台布线。

(8) 检查电路的接线是否正确及检测线路的绝缘。

(9) 接通电源，按钻床的控制过程进行模拟操作。

(10) 在调试的过程中，根据故障的现象，按电气原理图分析故障的原因。

2) Z3040 型钻床电气控制故障的检修

(1) 主轴电动机 M_1 不能起动。

若电动机本身无任何故障时，M_1 不能起动则可从以下两方面进行分析处理。

① 首先检查熔断器 FU_1 是否熔断或接线松脱，然后检查接触器 KM_1 的主触点接触是否良好。若 KM_1 主触点接触不良时，按下起动按钮 SB_2，则 M_1 不能起动。

② 测量电源电压，若电源电压过低，也会造成接触器 KM_1 不能吸合，致使主轴电动机不能起动。

(2) 立柱夹紧与松开电路的故障排除。

① 首先接通电源，按下 SB_2 或 SB_3，然后观察 KM_2 或 KM_3 动作否，如果没有动作，查看 FU_1、FU_2 熔丝是否烧断；SB_1、SB_2 接触是否良好；接触器线圈是否损坏或接线是否松脱。

② 如果接通电源，按下按钮 SB_2 或 SB_3 后，KM_2 或 KM_3 动作，那么测量接触器主触点输出端电压，观察电压是否正常，如果不正常，检查 KM_2 或 KM_3 主触点接触是否不良或接线松脱。

③ 如果测量 KM_2 或 KM_3 主触点的电压正常，检查电动机 M_3 是否损坏或接线松脱。

3) 技术要求及注意事项

(1) 带电操作时，应作好安全防护，穿绝缘鞋，身体各部分不得碰触钻床，并且需要由老师监护。

(2) 正确使用仪表，各点测试时表笔的位置要准确，不得与相邻点相碰撞，防止发生短路事故。注意：一定要在断电的情况下使用万用表的欧姆挡测电阻。

(3) 发现故障部位后，必须用另一种方法复查，准确无误后，方可修理或更换有故障的元件。更换时要采用原型号规格的元件。

(4) 万用表的挡位要选择正确以免损坏万用表。

5. 实训考核

考核项目	考核内容	配分	评分标准	得分
电路板的安装接线	电器安装	5	布置美观牢固 5 分	
	电路接线	10	接线规范正确 10 分	
	电动机接线	5	连接正确 5 分	
	运行结果	5	实现控制要求 5 分	
	分析电路能力	10	熟练表述电路工作原理 10 分	
故障检修	判断方法	10	判断方法正确 10 分	
	判断故障	10	判断故障准确 10 分	
团结协作	文明操作	5	团队协作安全文明操作 5 分	
实训报告	完成情况	40	实训报告完整、正确 40 分	

21世纪高职高专自动化类实用规划教材

课 后 练 习

1. 分析 Z3040 型摇臂钻床电气控制电路的工作原理。

2. 在 Z3040 型摇臂钻床电路中，时间继电器 KT 与电磁阀 YA 在什么时候动作？YA 动作时间比 KT 长还是短？YA 什么时候不动作？

3. 在 Z3040 型摇臂钻床电路中，时间继电器 KT_1、KT_2、KT_3 的作用是什么？

4. 在 Z3040 型摇臂钻床的摇臂升降过程中，液压泵电动机 M_3 和摇臂升降电动机 M_2 应如何配合工作，并以摇臂上升为例叙述电路工作情况。

5. 在 Z3040 型摇臂钻床电路中，SQ_1、SQ_2、SQ_3、SQ_4、SQ_5 各行程开关的作用是什么？结合电路工作情况进行说明。

6. Z3040 型摇臂钻床主轴电动机不能起动或停止，分析其故障原因。

7. Z3040 型摇臂钻床摇臂升降、松紧电路的故障有哪些？分析其故障原因。

8. 分析 Z3040 型摇臂钻床主轴箱和立柱的松紧故障。

项目 14

铣床的电气控制

知识要求

- 了解 X62W 卧式万能铣床的用途，熟悉 X62W 卧式万能铣床的电气设备及工作原理。
- 掌握 X62W 卧式万能铣床的电力拖动特点，根据电气原理图分析各部分的工作过程。

技能要求

- 掌握 X62W 卧式万能铣床电气线路安装步骤、常见的电气故障的排除。
- 能根据故障现象掌握排除故障的逻辑分析方法。

学习情景 14.1　铣床电气控制电路分析

【问题的提出】

铣床可以用来加工平面、斜面和沟槽等，装上分度头后还可以铣切直齿齿轮和螺旋面，如果装上圆工作台还可以铣切凸轮和弧形槽。铣床的种类很多，有卧铣、立铣、龙门铣、仿形铣及各种专用铣床。X62W 卧式万能铣床应用广泛，具有主轴转速高、调速范围宽、操作方便和加工范围广等特点。

【相关知识】

1．铣床的主要结构及运动形式

1)　铣床的主要结构

X62W 卧式万能铣床主要由底座、床身、悬梁、刀杆支架、工作台、溜板箱和升降台等组成。其结构如图 14-1 所示。

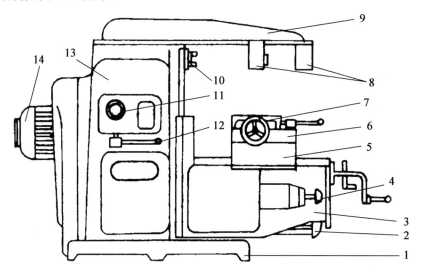

图 14-1　X62W 卧式万能铣床结构简图

1—底座　2—进给电动机　3—升降台　4—进给变速手柄及变速盘

5—溜板　6—转动部分　7—工作台　8—刀杆支架　9—悬梁　10—主轴

11—主轴变速盘　12—主轴变速手柄　13—床身　14—主轴电动机

2)　铣床的运动形式

铣床的运动形式有主运动、进给运动及辅助运动。铣刀的旋转运动为主运动；工件在垂直铣刀轴线方向的直线运动是进给运动；而工件与铣刀相对位置的调整运动与工作台的回转运动皆为辅助运动。

铣刀的旋转由主电动机拖动，为适应顺铣与逆铣的需要，主电动机应能正向或反向工作，一旦铣刀选定后，铣削方向就确定了，所以工作过程不需要交换主电动机旋转方向。为此，常在主电动机电路内接入换向开关来预选正方向。又因铣床加工是多刀多刃不连续切削，负载波动，故为减轻负载波动的影响，常常在主轴传动系统中加入飞轮，但随之又将引起主轴停车惯性大，停车时间长。为实现快速停车，主电动机往往采用制动停车方式。

铣削的进给运动是直线运动，一般是工作台的垂直、纵向和横向三个方向的移动，为保证安全，在加工时只允许一种运动，所以这三个方向的运动应该设有互锁。为此，工作台的移动由一台进给电动机拖动，并由运动方向选择手柄来选择运动方向，由进给电动机的正、反转来实现上或下、左或右、前或后的运动。某些铣床为扩大加工能力而增加圆工作台，在使用圆工作台时，原工作台的上下、左右、前后几个方向的运动都不允许进行。

铣床的主运动与进给运动间没有比例协调的要求，所以从机械结构合理角度考虑，采用两台电动机单独拖动，并且将损坏刀具或机床。为此，主电动机与进给电动机之间应有可靠的互锁。

为了适应各种不同的切削要求，铣床的主轴与进给运动都应具有一定的调速范围。为便于变速时齿轮的啮合，应由低速冲动环节。

2．电气控制分析

X62W 卧式万能铣床电气原理图如图 14-2 所示。

1)　主电路分析

在主电路中，M_1 是主轴电动机，M_2 为进给电动机，M_3 为冷却泵电动机。电动机 M_1 是通过换相开关 SA_5，与接触器 KM_1、KM_2 进行正反转控制、反接制动和瞬时冲动控制，并通过机械机构进行变速；工作台进给电动机 M_2 要求能正反转、快慢速控制和限位控制，并通过机械机构使工作台能上下、左右、前后运动；冷却泵电动机 M_3 只要求正转控制。

2)　控制电路分析

(1) 主轴电动机 M_1 的控制。

主轴电动机由接触器 KM_1 控制，M_1 旋转方向由组合开关 SA_5 预先选择。M_1 的起动、停止采用两处控制的方式，控制按钮一组安装在工作台上，一组安装在床身上，可在此两处操作。

① 主轴电动机 M_1 的起动和停止。

对主轴电动机的电气控制，先将 SA_5 扳到主轴电动机所需要的旋转方向。

起动控制如下。

按下起动按钮 SB_1 或 SB_2，接触器 KM_1 线圈得电并自锁，其主触点闭合，主轴电动机 M_1 起动，其辅助触点闭合，进给控制电路接通。在主轴起动的控制电路中串有热继电器 FR_1 和 FR_3 的常闭触点。当电动机 M_1 和 M_3 中有任一台电动机过载，热继电器的常闭触点断开，两台电动机都停止。

停止控制如下。

按下按钮 SB_3 或 SB_4，KM_1 线圈断电，速度继电器 KV 正转常开触点闭合，KM_2 通电，电动机 M_1 串入电阻 R 实现反接制动，当 $n \approx 0$ 时，速度继电器 KV 常开触点复位，KM_2 线圈断电，M_1 停转，进给控制电路电源切断，反接制动结束。

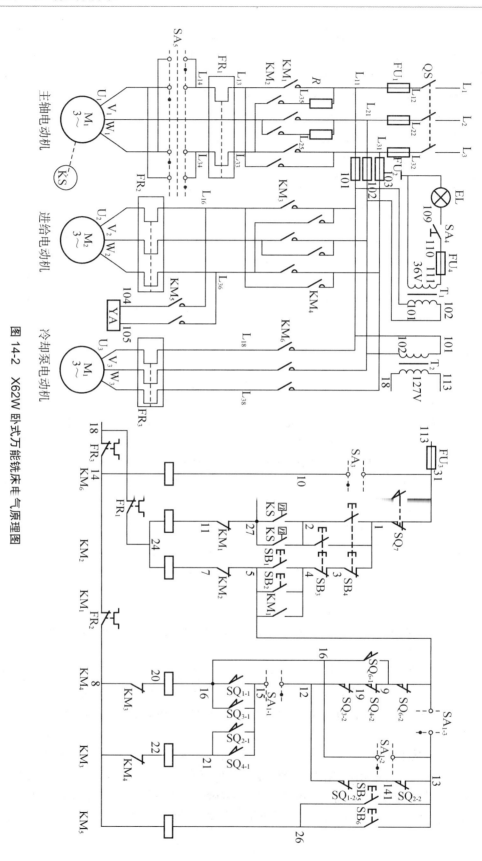

图 14-2 X62W 卧式万能铣床电气原理图

②　主轴电动机变速冲动控制。

利用变速手柄与冲动行程开关 SQ_7 通过机械上的联动机构进行控制的。变速操作可在开车时进行，也可在停车时进行。变速时，先把变速手柄下压，使它从第一道槽内拔出，(再转动变速盘，选择所需速度)，然后慢慢拉向第二道槽，通过手柄压下开关 SQ_7，其常闭触点先断开，使 KM_1 线圈失电，从而使 M_1 失电；其常开触点闭合，使 KM_2 通电，使得 M_1 反向冲动，变速手柄迅速推回原位，使限位开关 SQ_7 复位，接触器 KM_2 断电，电动机 M_1 停转，变速冲动过程结束。

变速完成后，需再次起动电动机 M_1，主轴将在新的转速下旋转。

(2)　进给电动机 M_2 的控制。

工作台进给方向有左、右的纵向运动，前后的横向运动和上、下的垂直运动，是依靠进给电动机 M_2 的正反转来实现的，正、反转接触器 KM_3、KM_4 是由两个机械操作手柄控制的。其中一个是纵向机械操作手柄，另一个是垂直与横向机械操作手柄，这两个手柄各有两套，分别设在铣床的工作台正面与侧面，实现两地操作。

对应进给拖动电气控制线路，图中 SQ_1、SQ_2 为纵向行程开关，SQ_3、SQ_4 为垂直和横向行程开关。图中 SA_1 为圆工作台选择开关，设有"接通"与"断开"两个位置，当不需要圆工作台运动时，将 SA_1 扳到"断开"位置，此时，触点 SA_{1-1}，SA_{1-3} 闭合，SA_{1-2} 断开。然后起动主轴电动机，KM_1 通电并自锁，为进给电动机起动做准备，下面对各种进给运动的电气控制电路进行简要分析。

①　工作台纵向左右(纵向)运动。

工作台的左右运动由工作台纵向操作手柄控制，有三个位置：左、中、右。当操作手柄扳向右位置时，通过其联动机构将纵向进给机械离合器挂上，同时压下向右进给的行程开关 SQ_{1-1}，接触器 KM_4 通电，进给电动机 M_2 正转，工作台向右进给。

向左进给时将手柄扳向左，压下 SQ_{2-1}，KM_3 通电吸合，M_2 反转，工作台向左进给。

当需停止时，将手柄扳回中间位置，纵向进给结束，工作台停止运动。

②　工作台上下(垂直)和前后(横向)运动的控制。

向上进给时将手柄扳向上，挂上上下运动的离合器，压下 SQ_4，SQ_{4-1} 闭合，KM_3 通电吸合，M_2 反转，工作台向上进给。

向下进给时将手柄扳向下，压下 SQ_3，SQ_{3-1} 闭合，SQ_{3-2} 断开，KM_4 通电吸合，M_2 正转，工作台向下进给。

向前进给时将手柄扳向前，挂上横向运动的离合器，压下 SQ_3，SQ_{3-1} 闭合，SQ_{3-2} 断开，KM_4 通电吸合，M_2 正转，工作台向前进给。

向后进给时将手柄扳向后，压下 SQ_4，SQ_{4-2} 断开，SQ_{4-1} 闭合，KM_3 通电吸合，M_2 反转，工作台向后进给。

③　工作台快速移动控制。

在铣床不进行铣削加工时，工作台可以快速移动。工作台的快速移动也是由进给电动机 M_2 来拖动的，在六个方向上都可以实现快速移动的控制。

主轴起动以后，将工作台的进给手柄扳到所需的运动方向，工作台将按操纵手柄指定的方向慢速进给。这时按下快速移动按钮 SB_5(在床身侧面)或 SB_6(在工作台前面)，使接触器 KM$_5$ 线圈得电，接通牵引电磁铁 YA，电磁铁通过杠杆使摩擦离合器合上，减少中间传动装置，使工作台按原运动方向作快速移动。当松开快速移动按钮时，电磁铁 YA 断电，摩擦离合器断开，快速移动停止。工作台仍按原进给速度继续运动。

④ 进给电动机变速时的冲动控制。

变速时，为使齿轮易于啮合，进给变速与主轴变速一样，设有变速冲动控制环节。进给变速冲动是由进给变速手柄配合进给变速冲动开关 SQ$_6$ 实现的。

压下 SQ$_6$ 触点，SQ$_{6-2}$ 断开，SQ$_{6-1}$ 后闭合，电流经 SA$_{1-3}$、SQ$_{2-2}$、SQ$_{1-2}$ 到 SQ$_{3-2}$、SQ$_{4-2}$，再到 SQ$_{6-1}$，使 KM$_3$ 通电，M$_2$ 正转，完成变速冲动。

(3) 圆工作台进给控制。

圆工作台的回转不需要调速，也不要求反转，因此仅由 KM$_3$ 控制即可。操作时，首先将 SA$_1$ 扳到"接通"位置，这时触点 SA$_{1-2}$ 闭合，SA$_{1-3}$ 断开，按下主轴起动按钮 SB$_1$ 或 SB$_2$，主轴电动机 M$_1$ 起动后 KM$_4$ 即通电吸合，于是 M$_2$ 拖动圆工作台作单向旋转运动。

(4) 照明电路。

控制变压器 TC 将 380V 的交流电压降到 36V 的安全电压，供照明用。照明电路由转换开关 SA$_4$ 控制，灯泡一端接地。FU$_4$ 作为照明电路的短路保护。

学习情景 14.2　铣床电气故障的排除

【问题的提出】

学习铣床的运动情况与电气控制方法以后，不仅需要掌握其电气控制原理，在实际生产现场还需要掌握其电气故障的排除方法。

【相关知识】

1. 主轴电动机不能起动

其故障原因可能有以下五个方面。

(1) 控制电路熔断器 FU$_3$ 或 FU$_4$ 熔丝熔断。

(2) 主轴换相开关在 SA$_5$ 在停止位置。

(3) 按钮 SB$_1$、SB$_2$、SB$_3$ 或 SB$_4$ 的触点接触不良。

(4) 主轴变速冲动行程开关 SQ$_7$ 的常闭触点接触不良。

(5) 热继电器 FR$_1$、FR$_3$ 已经动作，没有复位。

2. 主轴停车时没有制动

其故障原因可能有以下两个方面。

(1) 主轴无制动时要首先检查按下停止按钮后反接制动接触器是否吸合，如 KM$_2$ 不吸合，则应检查控制电路。检查时先操作主轴变速冲动手柄，若有冲动，说明故障的原因是速度继电器或按钮支路发生故障。

(2) 若 KM_2 吸合，首先要检查 KM_2、R 的制动回路是否有缺两相的故障存在，如果制动回路缺两相则完全没有制动现象；其次要检查速度继电器的常开触点是否过早断开，如果速度继电器的常开触点过早断开，则制动效果不明显。

3．主轴停车后产生短时反向旋转

主轴停车后产生短时反向旋转是由于速度继电器的弹簧调得过松，使触点分断过迟引起的，只要重新调整反力弹簧就可以消除故障。

4．按下停止按钮后主轴不停

其故障原因可能有以下三个方面。

(1) 若按下停止按钮后，接触器 KM_1 不释放，则说明接触器 KM_1 主触点熔焊。

(2) 若按下停止按钮后，KM_1 能释放，KM_2 吸合后有"嗡嗡"声，或转速过低，则说明制动接触器 KM_2 主触点只有两相接通，电动机不会产生反向转矩，同时在缺相运行。

(3) 若按下停止按钮后电动机能反接制动，但放开停止按钮后，电动机又再次起动，则是起动按钮在起动电动机 M_1 后绝缘被击穿。

5．主轴不能变速冲动

主轴不能变速冲动的原因是主轴变速行程开关 SQ_7 位置移动、撞坏或断线。

6．工作台不能作向上进给

工作台不能作向上进给，检查时可依次进行快速进给、进给变速冲动或圆工作台向前进给，向左进给及向后进给的控制，若上述操作正常则可缩小故障的范围，然后在逐个检查故障范围内的各个元件和接点，检查接触器 KM_3 是否动作，行程开关 SQ_4 是否接通，KM_4 的常闭联锁触点是否良好，热继电器是否动作，直到检查出故障点。若上述检查都正常，再检查操作手柄的位置是否正确，如果手柄位置正确，则应考虑是否由于机械磨损或位移使操作失灵。

7．工作台左右(纵向)不能进给

工作台左右(纵向)不能进给，应首先检查横向或垂直进给是否正常，如果正常，进给电动机 M_2、主电路、接触器 KM_3、KM_4，SQ_1、SQ_2 及与纵向进给相关的公共支路都正常，此时应检查 SQ_6、SQ_4、SQ_3，只要其中有一对触点接触不良或损坏，工作台就不能向左或向右进给。SQ6 是变速冲动开关，常因变速时手柄操作过猛而损坏。

8．工作台各个方向都不能进给

工作台各个方向都不能进给，用万用表检查各个回路的电压是否正常，若控制回路的电压正常，可扳动手柄到任一运动方向，观察其相关的接触器是否吸合，若吸合则控制回路正常，再着重检查主电路，检查是否有接触器主触点接触不良，电动机接线脱落和绕组断路。

9．工作台不能快速进给

工作台不能快速进给，常见的原因是牵引电磁铁回路不通，如线头脱落、线圈损坏或机械卡死。如果按下 SB$_5$ 或 SB$_6$ 后，牵引电磁铁吸合正常，则故障是由于杠杆卡死或离合器摩擦片间隙调整不当。

实 训 操 作

1．实训目的

(1) 掌握铣床电气控制电路板的接线规则和方法，了解铣床电气控制电路的线号标注规则及导线、按钮规定使用的颜色。

(2) 熟悉所用电器的规格、型号、用途及动作原理。

(3) 掌握继电—接触器控制电路的基本环节在机床电路中的控制作用，初步具备改造和安装一般生产机械电气设备控制电路的能力。

(4) 学会根据电气原理图分析和排除故障，初步掌握一般机床电气设备的调试、故障分析和排除故障的方法，具有一定的维修能力。

2．实训器材

按钮、接触器、熔断器、热继电器、速度继电器、接线端子、导线、电工工具、万用表、三相异步电动机、行程开关、转换开关、三极开关、制动电阻、电工装配实训台。

3．实训内容

(1) X62W 卧式万能铣床电气控制线路的安装。

(2) X62W 卧式万能铣床电气控制故障的检修。

4．实训步骤

1) X62W 卧式万能铣床电气控制线路的安装

(1) 根据原理图绘出 X62W 卧式万能铣床控制电路的电器位置图和电气接线图。

(2) 按原理图所示配齐所有电器元件，并进行检验。

(3) 按编号原则在原理图上给各电气元件接线端编号。

(4) 给各电气元件按原理图的符号做好标记，并给各电气元件接线端作编号标记。

(5) 根据电动机的容量、线路的走向和电气元件的尺寸，正确选配导线规格、导线通道类型和导线数量，选配接线板的节数、控制板的尺寸及管夹。

(6) 并根据原理图的编号给各连接线端做好标记。

(7) 在实训台上安装电气元件并布线。布线时应选择合理的走向。

(8) 安装实训台外的所有控制元件，进行实训台外布线。

(9) 检查电路的接线是否正确及检测线路的绝缘。

(10) 接通电源，按铣床的控制过程进行模拟操作。

(11) 在调试的过程中，根据故障的现象，按电气原理图分析故障的原因。

2) X62W 卧式万能铣床电气控制故障的检修

(1) 教师指定故障点，指导学生从故障的现象着手进行分析，并采用正确的检查步骤和检查方法查出故障。

(2) 设置两个故障点，由学生检查，排除，并记录检查的过程。

要求学生应首先根据故障现象，在原理图上标出最小故障范围，然后采用正确的步骤和方法在规定的时间内排除故障。排除故障时，必须修复故障点，不得采用更换电气元件，改动线路的方法。检修时严禁扩大故障范围或产生新的故障点。

3) 注意事项

(1) 操作前必须熟悉掌握电气原理图地的各个环节。

(2) 带电检修时，必须由指导教师在现场监护。

(3) 若没有机床实物，则可事先在实训台上按原理图安装控制线路，并按控制要求检查试车。

5. 实训考核

考核项目	考核内容	配　分	评分标准	得　分
电路板的安装接线	电器安装	5	布置美观牢固 5 分	
	电路接线	10	接线规范正确 10 分	
	电动机接线	5	连接正确 5 分	
	运行结果	5	实现控制要求 5 分	
	分析电路能力	10	熟练表述电路工作原理 10 分	
故障检修	判断方法	10	判断方法正确 10 分	
	判断故障	10	判断故障准确 10 分	
团结协作	文明操作	5	团队协作安全文明操作 5 分	
实训报告	完成情况	40	实训报告完整、正确 40 分	

课 后 练 习

1. 分析 X62W 卧式万能铣床电力拖动的特点及控制要求。

2. 分析 X62W 卧式万能铣床电气控制电路的工作原理。

3. X62W 卧式万能铣床的工件能在哪些方向上调整位置或进给？它是怎样实现的？

4. X62W 卧式万能铣床电路中采用了哪些机械联锁、电气联锁和保护？

5. X62W 卧式万能铣床主轴电动机不能起动，分析其故障原因。

6. X62W 卧式万能铣床工作台各个方向都不能进给，分析其故障原因。

7. X62W 卧式万能铣床工作台能向左右进给，不能向前后、上下进给，分析其故障原因。

8. X62W 卧式万能铣床工作台能向前后、上下进给，不能向左右进给，分析其故障原因。

9. X62W 卧式万能铣床工作台不能快速移动，分析其故障原因。

项目 15

镗床的电气控制

知识要求

- 了解 T68 卧式镗床的用途，熟悉 T68 卧式镗床的主要电气设备及工作原理。
- 掌握 T68 卧式镗床的电力拖动特点，能根据电气控制线路图，分析各部分的工作过程。

技能要求

- 掌握 T68 卧式镗床电气线路安装步骤、常见电气故障的排除。
- 能根据故障现象掌握排除故障的逻辑分析方法。

学习情景 15.1　镗床电气控制电路分析

【问题的提出】

镗床是一种精密加工机床，主要用于加工高精度圆柱孔。这些孔的轴心线的要求都是钻床难以胜任的。除此功能外，镗床还可进行扩、铰、车、铣等工序。因此，镗床的加工范围很广。按用途不同，镗床可分为卧式镗床、坐标镗床、金刚镗床及专用镗床等。

【相关知识】

1. 镗床的主要结构及运动形式

1) 镗床的主要结构

T68 卧式镗床主要由床身、前后立柱、镗头架、尾架、工作台、上下溜板、导轨、床头架升降丝杠、镗轴、平旋盘、刀具溜板等组成，如图 15-1 所示。它的主传动是由主轴电动机拖动，镗头的快速移动、工作台快速移动以及尾架、后立柱的快速移动都是由快速移动电动机拖动。

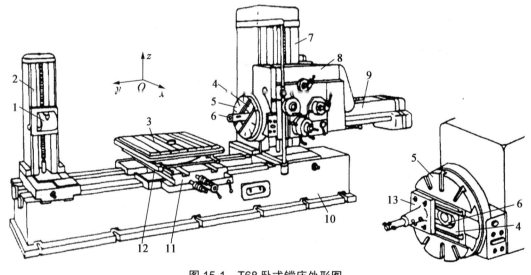

图 15-1　T68 卧式镗床外形图

1—支架　2—后立柱　3—工作台　4—径向刀架　5—平旋盘　6—镗轴　7—前立柱
8—主轴箱　9—后尾筒　10—床身　11—下滑座　12—上滑座　13—刀座

2) 镗床的运动形式

主轴电动机采用双速电动机，能实现正反转、点动及高低速控制，电动机有两级调速可以任意选择，高速运转应先经低速起动。电动机高低速是由变速手柄控制的。主轴电动机要求制动准确，T68 卧式镗床采用电磁铁带动的机械制动装置，主轴电动机有过载保护。

2．电气控制分析

1)　主电路分析

T68 卧式镗床的电气原理图如图 15-2 所示。

在图 15-2 中，M_1 为主轴与进给电动机，M_2 为快速移动电动机。电动机 M_1 由 5 个接触器控制，其中 KM_1、KM_2 为电动机正—反转接触器，KM_3 为制动电阻短接接触器，KM_4 为低速运转接触器，KM_5 为高速运转接触器，主轴电动机停车时，由速度继电器 KV 控制实现反接制动。

2)　控制电路分析

(1)　主轴电动机 M_1 的低速起动控制。

将速度选择手柄置于低速挡，若需 M_1 正转，应按下正转起动按钮 SB_2，使中间继电器 KA_1、正转接触器 KM_1、低速运行接触器 KM_4 相继通电吸合，主轴电动机 M_1 在△连接下全压起动并以低速运行。

(2)　主轴电动机的高速起动控制。

欲使主轴电动机高速运行，应将变速手柄扳向高速挡，此时行程开关 SQ 被压下，使时间继电器 KT 通电，于是主轴电动机 M_1 在低速△连接下起动，经一段延时后，低速接触器 KM_4 断电，高速接触器 KM_5 通电，从而使电动机 M_1 由低速△连接自动换接成高速 YY 连接的控制过程。

(3)　主轴电动机的停车与制动控制。

主轴电动机 M_1 的停车与制动控制由停止按钮 SB_1 来实现。

若主轴电动机已运行在低速正转状态，此时 KA_1、KM_1、KM_3、KM_4 均通电吸合，速度继电器 KV 触点(14-19)闭合为正转反接制动做准备。需要停车时，可按下 SB_1，使 KA_1、KM_3、KM_1 相断电，于是主轴电动机定子串入限流电阻并△连接进行反接制动，使电动机的转速下降，直至 KV 触点(14-19)打开，反接制动结束，从而实现了主轴停车与制动控制。

(4)　主轴电动机的点动控制。

主轴电动机的点动控制由正、反转点动按钮 SB_4、SB_5 控制实现。

(5)　主运动与进给运动的变速控制。

T68 镗床主轴变速过程与进给变速过程相似，所不同的是主轴变速控制是由主轴变速手柄控制行程开关 SQ_1、SQ_2 实现。而进给变速控制是由进给变速手柄控制 SQ_3、SQ_4 实现。下面以进给变速控制为例介绍其变速操作过程。

镗床在运行中需要进给变速时，将进给变速手柄拉出，此时与其联动的行程开关 SQ_3 不受压，SQ_4 受压，然后转动变速盘，选好速度，将变速手柄推回原位。手柄推回原位时 SQ_3 受压，SQ_4 不受压。若此时手柄推不回原位，则 SQ_4 受压，SQ_4 常开触点闭合，KM_1 线圈经 KV(14-17)、SQ_3(4-14)通电吸合，同时 KM_4 通电，使主轴电动机 M_1 串入 R 成△连接低速起动，转速升高，当转速升高到速度继电器动作值时，触点 KV(14-17)断开，使 KM_1 断电，另一触点 KV(14-19)闭合，使 KM_2 通电吸合，对主轴电动机进行反接制动，使转速下降，当转速下降到速度继电器释放值时，触点 KV(14-19)断开，KV(14-17)闭合，反接制动结束。从而使主轴电动机处于间歇起动及制动状态，获得变速时的低速冲动，直至变速手柄推合为止。

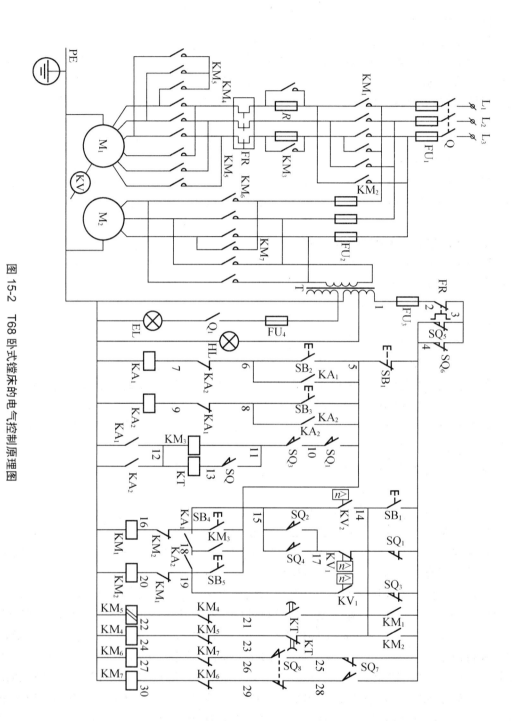

图 15-2　T68 卧式镗床的电气控制原理图

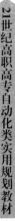

21世纪高职高专自动化类实用规划教材

（6）镗头架、工作台快速移动控制。

由快速电动机 M_2 来实现镗头架和工作台的各种移动。若需工作台快速移动时，应扳动快速操纵手柄，此时与其联动的行程开关 SQ_7 或 SQ_8 受压，触点动作，从而实现快速移动电动机 M_2 的正、反转控制。当手柄复位时，开关 SQ_7 或 SQ_8 不再受压，快速移动结束。

3．镗床的联锁保护

T68 镗床具有完善的机械和电气联锁保护。如当工作台镗头架自动进给时，不允许主轴或平旋盘刀架进行自动进给，否则将发生事故，为此设置了两个联锁保护行程开关 SQ_5 和 SQ_6，其中 SQ_5 是与工作台和镗头架自动进行手柄联锁的行程开关。将 SQ_5 和 SQ_6 常闭触点并联后串接在控制电路中，若同时扳动两个进给手柄，将触点 $SQ_5(3\text{-}4)$ 与 $SQ_6(3\text{-}4)$ 断开，切断控制电路，使主轴电动机 M_1、快速移动电动机 M_2 都无法起动，保护了镗床的安全。因此，在操作时只能将两个进给手柄中的一个置于进给位置。

学习情景 15.2　镗床电气故障的排除

【问题的提出】

学习镗床的运动情况与电气控制方法以后，学生不仅需要掌握其电气控制原理，在实际生产中更需要掌握其电气故障的排除方法。同时其机械—电气联锁较多，又采用双速电动机，在运行中会出现一些特有的故障。

【相关知识】

1．主轴电动机不能起动

主轴电动机不能起动的主要原因有以下几方面。

（1）熔断器 FU_1、FU_2 或 FU_3 的熔丝烧断。其中，如 FU_3 烧断，其故障现象是全部接触器、继电器都不能吸合；如果是 FU_1 或 FU_2 烧断，其故障现象还包括电源指示灯、照明灯都不亮。

（2）热继电器 FR 的控制触点断开。包括快速移动电动机 M_2 有关的所有接触器、继电器都不能吸合。

（3）中间继电器 KA_1 或 KA_2 线圈损坏，或接线松脱，使 KM_3、KM_1 或 KM_2 不能得电。

（4）接触器 KM_1 或 KM_2 线圈损坏或接线松脱，使 KM_4 或 KM_5 不能得电。

2．主轴电动机只有低速挡没有高速挡

主轴电动机只有低速挡没有高速挡故障的因素较多，常见的有时间继电器 KT 不动作，或限位开关 SQ 安装的位置发生移动。

（1）时间继电器 KT 发生故障。主轴电动机由低速转为高速时，如果 KT 不动作，或其触点损坏，机械卡住，KM_5 不能通电吸合，KM_4 不能断电。主轴电动机 M_1 只有低速挡，没

有高速挡。

(2) 限位开关与变速手柄联动失效或 SQ(11-13)接触不良以及接线松脱，造成 KT 不能通电，KM$_5$ 不吸合，主轴没有高速挡。

3. 主轴电动机 M$_1$ 电源进线接错，电动机起动不了

T68 镗床主轴采用双速电动机拖动，在低速时，电源由端子 1、2、3 接入，端子 4、5、6 开路，使主轴电动机为三角形接法。在高速挡时，电源应由端子 4、5、6 接入，将端子 1、2、3 短接，使主轴电动机为双星形接法运转。如果错接，即高速时由端子 1、2、3 接入电源，将端子 4、5、6 短接；低速时，电源由 4、5、6 接入，1、2、3 开路，这时，电动机起动不了，发生类似断相运行时的"嗡嗡"声，熔丝熔断。

实 训 操 作

1. 实训目的

(1) 掌握镗床电气控制电路板的接线规则和方法，了解镗床电气控制电路的线号标注规则及导线、按钮规定使用的颜色。

(2) 熟悉所用电器的规格、型号、用途及动作原理。

(3) 掌握继电—接触器控制电路的基本环节在机床电路中的控制作用，初步具备改造和安装一般生产机械电气设备控制电路的能力。

(4) 学会根据电气原理图分析和排除故障，初步掌握一般机床电气设备的调试、故障分析和排除故障的方法，具有一定的维修能力。

2. 实训器材

按钮、接触器、熔断器、热继电器、速度继电器、中间继电器、接线端子、导线、电工工具、万用表、三相异步电动机、行程开关、控制变压器、三极开关、电工装配实训台。

3. 实训内容

(1) T68 卧式镗床电气控制线路的安装。

(2) T68 卧式镗床电气控制故障的检修。

4. 实训步骤

1) T68 卧式镗床电气控制线路的安装

(1) 根据原理图绘出 T68 卧式镗床控制电路的电器位置图和电气接线图。

(2) 按原理图所示配齐所有的电器元件，并进行检验。

(3) 按编号原则在原理图上给各电气元件接线端编号。

(4) 给各电气元件按原理图的符号做好标记，并给各电气元件接线端作编号标记。

(5) 根据电动机的容量、线路的走向和电气元件的尺寸，正确选配导线规格、导线通道类型和导线数量，选配接线板的节数、控制板的尺寸及管夹。

(6) 并根据原理图的编号给各连接线端做好标记。

(7)　在实训台上安装电气元件并布线。布线时应选择合理的走向。

(8)　安装实训台外的所有控制元件，进行实训台外布线。

(9)　检查电路的接线是否正确及检测线路的绝缘。

(10)　接通电源，按镗床的控制过程进行模拟操作。

(11)　在调试的过程中，根据故障的现象，按电气原理图分析故障的原因。

2)　T68 卧式镗床电气控制故障的检修

(1)　故障判断。

①　根据故障现象，分析故障可能在电路中哪些电器上，应重点查看热继电器等保护类电器是否已动作，熔丝是否熔断；接线是否松动、脱落、断线；开关的触点是否接触好；有没有熔焊；继电器是否动作；撞块是否碰压行程开关等。

②　用手触摸电动机、电容、电阻、继电器等电器的表面有无过热现象。如果有则说明故障与这些电器有关。限位开关没有发信号而使动作中断时，也可以用手代替撞块去撞一下限位开关，如果动作和复位时有"嘀嗒"声，一般情况开关是好的，调整撞块位置就能排除故障。

③　用耳朵倾听电动机、变压器和电器元件的声音是否正常，以便帮助寻找故障部位。例如某三相电动机运行时嗡嗡响，则是定子电源缺相运行或转子被机械卡住。

(2)　线路分析。

根据故障现象结合电气原理图进行分析，初步判断故障的可能范围。然后进行仔细的检查，逐个地排除可能产生故障的原因，缩小故障范围。

①　电气元件的检查。

对可能出现故障的有关电气元件进行常规检查。

②　控制线路的通电检查。

通电检查时，可将电动机从电路中切除(要用绝缘胶布包好拆下的线头)，同时特别注意人身及设备的安全，不能随意触及控制电路的带电部位，并注意避免发生短路事故。

通电检查的一般顺序为：先查控制电路，后查主电路；先查交流电路，后查直流电路；先查主令电器开关电路，后查继电器接触器控制电路。

通电检查的一般方法是：操作某一局部功能的按钮或开关，观察与其相关的接触器，继电器等是否正常动作，若动作顺序与控制线路的工作原理不相符，即说明与此相关的电器中存在着故障。

通电检查时应尽可能断开主电路，仅在控制电路带电的情况下进行，以避免运动部件发生误碰撞，造成故障进一步扩大。总之，应充分估计到局部线路动作后可能发生的各种后果。

③　排除故障后，要进行经验总结，积累资料，写出维修记录，以便今后再出现这种情况时能迅速处理。

3)　注意事项

(1)　为了更清楚地掌握 T68 镗床各控制环节的逻辑关系，要注意各电器触点的正确开闭状态。

(2) 注意主轴电动机 M_1 定子接线应正确，当低速挡时，电动机应△连接，当高速挡时，电动机应 YY 连接，不能接错，否则会造成短路。

(3) 当电路出现故障时，应注意先从控制电路图上查，根据故障现象进行逻辑分析，找出故障发生的可能范围。再根据故障发生的可能范围进行一般性外观检查。当外观检查没有发现故障时，则可进一步做通电检查。通电检查时，若采用一根导线在故障点电路中逐个短接电路或接点来观察各电器动作情况时，应特别注意安全，并在有目的的情况下进行，切不可乱设测点，避免发生短路。

(4) 为了防止设备和人身事故发生，通电试车时必须在指导老师的监护下进行。

5. 实训考核

考核项目	考核内容	配　分	评分标准	得　分
电路板的安装接线	电器安装	5	布置美观牢固 5 分	
	电路接线	10	接线规范正确 10 分	
	电动机接线	5	连接正确 5 分	
	运行结果	5	实现控制要求 5 分	
	分析电路能力	10	熟练表述电路工作原理 10 分	
故障检修	判断方法	10	判断方法正确 10 分	
	判断故障	10	判断故障准确 10 分	
团结协作	文明操作	5	团队协作、安全文明操作 5 分	
实训报告	完成情况	40	实训报告完整、正确 40 分	

课 后 练 习

1. 分析 T68 卧式镗床电力拖动的特点及控制要求。

2. 分析 T68 卧式镗床电气控制电路的工作原理。

3. 在 T68 卧式镗床控制电路中，若把时间继电器的延时常开触点与常闭触点位置接错，电路会出现什么现象？

4. 速度继电器 KV_1、KV_2 触点在电路中起何作用？若把 KV_1、KV_2 两个常开触点接线位置对调，电路会出现什么故障？若把 KV_1 的常开触点与常闭触点位置接错，电路又会出现哪些故障？

项目 16

组合机床的电气控制

知识要求

- 掌握机械动力滑台控制电路的组成、控制原理及特点。
- 掌握液压动力滑台控制电路的组成、控制原理及特点。

技能要求

- 掌握机械动力滑台控制电路的安装。
- 掌握使用万用表检测电路并能排除电路故障。

随着生产的发展和生产规模的扩大，产品往往需要大批量生产，为此设计和生产了各种专用机床和自动线。组合机床就是适用于大批量产品生产的专用机床。

组合机床是为某些特定的工件进行特定工序加工而设计的专用设备。它可以完成工件加工的全部工艺过程，如钻孔、扩孔、铰孔、攻丝、车削、削铣、磨削及精加工等工序。一般采用多轴、多刀、多工序、多面同时加工，它是一种工序集中的高效率、自动化机床。它由大量通用部件及少量专用部件组成。当加工对象改变时，可较方便地利用组合通用部件和专用部件重新改装，以适用新零件的加工要求，所以组合机床便于产品更新。

组合机床的电气控制系统和组合机床总体设计有相同的特点，也是由许多通用的控制机构和典型的基本控制环节组成的；由于组合机床的控制系统大多采用机械、液压、电气或气动相结合的控制方式，因此，除典型环节外，组合机床还有液压进给系统控制电路和某些特殊的控制环节。其中，电气控制往往起着连接中枢的作用。

通用部件按其在组合机床中所起作用可分为以下几方面。

动力部件：如动力头和动力滑台。它们是完成组合机床刀具切削运动及进给运动的部件。其中能同时完成刀具切削运动及进给运动的动力部件，通常称为动力头；而只能完成进给运动的动力部件，则称为动力滑台。

输送部件：如回转分度工作台、回转鼓轮、自动线工作回转台及零件输送装置。其中回转分度工作台是多工位组合机床和自动线中不可缺少的通用部件。

控制部件：如液压元件、控制板、按钮台及电气挡铁。

支撑部件：如滑座、机身、立柱和中间底座。

其他部件：如机械扳手、气动扳手、排屑装置和润滑装置。

需要强调的是，组合机床通用部件不是一成不变的，它将随着科学技术的向前发展而不断更新，因此相应的电气控制线路也将随着更新换代。

组合机床上最主要的通用部件是动力头和动力滑台。动力滑台按结构分有机械动力滑台和液压动力滑台。动力滑台可配置成卧式或立式的组合机床。动力滑台配置不同的控制线路，可完成多种自动循环。动力滑台的基本工作循环形式有以下几种。

1．一次工作进给

快进——工作进给——(延时停留) ——快退。可用于钻、扩、镗孔和加工盲孔、刮端面等。

2．二次工作进给

快进——一次工作进给——二次工作进给——(延时停留) ——快退。可用于镗孔完后又要车削或刮端面等。

3．跳跃进给

快进——工进——快进——工进——(延时停留) ——快退。例如，镗削两层壁上的同心孔，可跳跃进给自动工作循环。

4．双向工作进给

快进——工进——反向工进——快退。例如用于正向工进粗加工，反向工进精加工。

5．分级进给

快进——工进——快退——快进——工进——快退——……——快进——工进——快退。主要用于钻深孔。

学习情景 16.1　机械动力滑台控制电路

【问题的提出】

机械动力滑台是由滑台、滑座和双电动机(快速和进给电动机)、传动装置三部分组成，滑台的工作循环由机械传动和电气控制完成。下面以机械动力滑台具有正反向工作进给控制为例，说明其工作原理。

【相关知识】

机械动力滑台的控制电路和工作循环如图 16-1 所示。

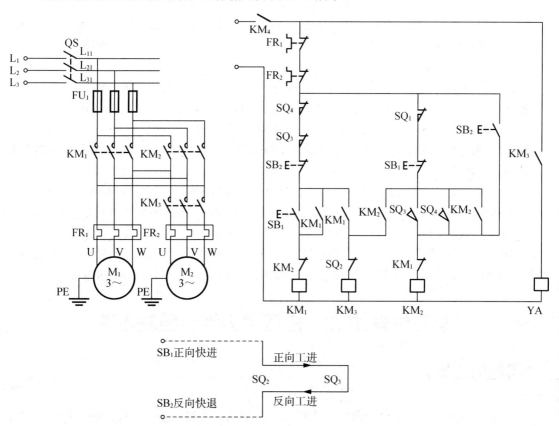

图 16-1　机械动力滑台控制电路图

在图 16-1 中，M₁ 为工作进给电动机，M₂ 为快速进给电动机。滑台的快进由电动机 M₂ 经齿轮使丝杆快速旋转实现。主轴的旋转由一电动机拖动，由接触器 KM₄(此处省略)控制。SQ₁ 为原位行程开关，SQ₂ 为快进转工进的行程开关，SQ₃ 为终点行程开关，SQ₄ 为限位保护开关。接触器 KM₁、KM₂ 控制电动机 M₁、M₂ 的正反转，KM₃ 控制快速进给电动机 M₂ 工作。YA 是制动电磁铁。

该电路的特点如下。

(1) 主轴电动机与电动机 M₁、M₂ 有顺序起停关系，只有主轴电动机起动后，即 KM₄ 触点闭合，电动机 M₁、M₂ 才能起动。

(2) 滑台在快进或快退过程中，电动机 M₁、M₂ 都运转。这时，滑台通过机械结构保证由快进电动机 M₂ 驱动。

(3) 快进电动机 M₂ 的制动器为断电型(机械式)制动器，即在 YA 断电时制动。

(4) 滑台正向运动快进转工进由压下 SQ₂ 实现，反向工进转快退，由松开 SQ₂ 实现，这里应用了长挡铁。

(5) 正反向进给互锁。

(6) 电动机 M₁、M₂ 均有热继电器，只要其中之一过载，控制电路就断开。

控制电路中，SB₁ 为起动向前按钮，SB₂ 为停止向前并后退的按钮。电路的工作原理如下。

(1) 滑台原位停止。此时，按钮 SQ₁ 被压下，其常闭触点断开。

(2) 滑台快进。按下 SB₁ 按钮，KM₁ 线圈得电自锁，并依次使 KM₃ 和 YA 线圈得电，M₂ 电动机制动器松开，M₁、M₂ 电动机同时正向运转，机械滑台向前快速进给，此时，SQ₁ 复位，其常闭触点闭合。

(3) 滑台工进。当滑台长挡铁压下行程开关 SQ₂，其常闭触点断开，KM₃ 线圈断电，并使 YA 也断电，M₂ 电动机被迅速制动，此时滑台由 M1 电动机拖动正向工进。

(4) 滑台反向工进。当挡铁压下行程开关 SQ₃，其常开触点闭合，常闭触点断开，KM₁ 线圈断电，KM₂ 线圈获电自锁，M₁ 电动机反向运转，滑台反向工进。SQ₃ 复位，其常开触点断开，常闭触点闭合。

(5) 滑台快退。当长挡铁松开 SQ₂，SQ₂ 复位，其常闭触点闭合，KM₃ 线圈再获电，并使 YA 得电，M₂ 电动机反向运转，滑台快退，退到原位时，SQ₁ 被压下，其常闭触点断开，KM₂ 断电，并使 KM₃、YA 断电，M₁、M₂ 电动机动停止。

SQ₄ 为向前超程开关，当 SQ₄ 被压时，其常开触点闭合，常闭触点断开，使 KM₁ 线圈断电，KM₂ 线圈得电，滑台工进退回，当挡铁松开 SQ₂ 后，滑台转而快速退回。

学习情景 16.2 液压动力滑台控制电路

【问题的提出】

液压动力滑台是由滑台、滑座和油缸三部分组成。油缸拖动滑台在滑座上移动。液压动力滑台与机械滑台的区别在于，液压动力滑台进给运动的动力是动力油，而机械滑台的动力来自于电动机。

【相关知识】

液压动力滑台同样具有机械滑台的典型自动工作循环，它通过电气控制电路控制液压系统实现。滑台的工作进给速度由节流阀调节，可实现无级调速。电气控制电路一般采用行程、时间原则及压力控制方式。

1. 具有一次性工作进给的液压动力滑台电气控制电路

如图 16-2 所示，具有一次性工作进给的液压动力滑台电气控制电路工作原理如下。

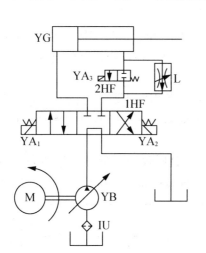

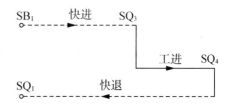

电磁铁 滑台	YA₁	YA₂	YA₃	主令 转换
快进	+	−	+	SB₁
工进	+	−	−	SQ₃
快退	−	+	−	SQ₄
停止	−	+	−	SQ₁

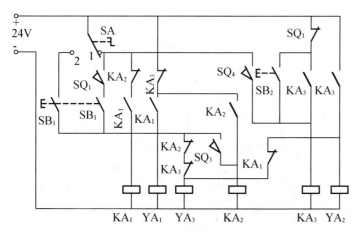

图 16-2　一次性工作进给的液压动力滑台电气控制电路

(1) 滑台原位停止。滑台由油缸 YG 拖动前后进给，电磁铁 YA₁～YA₃ 均为断电状态，滑台原位停止，并压下行程开关 SQ₁，其常开触点闭合，常闭触点断开。

(2) 滑台快进。把转换开关 SA₁ 扳到"1"位置，按下 SB₁ 按钮，继电器 KA₁ 得电并自锁，从而使 YA₁、YA₃ 电磁铁得电，使电磁阀 1HF 及 2HF 推向右端，于是变量泵打出的压力油经 1HF、2HF 直接流入油箱，不经过调速阀 1，使滑台快进，此时，SQ₁ 复位，其常开触点断开，常闭触点闭合。

(3) 滑台工进。当挡铁压动行程开关 SQ_3，其常开触点闭合，KA_2 得电并自锁，KA_2 的常闭触点断开，YA_3 断电，电磁阀 2HF 复位，滑台右腔流出的油只能经调速阀 L 流入油箱，滑台转为工进。由于有 KA_2 的自锁，滑台不会因挡铁离开 SQ_3 而使 KA_2 电路断开。此后，SQ_3 的常开触点断开。

(4) 滑台快退。当滑台工进到终点，挡铁压动 SQ_4 行程开关，其常开触点闭合，KA_3 得电并自锁，KA_3 的常闭触点打开，常开触点闭合分别使得 YA_1 断电、YA_2 得电，使电磁阀 1HF 推向左，变量泵打出的油经 1HF 流入滑台油缸右腔，左腔流出的油经 1HF 直接流入油箱，滑台快退。当滑台退到原位，压动 SQ_1，其常闭触点断开，YA_2 断电，1HF 复位，油路断开，滑台停止。

(5) 滑台的点动调整。将转换开关 SA 扳到"2"位置，按下按钮 SB_1，KA_1 得电，继而 YA_1、YA_3 得电，滑台可向前快进，由于 KA_1 电路不能自锁，因而当 SB_1 松开后，滑台停止。

当滑台不在原位，即 SQ_1 的常开触点断开时，若需要快退，可按下 SB_2 按钮，使 KA_3 得电，YA_2 得电，滑台快退，退到原位时，压下 SQ_1，SQ_1 的常闭触点断开，KA_3 失电，滑台停止。

在上述电路中，若需要使滑台工进到终点，延时停留，使工作循环为：快进——工进——延时停留——快退，则稍加修改，加一延时线路即可，控制电路如图 16-3 所示。

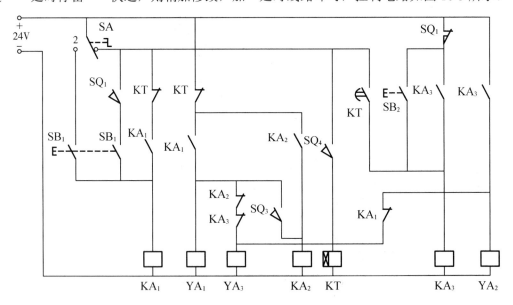

图 16-3　具有延时停留的控制电路

图 16-3 与图 16-2 比较，实际上只是多加一个时间继电器 KT。将 KA_3 的两个常闭触点用 KT 的两个瞬时常闭触点代替，增设一个 KT 延时触点，起延时作用。

在图 16-3 中，当滑台工进到终点时，压动行程开关 SQ_4，其常开触点闭合，使 KT 得电，此时 KT 的两个常闭瞬时触点立即断开，使 YA_1、YA_3 断电，滑台停止工进。KT 延时触点延时后闭合，KA_3 得电，继而使 KA_2 得电，滑台才开始后退，从而达到滑台工进到位后停留延时再快退的目的。

2. 二次工作进给控制电路

根据加工工艺的要求，有时需要设计两种进给速度，先以较快的进给速度加工(一次工进)而后以较慢的速度加工(二次工进)，二次工作进给控制电路如图 16-4 所示。

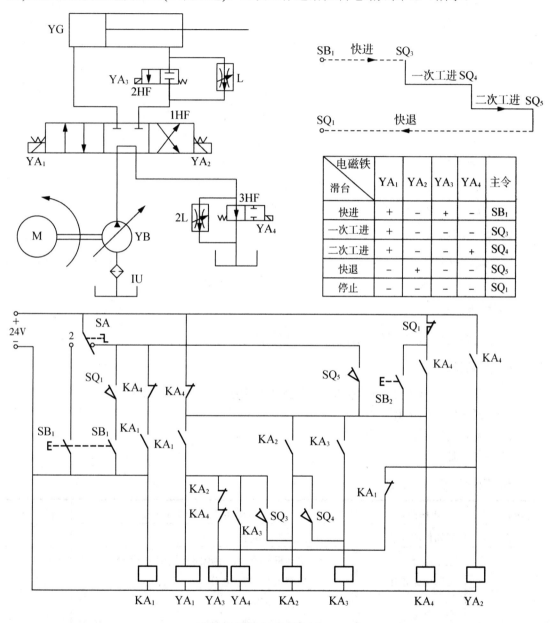

电磁铁 滑台	YA_1	YA_2	YA_3	YA_4	主令
快进	+	−	+	−	SB_1
一次工进	+	−	−	−	SQ_3
二次工进	+	−	−	+	SQ_4
快退	−	+	−	−	SQ_5
停止	−	−	−	−	SQ_1

图 16-4　二次工作进给控制电路

该电路实现快进——一次工进——二次工进——快退的工作循环。

(1) 滑台原位停止。压下 SQ_1，其常开触点闭合，常闭触点断开。

(2) 滑台快进。按下 SB_1，KA_1 得电自锁，YA_1、YA_3 得电，电磁阀 1HF、2HF 推向右，

于是变量泵打出的压力油经过 1HF、2HF 直接流入油箱，滑台快进。

(3) 滑台一次工进。滑台挡铁压下 SQ_3，KA_2 得电自锁，YA_3 断电，2HF 复位，液压油经节流阀 1L 流入油箱，滑台实现一次工进。

(4) 滑台二次工进。滑台挡铁压下 SQ_4，KA_3 得电自锁，YA_4 得电，3HF 推向左，液压油经节流阀 1L、2L 流入油箱，滑台实现二次工进，二次工进速度由两个节流调速阀调整，比一次工进速度慢。

(5) 滑台快退。滑台挡铁压下 SQ_5，KA_4 得电，YA_2、YA_3 得电，YA_1、YA_4 断电，滑台快退。退到原位时，压下 SQ_1，YA_2 断电，滑台停止。

实 训 操 作

1．实训目的

(1) 掌握机械动力滑台控制电路的安装。

(2) 会用万用表检测控制电路，会排除电路故障。

2．实训器材

接触器、热继电器、熔断器、断路器、按钮、电动机、端子排、行程开关、电工常用工具、万用表、导线、制动电磁铁、回路标号管、电工装配实训台。

3．实训内容

按行程原则控制的机械动力滑台电气线路的安装及调试。

4．实训步骤

(1) 设计并画出按行程原则控制的机械动力滑台电气线路安装图。

(2) 根据所画的安装图进行电路安装。

(3) 用万用表，使用"电阻法"检测控制电路是否正确。

(4) 在教师指导下，通电试车。

5．实训考核

考核项目	考核内容	配 分	考核要求及评分标准	得 分
电器安装	元器件的安装	10	元器件安装到位 10 分	
布 线	主电路连接 控制电路连接	20	电动机的连接、主电路连接到位 10 分 控制电路连接 10 分	
通电试验	系统组成 系统运行 运行结果分析	30	能说明系统组成 10 分 系统运行正常 10 分 会分析运行结果 10 分 定额时间为 4 小时，每超 5 分钟扣 5 分	
实训报告	完成情况	40	实训报告完整、正确 40 分	

课 后 练 习

1. 组合机床的电气控制系统有何特点？

2. 动力头和动力滑台有何区别？

3. 试设计一机械动力滑台的控制电路，要求实现滑台快进——工进——快退的工作循环，其中 SQ_1 为原位行程开关，SQ_2 为快进转工进的行程开关，SQ_3 为终点行程开关，SQ_4 为限位保护开关，并具有必要的保护环节。

项目 17

桥式起重机的电气控制

知识要求

- 掌握桥式起重机的结构、组成、电气运行特点。
- 掌握桥式起重机的控制原理、控制电路的构成。

技能要求

- 掌握桥式起重机电器设备的维护和检修方法。
- 掌握使用万用表检测电路并能排除电路故障。

起重机是用来在短距离内提升和移动物件的机械，俗称天车。它广泛应用于工矿企业、港口、车站、建筑工地等，对减轻工人体力劳动，提高劳动生产率起着重要作用。它的类型很多，常用的可分为两大类，即多用于厂房内移行的桥式起重机和主要用于户外的旋转式起重机。

起重机虽然种类很多，但从结构上看，都具有提升机构和移行机构。其中，桥式起重机具有一定的典型性和广泛性，尤其在冶金和机械制造企业中，各种桥式起重机获得广泛的应用。

桥式起重机由桥架(又称大车)、小车及提升机构三部分组成，如图 17-1 所示。桥架沿着车间起重机梁上的轨道纵向移动，小车沿着桥架上的轨道横向移动，提升机构安装在小车上，上下运动。根据工作需要，可安装不同的取物装置，例如吊钩、抓斗起重电磁铁、夹钳等。

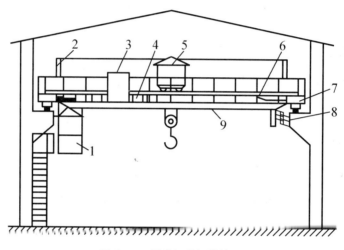

图 17-1　桥式起重机结构图

1—驾驶室　2—辅助滑线架　3—交流磁力控制器　4—电阻箱
5—起重小车　6—大车拖动电动机　7—横梁　8—主滑线　9—主梁

学习情景 17.1　桥式起重机的运行特点

【问题的提出】

要掌握桥式起重机控制原理，首先必须了解桥式起重机对电力拖动的要求以及电动机的工作状态。由于桥式起重机上升与下降货物的要求，其电气运行相比较其他电动机具有特殊性。

【相关知识】

1. 桥式起重机对电力拖动的要求

1)　起重用电动机的特点

起重机的工作环境比较恶劣，尤其是炼钢、铸造、热轧等车间的起重机，由于它处于车间上部，经常工作在高温多尘、烟雾大、温度高的场合下。

起重机的工作频繁，时开时停，每小时接电次数多，其负载性质为重复短时工作制。因此，所用电动机经常处于起动、调速、制动和正、反转工作状态，负载很不规律，时轻时重，经常要承受较大的过载和机械冲击。

根据不同的要求，有些起重机大车上安装两台小车，也有的在小车上安装两个提升机构，分为主提升(主钩)和辅助提升(副钩)，小车机构传动系统如图 17-2 所示。

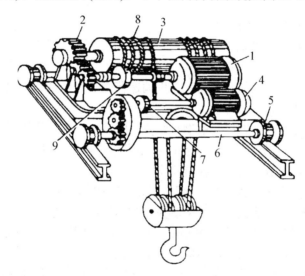

图 17-2　小车机构传动系统图

1—提升电动机　2—提升机构减速器　3—卷筒　4—小车电动机　5—小车走轮

6—小车车轮轴　7—小车制动轮　8—升降钢丝绳　9—提升机构制动轮

起重机要求有一定的调速范围，所以，要求电动机能够变速，但对调速的平滑性一般要求不高。为此，专门设计制造了冶金—起重用电动机，其特点如下。

(1)　按重复短时工作制制造，因此，其容量是按重复短时工作状态来选定的，用负载持续率来表示工作的繁重程度

$$ZC\% = t_g/(t_g + t_o) \qquad (17\text{-}1)$$

式中：ZC —— 为负载持续率；

　　　t_g —— 工作时间(min)；

　　　t_o —— 休息时间(min)。

一个周期 $T = t_g + t_o \leqslant 10\text{min}$，我国规定标准负载持续率有 15%、25%、40%、60% 几种。

(2) 具有较大的起动转矩和较大的最大转矩，以适应频繁的重负载下起动、制动和反转与经常过载的要求。

(3) 具有细长的转子，其长度与直径之比(L/D)较大，所以电动机转子转动惯量 GD^2 较小，以得到较小的加速时间和较小的起动损耗。

(4) 制造成封闭式，具有加强的机械结构，较大的气隙，以适应使用于多粉尘场合和较大的机械冲击。

(5) 采用较高的耐热绝缘等级，允许温升高。

我国生产的冶金—起重用电动机，分交流和直流两大类。交流起重机有 JZR 及 JZ2 两种型号，前者为绕线型，后者为笼型。由于机械强度大，过载能力强，定子与转子间隙大，所以空载电流大，机械特性软。目前还生产新系列的电动机，有 YZR 和 YZ 系列，前者为绕线型，后者为笼型。直流电动机有 ZZK 及 ZZ 系列，都有并励、串励和复励三种励磁方式，全封闭式结构，额定电压有 220V 和 440V 两种，功率在 100kW 以下，负载持续率定为 25%。

2) 提升机构对电力拖动的要求

(1) 空钩能快速升降，以减小辅助工时，轻载时的提升速度应大于额定负载时的提升速度。

(2) 应具有一定的调速范围，普通起重机调速范围一般为 3：1，要求较高的起重机，其调速范围可达(5～10)：1。

(3) 具有适当的低速区。当提升重物开始或下降重物到预定位置附近时，都要求低速。为此，往往在 30%额定速度内分成若干挡，以便灵活选择，所以，由低速向高速过渡，或从高速向低速过渡，应逐渐变速，以保持稳定运行。

(4) 提升的第一挡应作为预备挡，用以消除传动间隙，将钢绳张紧，避免过大的机械冲击。预备挡的起动转矩不能大，一般限制在额定转矩的一半以下。

(5) 下降时，根据负载的大小，电动机可以是电动状态，也可以是倒拉反接制动状态或再生发电制动状态，以满足对不同下降速度的要求。

(6) 为保证安全可靠地工作，应采用电气制动与机械抱闸制动同时应用，以减少抱闸的磨损，但无论有无电气制动，都要有机械抱闸，以免在电源故障时造成在无制动力矩作用下，重物自由下落。

3) 移行机构对电力拖动的要求

大车移行机构和小车移行机构对电力拖动的要求比较简单，只要求有一定的调速范围，分几挡控制即可。起动的第一挡也作为预备挡，以消除起动时的机械冲击，所以起动转矩也限制在额定转矩的一半以下。为实现准确停车，增加电气制动，同样可以减轻机械抱闸的负担，减少机械抱闸的磨损，提高制动的可靠性。

2．桥式起重机的主要技术参数

1) 额定起重量

额定起重量是指起重机实际允许起吊的最大负荷量，以吨(t)为单位。我国生产的桥式起重机起重量有 5t、10t、15/3t、20/5t、30/5t、50/10t、75/20t、100/20t、125/20t、150/30t、200/30t、250/30t 等。其中，分子为主钩起重量，分母为副钩起重量。

2)　跨度

跨度是指大车轨道中心线间的距离，以米(m)为单位，一般常用的跨度为 10.5m、13.5m、16.5m、19.5m、22.5m、25.5m、28.5m、31.5m 等规格。

3)　提升高度

提升高度是指吊具的上极限位置与下极限位置之间的距离，以米(m)为单位。一般常见的提升高度为 12m、16m、12/14m、12/18m、16/18m、19/21m、20/22m，21/23m，22/26m、24/26m 等。其中，分子为主钩提升高度，分母为副钩提升高度。

4)　移行速度

移行速度是指移行机构在拖动电动机额定转速下运行的速度，以米/分(m/min)为单位。小车移行速度一般为 40～60m/min，大车移行速度一般为 100～135m/min。

5)　提升速度

提升速度是指提升机构在电动机额定转速时，取物装置上升的速度，以米/分(m/min)为单位。一般提升的最大速度不超过 30m/min，依货物性质、重量来决定。

6)　工作类型

起重机按其载重量可分为三级：小型 5～10t，中型 10～50t，重型 50t 以上。

按其负载率和工作繁忙程度可分为以下几种。

(1) 轻级。工作速度较低，使用次数也不多，满载机会也较少，负载持续率约为 15%，如主电室，修理车间用起重机。

(2) 中级。经常在不同负载条件下，以中等速度工作，使用不太频繁，负载持续率约为 25%，如一般机械加工车间和装配车间用起重机。

(3) 重级。经常处在额定负载下工作，使用较为频繁，负载持续率约为 40%以上，如冶金和铸造车间用的起重机。

(4) 特重级。基本上处于额定负载下工作，使用更为频繁，环境温度高。保证冶金车间工艺过程进行的起重机，属于特重级。

3．桥式起重机电动机的工作状态

1)　移行机构电动机的工作状态

移行机构电动机的负载转矩为飞轮滚动摩擦力矩与轮轴上的摩擦力矩之和，这种负载力矩始终是阻碍运动的，所以是阻力转矩。当大车或小车需要来回移行时，电动机工作于正、反向电动状态。

2)　提升机构电动机的工作状态

提升机构电动机的负载除一小部分由于摩擦产生的力矩外，主要是由重物和吊钩产生的重力矩，这种负载当提升时都是阻力负载，下降时多是动力负载，而在轻载或空钩下降时，是阻力负载或是动力负载，要视具体情况而定，所以提升机构电动机工作时，由于负载情况不同，工作状态也不同。

(1) 提升时电动机的工作状态。

提升重物时，电动机承受两个阻力转矩，一个是重物的自重产生的重力转矩 T_g；另一个是在提升过程中传动系统存在的摩擦转矩 T_f，当电动机产生的电磁转矩克服阻力转矩时，重物将被提升，电动机处于电动状态，以提升方向为正向旋转方向，则电动机处于正转电动状态，如图 17-3 所示，工作在第一象限，当 $T_e=T_g+T_f$ 时，电动机稳定运行在 n_a 转速下。

电动机起动时，为获得较大的起动转矩并减小起动电流，采用直流电动机拖动的，则在电枢上串联电枢电阻；采用交流绕线转子感应电动机拖动的，则在转子串联转子电阻，然后依次切除，使电动机转速逐渐升高，达到要求的提升速度为止。

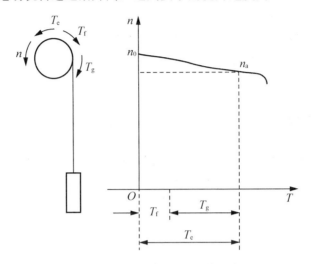

图 17-3　提升时电动机工作状态

(2)　下降时电动机的工作状态，如图 17-4 所示。

①　重物下降。当下放重物时，若负载较重，$T_g \geq T_f$ 时，为获得较低的下降速度，需将电动机按正转提升方向接线，则电动机的电磁转矩 T_e 与重力转矩 T_g 方向相反，电磁转矩成为阻碍下降的制动转矩，当 $T_g=T_f+T_e$ 时，电动机稳定运行在 $-n_a$ 转速下，电动机处于倒拉反接制动状态，如图 17-4(a)所示，工作在第四象限。此时直流电动机电枢或交流绕线转子感应电动机的转子应串联较大的电阻。

②　轻载下降。轻载下降时，可能有两种情况，一种情况是 $T_g<T_f$；另一种情况是 T_g 很小，但仍大于 T_f。

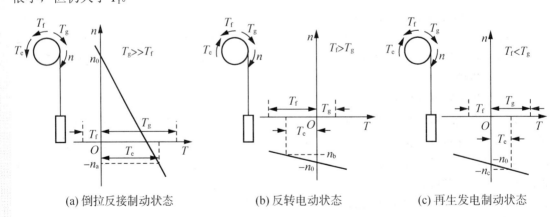

(a) 倒拉反接制动状态　　　　(b) 反转电动状态　　　　(c) 再生发电制动状态

图 17-4　下降时电动机工作状态

当 $T_g<T_f$ 时，由于负载的重力转矩小于摩擦转矩，所以依靠负载自身重量不能下降，电动机产生的电磁转矩必须与重力转矩方向相同，以克服摩擦转矩，强迫负载(或空钩)下降，电动机处于反转电动状态，在 $T_e+T_g=T_f$ 时，电动机稳定运行在 $-n_b$ 转速下，如图 17-4(b)所示，工作在第三象限，也称强力(或加力)下降。

当 $T_g>T_f$ 时，虽然负载很小，但重力转矩仍大于摩擦转矩，当电动机按反转接线时，则电动机的电磁转矩与重力转矩方向相同，在 T_e 与 T_g 的共同作用下，使电动机加速，当 $n=n_0$ 时，电磁转矩为零，但在重力转矩作用下，电动机仍加速，使 $n>n_0$ 电动机处于反向再生发电制动状态；当 $T_f+T_e=T_g$ 时，电动机稳定在 $-n_c$ 转速下运行，如图 17-4(c)所示，工作在第四象限，$n_c>n_0$，此时，要求电动机的机械特性硬些，以免下降速度过高。因此，再生发电制动状态时，直流电动机电枢回路或交流绕线转子感应电动机转子回路不允许串电阻。

学习情景 17.2 桥式起重机的控制电路分析

【问题的提出】

了解桥式起重机对电力拖动的要求以及电动机的工作状态后，需要掌握桥式起重机正常工作时各部分的运行情况，主要有小车、大车、主副钩、制动器、保护箱等部分。

【相关知识】

1. 凸轮控制器控制的小车移行机构控制电路

1) 凸轮控制器的结构、型号及主要性能

凸轮控制器是用来改变电动机起动、调速及换向的电器。与其他手动控制设备相比，其优点是轻便地转动控制器的手柄，便可以得到电动机的各种连接线路，以使各项操作按规定的程序进行。

凸轮控制器的内部构造由固定部分和转动部分组成。固定部分装有一排对接的滚动触点，借助于转动部分绝缘轴上的凸轮使它们接通或断开。转动部分的绝缘轴靠手轮带动旋转，它一部分触点接在电动机的主电路中，一部分接在控制线路中。图 17-5 所示是凸轮控制器触点元件的动作原理图，触点元件由不动部分和可动部分组成。静触点为不动部分，可动部分是曲折的杠杆，杠杆的一端装有动触点，另一端装有小轮。当转轴转动时，凸轮随绝缘方轴转动，当凸轮的凸起部分压下小轮时，动触点与静触点分开，分断电路，而转轴带动凸轮转动到接近凹部时，小轮重新嵌入凸轮凹部，在复位弹簧作用下，触点恢复到接通位置。在方轴上叠装不同形状的凸轮和定位棘轮，可使一系列的动、静触点按预先规定的顺序接通或分断电路，达到控制电动机进行起动、运转、反转、制动、调速等目的。

当凸轮控制器切断电动机定子电路时，在动触点和静触点间要产生电弧，为了防止电

弧从一个触点跳到另一个触点，在各接触元件间装有用耐火绝缘材料制成的灭弧罩，灭弧罩所形成的空间称为灭弧室，但控制电动机转子部分的触点元件没有灭弧罩。

凸轮控制器在每一个转动方向上，一般有 4～8 个确定位置，手轮的每一个位置对应于一定的连接线路。手轮附近装有指示控制器位置的针盘，各个位置由棘轮定位机构来固定。定位机构不仅保证触点能正确地停留在需要的工作位置，而且在触点分断时能帮助触点加速离开。

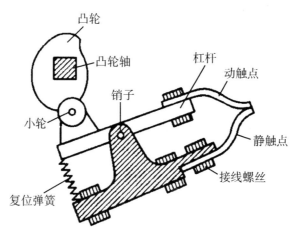

图 17-5 凸轮控制器触点元件动作原理图

目前起重机常用的凸轮控制器有 KT10、KT12、KT14 和 KTJ1 系列，型号意义如图 17-6 所示。

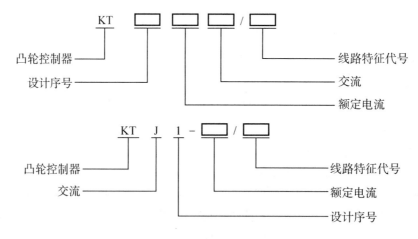

图 17-6 凸轮控制器型号意义

凸轮控制器按重复短时工作制设计，其负载持续率为 25%，如果用于间断长期工作制时，其发热电流不应大于额定电流。凸轮控制器 KT10、KT14 技术数据见表 17-1，其额定电压为 380V。

表 17-1　凸轮控制器主要技术数据

型　号	额定电流(A)	工作位置数		触点数	所能控制电动机功率		使用场合
		左	右		厂家规定	设计手册推荐	
KT10-25J/1	25	5	5	12	11	7.5	控制一台绕线转子感应电动机
KT10-25J/2	25	5	5	13	*	2×7.5	同时控制两台绕线转子感应电动机定子回路
KT10-25J/3	25	1	1	9	5	3.5	控制一台笼型感应电动机
KT10-25J/5	25	5	5	17	2×5	2×3.5	同时控制两台绕线转子感应电动机
KT10-25J/7	25	1	1	7	5	3.5	控制一台转子串频敏变阻器绕线转子感应电动机
KT10-60J/1	60	5	5	12	30	22	同 KT10-25J/1
KT10-60J/2	60	5	5	13	*	2×16	同 KT10-25J/2
KT10-60J/3	60	1	1	9	16	11	同 KT10-25J/3
KT10-60J/5	60	5	5	17	2×11	2×11	同 KT10-25J/5
KT10-60J/7	60	1	1	7	16	11	同 KT10-25J/7
KT14-25J/1	25	5	5	12	12.5	7.5	同 KT10-25J/1
KT14-25J/2	25	5	5	17	2×6.5	2×3.5	同 KT10-25J/5
KT14-25J/3	25	1	1	7	8	3.5	同 KT10-25J/7

注：*由定子回路接触器功率而定。

控制器在线路原理图上是以圆柱表面的展开图来表示的，其表示方法与主令控制器类似。竖虚线为工作位置，横虚线为触点位置，在横竖两条虚线的交点处若用黑圆点标注，则表明控制器在该位置这一触点是闭合接通的，若无黑圆点标注，则表明该触点在这一位置是断开的。

2)　小车移行机构控制电路

图 17-7 所示为 KT10-25J/1、KT14-25J/1 型凸轮控制器控制的小车移行机构控制电路原理图。

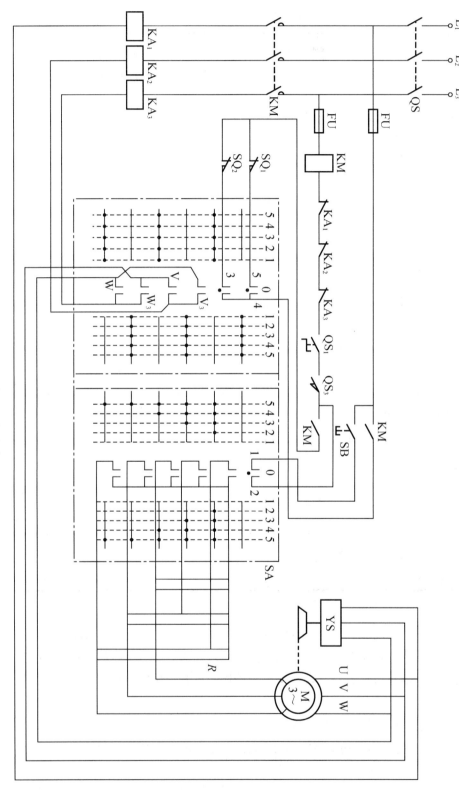

图 17-7　凸轮控制器控制电路原理图

（1）　电路特点。

①　可逆对称线路。凸轮控制器左右各有 5 个位置，采用对称接法，即凸轮控制器的手柄处在正转和反转对应位置时，电动机的工作情况完全相同。

②　采用凸轮控制器控制绕线转子感应电动机转子电路电阻切换，为了减小控制转子电阻触点的数量，转子电路串接不对称电阻。

（2）　控制电路分析。

由图 17-7 可知，凸轮控制器共有 12 对触点，凸轮控制器在零位时有 3 对触点，其中 1 对触点用来保证零位起动，另外两对除保证零位起动外还配合两个运动方向的行程开关 SQ_1、SQ_2 来实现限位保护。在电动机定子和转子回路中共用了凸轮控制器的 9 对触点，其中 4 对触点用于定子电路中，控制电动机的正转与反转运行，5 对触点用于切换转子电路电阻，限制电动机电流和调节电动机转速。

控制电路中设有三个过电流继电器 $KA_1 \sim KA_3$ 实现过电流保护，通过紧急事故开关 QS_1 实现紧急事故保护，通过舱口开关 SQ_3 实现大车顶上无人且舱口关好后才能开车的安全保护。此外还有三相电磁抱闸 YB 对电动机进行机械制动，实现准确停车，YB 通电时，电磁铁吸动抱闸使之松开。

当凸轮控制器手柄置"0"位置时，合上电源开关 QS，按下起动按钮 SB 后，接触器 KM 接通并自锁，做好起动准备。

当凸轮控制器手柄向右方各位置转动时，对应触点两端 W 与 V_3 接通，V 与 W_3 接通，电动机正转运行。手柄向左方各位置转动时，对应触点两端 V 与 V_3 接通，W 与 W_3 接通。可见，接到电动机定子的两相电源对调，电动机反转运行，从而实现电动机正转与反转控制。

当凸轮控制器手柄转动在"1"位置时，转子电路外接电阻全部接入，电动机处于最低速运行。手柄转动在"2"、"3"、"4"、"5"位置时，依次短接(即切除)不对称电阻，如图 17-8(a)、(b)、(c)、(d)所示，电动机转子转速逐步升高，因此通过控制凸轮控制器手柄在不同位置，可调节电动机转速，获得如图 17-9 所示机械特性。取第一挡起动的转矩为 $0.75T_N$，作为切换转矩(满载起动时作为预备级，轻载起动时作为起动级)。凸轮控制器分别转动到"1"、"2"、"3"、"4"、"5"位置时，分别对应图 17-9 中的机械特性曲线"1"、"2"、"3"、"4"、"5"。手柄在"5"位置时，转子电路外接电阻全部切除，电动机运行在固有的机械特性曲线上。

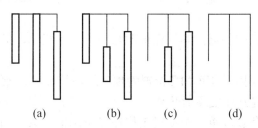

图 17-8　凸轮控制器转子电阻切换情况

在运行中若将限位开关 SQ_1 或 SQ_2 撞开，将切断线路接触器 KM 的控制电路，KM 失电，电动机电源切除，同时电磁抱闸 Y_1 断电，制动器将电动机制动轮抱住，达到准确停车，防止越位而发生事故，从而起到限位保护作用。

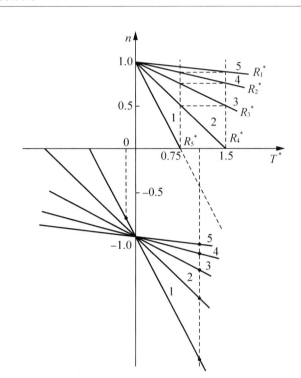

图 17-9 凸轮控制器控制电动机的机械特性

在正常工作时,若发生停电事故,接触器 KM 断电,电动机停止转动。一旦重新恢复供电,电动机不会自行起动,而必须将凸轮控制器手柄扳回到"0"位,再次按下起动按钮 SB,再将手柄转动至所需位置,电动机才能再次起动工作,从而防止了电动机在转子电路外接电阻切除情况下自行起动,产生很大的冲击电流或发生事故,这就是零位触点(1-2)的零位保护作用。

2.凸轮控制器控制大车移行机构和副钩控制情况

应用在大车上的凸轮控制器,其工作情况与小车工作情况基本相似,但被控制的电动机容量和电阻器的规格有所区别。此外,控制大车的一个凸轮控制器要同时控制两台电动机,因此选择比小车凸轮控制器多 5 对触点的凸轮控制器,如 KT14-60J/2,以切除第二台电动机的转子电阻。

应用在副钩上的凸轮控制器,其工作情况与小车基本相似,但提升与下放重物,电动机处于不同的工作状态。

提升重物时,控制器手柄的第"1"位置为预备级,用于张紧钢丝绳,在第"2"、"3"、"4"、"5"位置时,提升速度逐渐升高。

放下重物时,由于负载较重,电动机工作在发电制动状态,为此操作重物下降时应将控制器手柄从零位迅速扳到第"5"位置,中间不允许停留。往回操作时也应从下降第"5"挡快速扳到零位,以免引起重物的高速下落而造成事故。

对于轻载提升,手柄第"1"位置变为起动级,第"2"、"3"、"4"、"5"位置提升速度逐渐升高,但提升速度变化不大。下降时吊物太轻而不足以克服摩擦转矩时,电动机工作在强力下降状态，即电磁转矩与重物重力矩方向一致帮助下降。

由以上分析可知，凸轮控制器控制电路不能获得重物或轻载时的低速下降。为了获得下降时的准确定位，采用点动操作，即将控制器手柄在下降到第"1"位置时与零位之间来回操作，并配合电磁抱闸来实现。

在操作凸轮控制器时还应注意：当将控制器手柄从左向右扳，或从右向左扳时，中间经过零位时，应略停一下，以减小反向时的电流冲击，同时使转动机构得到较平稳的反向过程。

3．保护箱电气原理分析

采用凸轮控制器、凸轮或主令控制器控制的交流桥式起重机，广泛使用保护箱来实现过载、短路、失压、零位、终端、紧急、舱口栏杆安全等保护。该保护箱是为凸轮控制器操作的控制系统进行保护而设置的。保护箱由刀开关、接触器、过电流继电器、熔断器等组成。

1）　保护箱类型

桥式起重机上用的标准型保护箱是 XQB1 系列，其型号及所代表的意义如下。

| 1 | 2 | 3 | 4 | —— | 5 | 6 | / | 7 |

①　结构形式：X 表示箱。

②　工业用代号：Q 表示起重机。

③　控制对象或作用：B 表示保护。

④　设计序号：以阿拉伯数字表示。

⑤　基本规格代号：以接触器额定电流安培数来表示。

⑥　主要特征代号：以控制绕线转子感应电动机和传动方式来区分，加 F 表示大车运行机构为分别驱动。

⑦　辅助规格代号：1～50 为瞬时动作过电流继电器，51～100 为反时限动作过电流继电器。

XQB1 保护箱的分类和使用范围见表 17-2。

表 17-2　XQB1 系列起重机保护箱的分类

型　号	所保护电动机台数	备　注
XQB1 - 150 - 2/□	二台绕线转子感应电动机和一台笼型感应电动机	—
XQB1 - 150 - 3/□	三台绕线转子感应电动机	—
XQB1 - 150 - 4/□	四台绕线转子感应电动机	—
XQB1 - 150 - 4F/□	四台绕线转子感应电动机	大车分别驱动
XQB1 - 150 - 5F/□	五台绕线转子感应电动机	大车分别驱动
XQB1 - 250 - 3/□	三台绕线转子感应电动机	—
XQB1 - 250 - 3F/□	三台绕线转子感应电动机	大车分别驱动
XQB1 - 250 - 4/□	四台绕线转子感应电动机	—

型　　号	所保护电动机台数	备　注
XQB1 - 250 - 4F/□	四台绕线转子感应电动机	大车分别驱动
XQB1 - 600 - 3/□	三台绕线转子感应电动机	—
XQB1 - 600 - 3F/□	三台绕线转子感应电动机	大车分别驱动
XQB1 - 600 - 4F/□	四台绕线转子感应电动机	大车分别驱动

2) XQB1 系列保护箱电气原理图分析

(1) 主回路原理图。

图 17-10 所示为 XQB1 系列保护箱的主回路原理图，由它来实现用凸轮控制器控制的大车、小车和副钩电动机的保护。

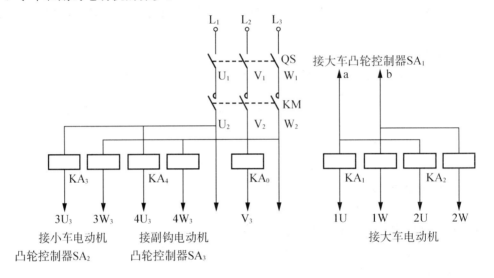

图 17-10　XQB1 保护箱主回路原理图

在图 17-10 中，QS 为总电源刀开关，用来在无负荷的情况下接通或者切断电源；KM 为线路接触器，用来接通或分断电源，兼作失压保护；KA_0 为凸轮控制器操作的各机构拖动电动机的总过电流继电器，用来保护电动机和动力线路的一相过载和短路；KA_3、KA_4 分别为小车和副钩电动机过电流继电器，KA_1、KA_2 为大车电动机的过电流继电器，过电流继电器的电源端接至大车凸轮控制器触点下端，而人车凸轮控制器的电源端接至线路接触器 KM 下面的 U_2、W_2 端。$KA_1 \sim KA_4$ 过电流继电器是双线圈式的，分别作为大车、小车、副钩电动机两相过电流保护，其中任何一线圈电流超过允许值都能使继电器动作并断开它的常闭触点，使线路接触器 KM 断电，切断总电源，起到过电流保护作用。主钩电动机使用 PQR10A 系列控制屏，控制屏电源由 U_2、W_2 端获得，主钩电动机 V 相接至 V_3 端。

在实际应用中，当某个机构(小车、大车、副钩等)的电动机使用控制屏控制时，控制屏电源自 U_2、V_3、W_2 获得。XQB1 保护箱主回路的接线情况如下。

① 大车由两台电动机拖动，将图 17-10 中的 $1U$、V_3、$1W$ 和 $2U$、V_3、$2W$ 分别接到两台电动机的定子绕组上。U_2、W_2 经大车凸轮控制器接至图 17-10 中的 a、b 端。

② 将图 17-10 中的 $3U_3$、$3W_3$ 经小车凸轮控制器 SA_2 接至小车电动机定子绕组的两相上，V_3 直接接至另一相上。

③ 将图 17-10 中的 $4U_3$、$4W_3$ 经副钩凸轮控制器 SA_3 接至副钩电动机定子绕组的两相上，V_3 直接接至另一相上。

④ 主钩升降机构的电动机是采用主令控制器和接触器进行控制的。接线时将图 17-10 中的 U_2、W_2 经过电流继电器、两个接触器(按电动机正、反转接线)接至电动机的两相绕组上，V_3 直接接至另一相绕组上。

另外，各绕线转子感应电动机转子回路的接线分别与图 17-7 和图 17-10 类似。

(2) 控制回路原理图。

图 17-11 所示为 XQB1 保护箱控制回路原理图。

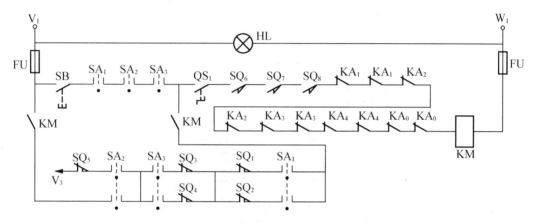

图 17-11 XQB1 保护箱控制回路原理图

在图 17-11 中，HL 为电源信号灯，指示电源通断。QS_1 为紧急事故开关，在出现紧急情况下切断电源。$SQ_6 \sim SQ_8$ 为舱口门、横梁门安全开关，任何一个门打开时起重机都不能工作。$KA_0 \sim KA_4$ 为过电流继电器的触点，实现过载和短路保护。SA_1、SA_2、SA_3 分别为大车、小车、副钩凸轮控制器零位闭合触点，每个凸轮控制器采用了三个零位闭合触点，只在零位闭合的触点与按钮 SB 串联；用于自锁回路的两个触点，其中一个为零位和正向位置均闭合，另一个为零位和反向位置均闭合，它们和对应方向的限位开关串联后并联在一起，实现零位保护和自锁功能。SQ_1、SQ_2 为大车移行机构的行程限位开关，装在桥梁架上，挡铁装在轨道的两端；SQ_3、SQ_4 为小车移行机构行程开关，装在桥架上小车轨道的两端，挡铁装在小车上；SQ_5 为副钩提升限位开关。这些行程开关实现各自的终端保护作用。KM 为线路接触器，KM 的闭合控制着主钩、副钩、大车、小车的供电。

当三个凸轮控制器都在零位；舱门口、横梁门均关上，$SQ_6 \sim SQ_8$ 均闭合；紧急开关 QS_1 闭合；无过电流，KA_0、$KA_1 \sim KA_4$ 均闭合时按下起动按钮，线路接触器 KM 通电吸合且自锁，其主触点接通主电路，给主、副钩及大车、小车供电。

当起重机工作时，线路接触器 KM 的自锁回路中，并联的两条支路只有一条是通的，例如小车向前时，控制器 SA_2 与 SQ_4 串联的触点断开，向后限位开关 SQ_4 不起作用；而 SA_2 与 SQ_3 串联的触点仍是闭合的，向前限位开关 SQ_3 起限位作用等。

当线路接触器 KM 断电切断总电源时，整机停止工作。若要重新工作，必须将全部凸轮控制器手柄置于零位，电源才能接通。

(3) 照明及信号回路原理图。

图 17-12 所示为保护箱照明及信号回路原理图。

在图 17-12 中，QS_1 为操纵室照明开关，S_3 为大车向下照明开关，S_2 为操纵室照明灯 EL_1 开关，SB 为音响设备 HA 的按钮。EL_2、EL_3、EL_4 为大车向下照明灯，XS_1、XS_2、XS_3 为手提检修灯，电风扇插座。除大车向下照明为 220V 外，其余均由安全电压 36 V 供电。

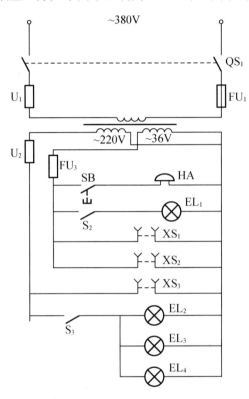

图 17-12　保护箱照明及信号回路原理图

3) 过电流继电器

由于过电流继电器是一种自动控制电器，即电流动作之后能自动恢复到原来的工作状态；而熔断器烧毁之后必须更换熔体，所以对工作频繁的起重机各机构多采用过电流继电器作为短路保护电器。

在起重机上常用的过电流继电器有瞬时动作和反时限动作(延时动作)两种类型。瞬时动作的过电流继电器有 JL5、JL15 系列，作为起重机电动机的短路保护，反时限动作的过电流继电器有 JL12 系列，可作为起重机电动机的过载和短路保护。

图 17-13 所示为 JL12 系列过电流继电器的结构图。它由螺管式电磁系统、阻尼系统和触点系统三部分组成。螺管式电磁系统包括线圈、磁轭及封口塞；阻尼系统包括装有阻尼剂(硅油)的导管(油杯)、动铁芯及动铁芯中的钢珠；触点系统用微动开关。

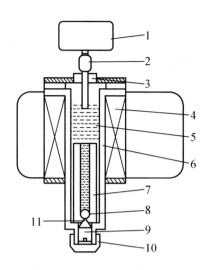

图 17-13　JL12 系列过电流继电器结构图

1—微动开关　2—顶杆　3—封口塞　4—线圈　5—硅油　6—导管(油杯)

7—动铁芯　8—钢珠　9—调节螺钉　10—封帽　11—油孔

JL12 系列过电流继电器有两个线圈，串入电动机定子的两根相线中，线圈中各有可吸上的衔铁，当流过线圈的电流超过一定值时，动铁芯吸上，顶住顶杆打开微动开关，实现保护作用。由于该衔铁置于阻尼剂(硅油)中，当动铁芯在电磁力作用下向上运动时，必须克服阻尼剂的阻力，所以只能缓缓向上移动，直至推动微开关动作。由于有硅油的阻尼作用，继电器具有了反时限保护，即动作时间随过流量的大小而变化，因此，除用作短路保护外，还可兼用过载保护。JL12 系列过电流继电器的反时限特性如表 17-3 所示。

当过电流继电器动作后，电动机故障一旦解除，动铁芯因自重而返回原位。

阻尼剂(硅油)的黏度受周围环境的温度影响，温度升高或降低时，将影响动作的时间。使用时应根据环境温度通过继电器下端的调节螺钉来调整铁芯的上下位置，以达到反时限特性的要求。

过电流继电器的整定值应调整合适，如整定电流过大，不能保护电动机；整定值过小，经常动作。各个电动机的过电流继电器 KA 的整定值为额定电流的 2.25～2.5 倍。总过电流继电器(瞬时动作)的整定值为：2.5 倍的最大一台电动机的额定电流加上其余电动机的额定电流之和。瞬时动作过电流继电器的额定电流及保护范围如表 17-4 所示，JL12 系列过电流继电器的额定电流及保护范围如表 17-5 所示。

表 17-3　JL12 系列过电流继电器的反时限特性

电流(A)	动作时间
I_N	不动作(持续通电 1h 不动作为合格)
$1.5I_N$	小于 3min(热态)
$2.5I_N$	10 ± 6s(热态)
$6I_N$	环境温度大于 0℃，动作时间小于 1s；环境温度小于 0℃，动作时间小于 3s

表 17-4　瞬时动作过电流继电器的额定电流及保护范围

过电流继电器的额定电流(A)		被保护电动机功率范围/kW
JL5	JL15	
6	10	1.0～2.2
15	20	3.5～7.5(6 极)
40	40	7.5(8 极)～16
80	80	20～30

表 17-5　JL12 系列过电流继电器的额定电流及保护范围

过电流继电器的额定电流(A)	被保护电动机功率(kW)	过电流继电器的额定电流(A)	被保护电动机功率(kW)
5	2.2	30	11
10	3.5	40	16
15	5.0	60	22
20	7.5	75	30

4)　行程开关

在起重机上，行程开关按其用途不同可分为限位开关(终点开关)和安全开关(保护开关)两种。限位开关用来限制工作机构在一定允许范围内运行，安装在工作机构行程的终点，如大车、小车、主钩和副钩所用的行程开关；安全开关用来保护人身安全，如桥式起重机在操纵室通往上部大车走台舱口处安装的舱口开关、横梁门开关等。

桥式起重机上应用最多的限位开关为 LX7、LX10、LX22 系列；安全开关为 LX8、LX19系列。其中，LX7 系列行程开关是专门用于起升机构的限位保护开关，主要由触点系统、传动装置和外壳组成。传动装置由蜗轮、蜗杆、凸轮片、动触臂等组成。蜗杆的传动由起升卷筒带动，通过蜗轮、蜗杆在吊钩升到允许高度时，将 LX7 触点断开。而 LX10 系列行程开关由于外形构造不同，可适用于起升、运行等机构的限位保护。LX10-11 和 LX10-12行程开关的外形图见图 17-14。当碰块推压操动臂时，操动臂带动转轴旋转，使常闭触点打开而断电；当碰块松开，操动臂借助于弹簧的作用恢复到原来位置。

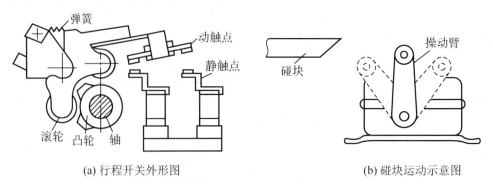

(a) 行程开关外形图　　　　　　　　　　(b) 碰块运动示意图

图 17-14　LX10-11 和 LX10-12 系列行程开关示意图

图 17-15 所示为 LX10-31 和 LX10-32 行程开关的外形图。它具有带平衡重块的杠杆操动臂。重块由于本身的重量将行程开关的右操动臂压向挡板，使触点处于闭合状态。此重块的位置用套环来固定，套环套住挂有吊钩的钢丝绳，当吊钩升到最高点时，角钢碰上重块，并将它提起，而在另一对重块的作用下，使转轴旋转，触点断开。

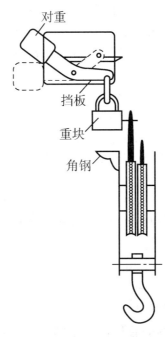

图 17-15　LX10-31 和 LX10-32 行程开关外形图

LX22 系列行程开关也是适用于起升、运行等机构的限位保护开关，其特点为动作速度与操作臂的动作速度无关，其触点分断速度快，有利于电弧的熄灭。其中，LX22-1、LX22-2、LX22-3、LX22-4 常用于平移机构；LX22-5 常用于提升机构。

4．制动器与制动电磁铁

桥式起重机是一种间歇工作的设备，经常处在起动和制动状态；另外，为了提高生产率，缩短非生产的停车时间，以及准确停车和保证安全，常采用电磁抱闸。电磁抱闸由制动器和制动电磁铁组成，它既是工作装置又是安全装置，是桥式起重机的重要部件之一。平时制动器抱紧制动轮，当起重机工作电动机通电时才松开，因此在任何时候停电都会使制动器闸瓦抱紧制动轮，实现机械制动。

1）制动器分类

制动器按结构可以分为两种：①块式制动器，按其作用原理有重物式和弹簧式两种；②带式制动器。

2）制动电磁铁分类

制动器按励磁电流种类可以分为以下两种。

(1) 交流制动电磁铁。单相有 MZD1 系列；三相有 MZS1 系列，可以接成星形或三角形与电动机并联。

从结构上看，可分为长行程和短行程两种，交流电磁铁的接通次数与它的行程长短有关，当电磁铁开始通电时，气隙大，冲击电流可达额定电流的 10～20 倍，因而要增加接电次数，就必须调小最大行程，以降低线圈的冲击电流。

(2) 直流制动电磁铁。有 MZZ1、MZZ2 系列，按励磁方式分为以下几种。

串励电磁铁。与电动机串联，线圈电感小，动作快，但它的吸力受电动机负载电流的影响，很不稳定，所以在选择电磁铁时，其吸力应有足够的余量，以便在小负载时，仍有足够的吸引力。例如，在提升机构中，应保持在 $40\%I_N$ 时仍能吸合，移行机构为 $60\%I_N$(其中 I_N 为额定电流)。因此，串联电磁铁多用于负载变化较小的大车和小车移行机构中。由于与电动机串联，在电动机断电时，电磁铁也断电，能立即刹车，所以串励电磁铁可靠性高。

并励电磁铁。与电动机并联，线圈匝数多，电感大，因而动作缓慢，但它的吸力不受负载变化的影响，所以可靠性没有串励电磁铁高。

从衔铁行程来看，也有长行程和短行程两种。长行程电磁铁由于杠杆具有较大的力臂，宜用于需要较大制动转矩的场合，但力矩过大，会使杠杆铰接处磨损，机构变形，降低了可靠性，同时，制动器尺寸比较大，松闸与放闸缓慢，工作准确性较差，适用于要求较大制动力矩的提升机构上。短行程制动电磁铁的特性与长行程正好相反，适用于要求制动转矩较小的移行机构上。

3) 制动器与制动电磁铁配合应用

(1) 交流 MZS1 系列制动电磁铁。

交流 MZS1 系列电磁铁，衔铁的运动方式为抽吸式直线运动，E 形铁芯上绕有三相励磁线圈，这类电磁铁的特点是吸力大，行程长，动作时间长，接电瞬间电流较大，可达 15IN，故接电次数不能多，多与重物式制动器配合使用，用于要求制动力矩大的提升机构上。

(2) 交流 MZD1 系列制动电磁铁。

交流 MZD1 系列电磁铁，衔铁运动方式为转动式，单相励磁线圈与短路环套在π形铁芯上，行程短。这类电磁铁的特点是吸力较小，动作迅速，接电瞬间电流小，宜于与小型弹簧式制动器配合使用，多用于起重较小的大车和小车移行机构上。

(3) 直流长行程 MZZ2 系列电磁铁。

直流长行程 MZZ2 系列电磁铁由于交流电磁铁的接电次数受限制，而且工作可靠性较差，不宜用在工作频繁的场合，因此，需采用直流电磁铁，其衔铁的运行方式为抽吸式直线运动，其运动速度可用螺栓改变套筒的气孔大小来调整。这种电磁铁的吸力大，接电次数多，但行程长，动作慢，多与大型重物式制动器配合使用，用于起重量大，接电次数多，要求较高的提升机构。

(4) 直流短行程 MZZ1A 系列电磁铁。

直流短行程 MZZ1A 系列制动电磁铁在冶金企业中得到广泛应用，它与带式制动器配合使用，其动作原理如图 17-16 所示，线圈 1 装在磁轭内的铁芯 2 上，衔铁 3 的右端与 T 形杠杆 4 的左端固定在一起，并套在固定轴 5 上，T 形杠杆 4 的右端与上闸带的左端铰链，下端则与三角形杠杆 6 在轴 7 处相铰链。三角形杠杆 6 的另外两角分别与固定轴 8、下闸带的左端铰链。T 形杠杆、三角形杠杆和主弹簧 9 套在枢杆 10 上，上下闸带的右端则在轴 11

处相铰链。轴 11 在弹簧 12 的作用下推向右方。图 17-16 所示为衔铁未吸上时制动轮闸位状态。如线圈通电，则衔铁闭合，轴心 7 将向右移，T 形杠杆 4 以轴 5 为心，逆时针转动少许，上闸带上行，而三角形杠杆则以轴 8 为心，顺时针方向转动少许，使弹簧 9 压缩，下闸带下行而放松，轴 11 在弹簧 12 的作用下向右移动，使得整个闸带离开制动轮，因而松闸，当线圈再断电时，衔铁 3 释放，在主弹簧 9 的作用下，使得 T 形杠杆和三角形杠杆的右端向一起靠拢。因此，上下闸带紧压在制动轮上进行刹车，转动枢杆 10 上的螺帽可以调整制动力矩的大小。

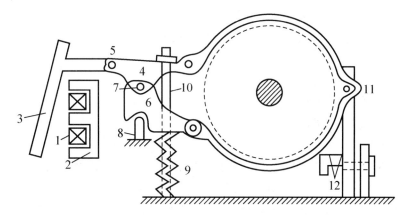

图 17-16　MZZ1A 系列电磁铁

1—线圈　2—铁芯　3—衔铁　4—T 形杠杆　5—固定轴　6—三角形杠杆　7—杠杆铰链轴
8—固定轴　9—主弹簧　10—枢杆　11—上、下闸铰链轴　12—弹簧

4)　制动电磁铁的选择

根据用途和要求(如可靠性、制动时间、接电次数、制动转矩)，可以确定电磁铁的种类，另外还要确定电磁铁的等级、线圈电压和负载持续率，最后才能选出电磁铁的型号和规格。

制动电磁铁的选择方法和步骤如下。

(1)　确定制动转矩。制动器主要是根据制动转矩来选择的，而制动转矩的大小取决于所需的制动时间、允许最大减速度、允许制动行程和安全等。

(2)　根据制动转矩在制动器产目录中选取制动器，并查出制动器的制动直径 D，宽度 B 和闸瓦行程 ε 等，再根据这些数据，求出制动器在制动时所做的功，然后选配与之相应的电磁铁。

(3)　求制动器在抱闸时所做的功。有的制动器目录中给出闸瓦对制动轮的压力 F_N，如果缺乏此数据，可以用下述方法概略求出：

$$T_B = F_f \cdot D = \mu F_N \cdot D \ (\mathrm{N \cdot m}) \tag{17-2}$$

则

$$F_N = T_B / \mu D (\mathrm{N}) \tag{17-3}$$

式中：T_B —— 制动器的制动转矩(N·m)；

$\quad\quad D$ —— 制动轮直径(m)；

$\quad\quad F_f$ —— 闸瓦与制动轮间的摩擦力(N)；

$\quad\quad F_N$ —— 闸瓦对制动轮的压力(N)；

μ——闸瓦与制动轮间的摩擦系数，与闸瓦和制动的材料有关，μ一般在 0.15～0.9 之间。

因此，抱闸所做的功为 $2F_N\varepsilon$，如考虑杠杆机构的损耗，则所需的功应为

$$P=2F_N\varepsilon/\eta \tag{17-4}$$

(4) 选出制动电磁铁。抱闸时制动器所做的功，显然等于松闸时电磁铁所做的功。

对于衔铁做直线运动的电磁铁，有如下关系：

$$F_1hK_1\geqslant 2F_N\varepsilon/\eta$$

即

$$F_1h\geqslant 2F_N\varepsilon/K_1\eta \tag{17-5}$$

对于衔铁作转动运动的电磁铁，则为

$$T_1\phi K_1\geqslant 2F_N\varepsilon/\eta$$

即

$$T_1\phi\geqslant 2F_N\varepsilon/K_1\eta \tag{17-6}$$

式中：F_1 —— 电磁铁的吸力(N)；

h —— 电磁铁衔铁的行程(m)；

T_1 —— 电磁铁转矩(N·m)；

ϕ —— 电磁铁转角(rad)；

K_1 —— 衔铁行程的运用系数，通常取 0.8～0.85，是为闸瓦磨损及杠杆系统变形而储备的；

η —— 制动器杠杆系统的效率，对于铰链连接的结构，通常取 0.9～0.95。

求出 F_1h 或 $T_1\phi$ 后，可以从产品目录中选出相应功的电磁铁，还应考虑接电次数和 ZC% 值。表 17-6～表 17-8 分别为重物—弹簧式制动器、MZD1 系列单相制动电磁铁、MZS1 系列三相电磁铁的技术数据。

表 17-6　重物—弹簧式制动器的技术数据

制动转矩 T_B(N·m)	230	420	720	1350	2800	4100
制动轮直径 D(mm)	150	225	300	400	500	600
制动轮宽 B(mm)	80	100	125	140	150	160
闸瓦间隙 ε(mm)	0.7	0.8	1.0	1.25	1.5	1.5
飞轮力矩 GD^2(N·m²)	0.12	1.2	3.2	11.2	25	—

表 17-7　MZD1 系列单相制动电磁铁的技术数据

型　号	电磁铁转矩(N·m)		衔铁重力转矩(N·m)	回转角度(°)	吸引时电流值(A)
	ZC%=25%	ZC=40%			
MZD1-100	5.5	3	0.5	7.5	0.8
MZD1-200	40	20	3.5	5.5	3
MZD1-300	100	40	9.2	5.5	8

表 17-8　MZS1 系列三项电磁铁的技术数据

形　式	最大吸力(N)	衔铁重(kg)	最大行程(mm)	小时接电次数为 150、300、600 次允许行程(mm)						视在功率(VA)		铁芯合上时有效功率(W)
				ZC%=25%			ZC=40%			接电时	吸合时	
				150	300	600	150	300	600			
MZS1-6	80	2	20	20			20			2700	230	70
MZS1-7	100	2.8	40	40	30	20	40	25	20	7700	500	90
MZS1-15	200	4.5	50	50	35	25	50	35	25	14000	600	125
MZS1-25	350	9.7	50	50	35	25	50	35	25	23000	750	200
MZS1-45	700	19.8	50	50	35	25	50	35	25	44000	2500	600
MZS1-100	1400	42	80	80	55	40	80	50	35	120000	5500	1000

【例 17-1】　某桥式起重机提升机构的电动机为交流绕线转子感应电动机。P_N=60kW，n_N=720r/min，U_N=380V，I_{2N}=160A，负载持续率 ZC%=25%，最大负载转矩等于电动机额定转矩，试选择制动器与制动电磁铁。

电动机的额定转矩：T_N=9550 P_N/ n_N=9550・60/720=795(N・m)

如忽略传动机构的摩擦阻力，则负载在电动机轴上产生的转矩仍为 T_N。提升机构的制动转矩应考虑制动安全系数，所以 T_B=KT_N，按起重设备规定：

轻级工作制　K=1.75

中级工作制　K=2

重级工作制　K=2.5

此起重机为中级工作制，则 T_B=$2T_N$=1590(N・m)，根据制动转矩从表 17-6 中选制动器，应选制动转矩为 2800(N・m)，其中 D=0.5m，ε=0.0015m。

$$F_N = T_B/\mu D=1590/0.45×0.5=7067(N)$$

取 K_1=0.85、η=0.95，则抱闸所做的功为

$$2F_N\varepsilon/ K_1\eta=2×7067×0.0015/0.85×0.95=26.25(N・m)$$

一般交流电动机选交流电磁铁，从产品目录查 MZS1-45 电磁铁，吸引力为 700N，在 ZC%=25%时，最大行程为 0.05m，故在衔铁最大行程时，电磁铁所做的功为：$F×h$=700×0.05(N・m)=35(N・m)>26.25(N・m)。显然，此电磁铁是合适的。

至于 MZZ1A 系列电磁驱动的带式制动器，因为制动电磁铁与制动器组合在一起成套供应，选择是比较简单的，直接从产品目录按 T_B 和 ZC%选择即可。

我国生产的起重机大多数采用电磁铁制动器，此外，还有液压推杆式电磁铁制动器，液压电磁铁实质上是一个直流长行程电磁铁，其特点是动作平稳、无噪声、寿命长、接通次数高，但结构复杂、价格贵，是一种较好的制动装置。常用液压推动器为 YT1 系列，配用制动器为 YWZ 系列，驱动电动机功率有 60W、120W、250W、400W 几种。

5．主钩升降机构的控制电路分析

由于拖动主钩升降机构的电动机容量较大，不适用于转子三相电阻不对称调速，因此

采用主令控制器 LK1-12/90 型和 PQR10A 系列控制屏组成的磁力控制器来控制主钩升降，并将尺寸较小的主令控制器安装在驾驶室，控制屏安装在大车顶部。采用磁力控制器控制后，由于是用主令控制器的触点来控制接触器，再由接触器的触点控制电动机，要比用凸轮控制器直接接通主电路更为可靠，维护方便，减轻了操作强度。同时，由于用了接触器触点来控制绕线转子感应电动机转子电阻的切换，不受控制器触点和容量限制，转子可以串入对称电阻，实现对称切换，可以获得较好的调速性能，更好地满足起重机的要求，因此适用于起重机工作在繁重状态。但是磁力控制器控制系统的电气设备比凸轮控制器成本高，线路复杂，因此多用于主钩升降机构。

图 17-17 所示为 LK1-12/90 型主令控制器与 PQR10A 系列控制屏组成的磁力控制器控制原理图。在图 17-17 中，主令控制器 SA 有 12 对触点，提升与下降各有 6 个位置。通过主令控制器这 12 对触点的闭合与分断来控制电动机定子电路和转子电路的接触器，并通过这些接触器来控制电动机的各种工作状态，拖动主钩按不同速度提升和下降，由于主令控制器为手动操作，所以电动机工作状态的变化由操作者掌握。

在图 17-17 中，KM_1、KM_2 为控制电动机正转与反转运行的接触器；KM_3 为控制三相制动电磁铁 YB 的接触器，称为制动接触器；KM_4、KM_5 为反接制动接触器，控制反接制动电阻 $1R$ 和 $2R$；$KM_6 \sim KM_9$ 为起动加速接触器，用来控制电动机转子外加电阻的切除和串入，电动机转子电路串有 7 段三相对称电阻，其两段 $1R$、$2R$ 为反接制动限流电阻，$3R \sim 6R$ 为起动加速电阻，$7R$ 为常接电阻，用来软化机械特性。SQ_1、SQ_2 为上升与下降的极限限位开关。

1) 电路工作情况

当合上电源开关 QS_1 和 QS_2，主令控制器手柄置于"0"位时，零压继电器 KV 线圈通电并自锁，为电动机起动做好准备。

(1) 提升重物电路工作情况。

提升时主令控制器的手柄有 6 个位置。

当主令控制器 SA 的手柄扳到"上 1"位置时，触点 SA_3、SA_4、SA_6、SA_7 闭合。

SA_3 闭合，将提升限位开关 SQ_1 串联于提升控制电路中，实现提升极限限位保护。

SA_4 闭合，制动接触器 KM_3 通电吸合，接通制动电磁铁 YB，松开电磁抱闸。

SA_6 闭合，正转接触器 KM_1 通电吸合，电动机定子接上正向电源，正转提升，线路串入 KM_2 常闭触点为互锁触点，与自锁触点 KM_1 并联的常闭联锁触点 KM_9 用来防止接触器 KM_1 在转子中完全切除起动电阻时通电。KM_9 常闭辅助触点的作用是互锁，防止当 KM_9 通电，转子中起动电阻全部切除时，KM_1 通电，电动机直接起动。

SA_7 闭合，反接制动接触器 KM_4 通电吸合，切除转子电阻 $1R$。此时，电动机运行在图 17-18 所示的机械特性曲线 1 上，由于这条特性对应的起动转矩较小，一般吊不起重物，只作为张紧钢丝绳，消除吊钩传动系统齿轮间隙的预备起动级。

当主令控制器手柄扳到"上 2"位置时，除"1"位置已闭合的触点仍然闭合外，SA_8 闭合，反接制动接触器 KM_5 通电吸合，切除转子电阻 $2R$，转矩略有增加，电动机加速，运行在图 17-18 中的机械特性曲线 2 上。

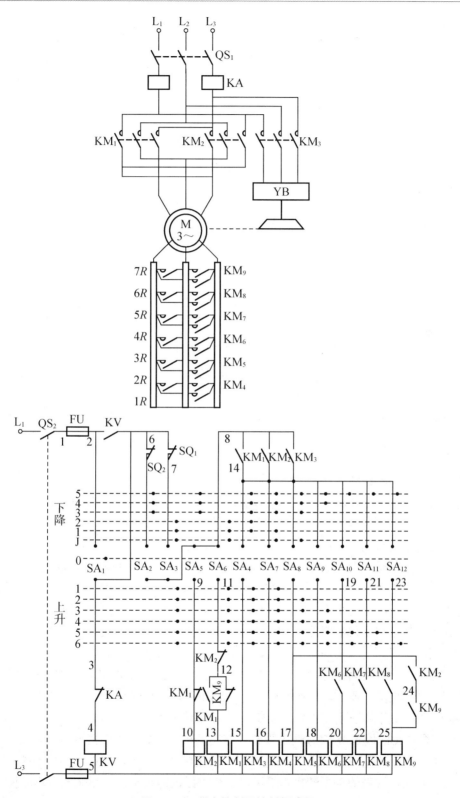

图 17-17　磁力控制器控制原理图

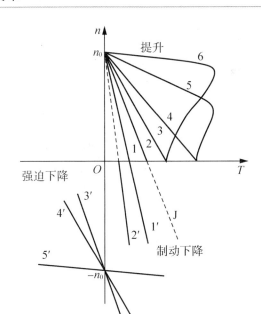

图 17-18　磁力控制器控制的电动机机械特性

同样，将主令控制器手柄从提升"2"位依次扳到"3"、"4"、"5"、"6"位置时，接触器 KM_6、KM_7、KM_8、KM_9 依次通电吸合，逐级短接转子电阻，其通电顺序由上述各接触器线圈电路中的常开触点 KM_6、KM_7、KM_8 得以保证，相对应的机械特性曲线为图 17-18 中的"3"、"4"、"5"、"6"。由此可知，提升时电动机均工作在电动状态，得到 5 种提升速度。

(2) 下降重物时线路工作情况。

下降重物时，主令控制器也有 6 个位置，但根据重物的重量，可使电动机工作在不同的状态。若重物下降，要求低速，电动机定子为正转提升方向接电，同时在转子电路串接大电阻，构成电动机倒拉反接制动状态。这一过程可用图 17-17 中"J"、"1"、"2"位置来实现，称为制动下降位置。若为空钩或轻载下降，当重力矩不足以克服传动机构的摩擦力矩时，可以使电动机定子反向接电，运行在反向电动状态，使电磁转矩和重力矩共同作用克服摩擦力矩，强迫下降。这一过程可用"3"、"4"、"5"位置来实现，称为强迫下降位置，具体电路工作情况如下。

① 制动下降。

a. 当主令控制器手柄扳向"J"位置时，触点 SA_4 断开，KM_3 断电释放，YB 断电释放，电磁抱闸将主钩电动机闸住。同时触点 SA_3、SA_6、SA_7、SA_8 闭合。

SA_3 闭合，提升限位开关 SQ_1 串接在控制电路中。

SA_6 闭合，正向接触器 KM_1 通电吸合，电动机按正转提升相序接通电源，又由于 SA_7、SA_8 闭合使 KM_4、KM_5 通电吸合，短接转子中的电阻 $1R$ 和 $2R$，由此产生一个提升方向的电磁转矩，与向下方向的重力转矩相平衡，配合电磁抱闸牢牢地将吊钩及重物闸住。所以，一方面，"J"位置一般用于提升重物后，稳定地停在空中或移行；另一方面，当重载时，控制器手柄由下降其他位置扳回"0"位时，在通过"J"位时，即有电动机的倒拉反接制动，又有机械抱闸制动，在两者的作用下有效地防止溜钩，实现可靠停车。"J"位置时，转子所串电阻与提升"2"位置时相同，机械特性为提升曲线 2 在第 4 象限的延伸，由于转速为零，故为虚线，见图 17-18。

b. 主令控制器的手柄扳到下降"1"位置时，SA_3、SA_6、SA_7 仍通电吸合，同时 SA_4 闭合，SA_8 断开。SA_4 闭合使制动接触器 KM_3 通电吸合，接通制动电磁铁 YB，使之松开电磁抱闸，电动机可以运转。SA_8 断开，反接制动接触器 KM_5 断电释放，电阻 $2R$ 重新串入转子电路，此时转子电阻与提升"1"位置相同，电动机运行在提升曲线"1"在第 1 象限的延伸部分上，见图 17-18 特性 1。

c. 主令控制器手柄扳到下降"2"位置时，SA_3、SA_4、SA_6 仍闭合，而 SA_7 断开，使反接制动接触器 KM_4 断电释放，$1R$ 重新串入转子电路，此时转子电路的电阻全部串入，机械特性更软，见图 17-18 特性 2。

由分析可知，在电动机倒拉反接制动状态下，可获得两级重载下放速度。但对于空钩或轻载下放时，切不可将主令控制器手柄停留在下降"1"或"2"位置，因为这时电动机产生的电磁转矩将大于负载重力转矩，使电动机不是处于倒拉反接下放状态而变成为电动机提升状态。为此，应将手柄迅速推过下降的"1"、"2"位置。为了防止误操作，产生上述现象甚至上升超过上极限位置，控制器处于下降"J"、"1"、"2"三个位置时，触点 SA_3 闭合，串入上升极限开关 SQ_1，实现上升限位保护。

② 强迫下降。

a. 主令控制器手柄扳到下降"3"位置时，触点 SA_2、SA_4、SA_5、SA_7、SA_8 闭合，SA_2 闭合的同时 SA_3 断开，将提升限位开关 SQ_1 从电路切除，接入下降限位开关 SQ_2。SA_4 闭合，KM_3 通电吸合，松开电磁抱闸，允许电动机转动。SA_5 闭合，反向接触器 KM_2 通电吸合，电动机定子接入反相序电源，产生下降方向的电磁转矩。SA_7、SA_8 闭合，反接接触器 KM_4、KM_5 通电吸合，切除转子电阻 $1R$ 和 $2R$。此时，电动机所串转子电阻情况和提升"2"位置相同，电动机运行在图 17-18 中的机械特性 $3'$ 上，为反转下降电动状态。若重物较重，则下降速度将超过电动机同步转速，而进入发电制动状态，电动机将运行于图 17-18 中机械特性 $3'$ 在第 4 象限的延长线上，形成高速下降，这时应立即将手柄转到下一位置。

b. 主令控制器手柄扳到下降"4"位置时，在"3"位置闭合的所有触点仍闭合，另外 SA_9 触点闭合，接触器 KM_6 通电吸合，切除转子电阻 $3R$，此时转子电阻情况与提升"3"位置时相同。电动机运行在图 17-18 中机械特性 $4'$ 上，为反转电动状态，若重物较重时，则下降速度将超过电动机的同步转速，而进入再生发电制动状态。电动机将运行在图 17-18 中机械特性 $4'$ 在第 4 象限的延长线上，形成高速下降，这时应立即将手柄扳到下一位置。

c. 主令控制器手柄扳到下降"5"位置时，在"4"位置闭合的所有触点仍闭合，另外，SA_{10}、SA_{11}、SA_{12} 触点闭合，接触器 KM_7、KM_8、KM_9 按顺序相继通电吸合，转子电阻 $4R$、$5R$、$6R$ 依次被切除，从而避免了过大的冲击电流，最后转子各相电路中仅保留一段常接电阻 $7R$。电动机运行在图 17-18 中机械特性曲线 $5'$ 上，为反转电动状态。若重物较重时，电动机变为再生发电制动，工作在特性曲线 $5'$ 在第 4 象限的延长线上，下降速度超过同步转速，但比在"3"、"4"位时下降速度要小得多。

由上述分析可知：主令控制器手柄位于下降"J"位置时为提起重物后稳定地停在空中或吊着移行，或用于重载时准确停车；下降"1"位与"2"位为重载时做低速下降用；下降"3"位与"4"位、"5"位为轻载或空钩低速强迫下降用。

2) 电路的保护与联锁

(1) 下放较重重物时，为避免高速下降而造成事故，应将主令控制器的手柄放在下降的"1"位和"2"位上。但由于司机对货物的重量估计失误，下放较重重物时，手柄扳到了下降的第"5"位上，重物下降速度将超过同步转速进入再生发电制动状态。这时要取得较低的下降速度，手柄应从下降"5"位置换成下降"2"、"1"位置。在手柄换位过程中必须经过下降"4"、"3"位置，由以上分析可知，对应下降"4"、"3"位置的下降速度比"5"位置还要快得多。为了避免经过"4"、"3"位置时造成更危险的超高速，线路中采用了接触器 KM_9 的常开触点(24-25)和接触器 KM_2 的常开触点(17-24)串接后接于 SA_8 与 KM_9 线圈之间，这时手柄置于下降"5"位置时，KM_2、KM_5 通电吸合，利用这两个触点自锁。当主令控制器的手柄从"5"位置扳动，经过"4"位和"3"位时，由于 SA_8、SA_5 始终是闭合的，KM_2 始终通电，从而保证了 KM_9 始终通电，转子电路只接入电阻 $7R$，电动机始终运行在下降机械特性曲线 $5'$ 上，而不会使转速再升高，实现了由强迫下降过渡到制动下降时出现高速下降的保护。在 KM_9 自锁电路中串入 KM_2 常开触点(17-24)的目的是为了在电动机正转运行时，KM_2 是断电的，此电路不起作用，从而不会影响提升时的调速。

(2) 保证反接制动电阻串入的条件下才进入制动下降的联锁。主令控制器的手柄由下降"3"位置换成下降"2"位置时，触点 SA_5 断开、SA_6 闭合，反向接触器 KM_2 断电释放，正向接触器 KM_1 通电吸合，电动机处于反接制动状态。为防止制动过程中产生过大的冲击电流，在 KM_2 断电后应使 KM_9 立即断电释放，电动机转子电路串入全部电阻后，KM_1 再通电吸合。为此，一方面在主令控制器触点闭合顺序上保证了 SA_8 断开后 SA_6 才闭合；另一方面还设计了用 KM_2(11-12)和 KM_9(12-13)与 KM_1(9-10)构成互锁环节。这就保证了只有在 KM_9 断电释放后，KM_1 才能接通并自锁工作。此环节还可防止因 KM_9 主触点熔焊，转子在只剩下常串电阻 $7R$ 下电动机正向直接起动的事故发生。

(3) 当主令控制器手柄在下降的"2"位置与"3"位置之间转换，控制正向接触器 KM_1 与 KM_2 进行换接时，由于二者之间采用了电气和机械联锁，必然存在有一瞬间一个已经释放，另一个尚未吸合的现象，电路中触点 KM_1(8-14)、KM_2(8-14)均断开，此时容易造成 KM_3 断电，使电动机在高速下进行机械制动，引起不允许的强烈震动。为此引入 KM_3 自锁触点(8-14)与 KM_1(8-14)、KM_2(8-14)并联，以确保在 KM_1 与 KM_2 换接瞬间 KM_3 始终通电。

(4) 加速接触器 $KM_6 \sim KM_8$ 的常开触点串接下一级加速接触器 $KM_7 \sim KM_9$ 电路中，实现短接转子电阻的顺序联锁作用。

(5) 该线路的零位保护是通过电压继电器 KV 与主令控制器 SA 实现的；该点路的过电流保护是通过电流继电器 KA 实现的；重物上升、下降的限位保护是通过限位开关 SQ_1、SQ_2 实现的。

6．起重机的供电

桥式起重机的大车与厂房之间、小车与大车之间都存在着相对运动，因此其电源不能像一般固定的电气设备那样采用固定连接，而必须适应其工作经常移动的特点。对于小型起重机供电方式采用软电缆供电，随着大车和小车的移动，供电电缆随之伸长和叠卷；对于大中型起重机常用滑线和电刷供电。三相交流电源接到沿车间长度架设的三根主滑线上，再通过大车上的电刷引入到操纵室中保护箱的总电源刀开关 QS 上，由保护箱再经穿管导线送至大车电动机，大车电磁抱闸及交流控制站，送至大车一侧的辅助滑线，对于主钩、副钩、小车上的电动机、电磁抱闸、提升限位的供电和转子电阻的连接，则是由架设在大车侧的辅助滑线与电刷来实现的。

学习情景 17.3　桥式起重机的整机控制电路

【问题的提出】

在掌握桥式起重机各部分控制电路后，下面以 15/3t(重级)桥式起重机为例，介绍桥式起重机的整机控制电路。

【相关知识】

图 17-19 所示为 15/3t 桥式起重机原理图。它有两个吊钩，主钩 15t、副钩 3t。大车运行机构由两台 JZR_231-6 型电动机联合拖动，用 KT14-60J/2 型凸轮控制器控制；小车运行机构由一台 JZR_216-6 型电动机拖动，用 KT14-25J/1 型凸轮控制器控制；副钩升降机构由一台 JZR_241-8 型电动机拖动，用 KT14-25J/1 型凸轮控制器控制；这四台电动机由 XQB1-150-4F 交流保护箱进行保护。主钩升降机构由一台 JZR_262-10 型电动机拖动，用 PQR10B-150 型交流控制屏与 LK1-12-90 型主令控制器组成的磁力控制器控制。上述控制原理在前面均已分别讨论过。

在图 17-19 中，M_5 为主钩电动机，M_4 为副钩电动机，M_3 为小车电动机，M_1、M_2 为大车电动机，它们分别由主令控制器 SA_5 和凸轮控制器 SA_1、SA_2、SA_3 控制。SQ 为主钩提升限位开关，SQ_5 为副钩提升限位开关，SQ_3、SQ_4 为小车两个方向的限位开关，SQ_1、SQ_2 为大车两个方向的限位开关。

三个凸轮控制器 SA_1、SA_2、SA_3 和主令控制器 SA_5，交流保护箱 XQB，紧急开关等安装在操纵室中。电动机各转子电阻 $R_1 \sim R_5$，大车电动机 M_1、M_2，大车制动器 YB_1、YB_2，大车限位开关 SQ_1、SQ_2，交流控制屏放在大车的一侧。在大车的另一侧，装设了 21 根辅助滑线以及小车限位开关 SQ_3、SQ_4。小车上装设有小车电动机 M_3，主钩电动机 M_5，副钩电动机 M_4 及其各自的制动器 $YB_3 \sim YB_6$，主钩提升限位开关 SQ 与副钩提升限位开关 SQ_5。

图 17-19(d)中给出了主令控制器和各凸轮控制器触点闭合表，在此请读者自行分析控制

原理。

表 17-9 中列出了 15/13t 桥式起重机主要电器元件。

表 17-9 15/3t 桥式起重机电器元件表

符　号	名　称	型号及规格	数　量
M_5	主钩电动机	JZR$_2$62-1045kW、577r/min	1
M_4	副钩电动机	JZR$_2$41-813.2kW、703r/min	1
M_1、M_2	大车电动机	JZR$_2$31-611kW、953r/min	2
M_3	小车电动机	JZR$_2$12-64.2kW、855r/min	1
SA_5	主令控制器	LK1-12/90	1
SA_3	副钩凸轮控制器	KT14-25J/1	1
SA_1	大车凸轮控制器	KT14-60J/2	1
SA_2	小车凸轮控制器	KT14-25J/1	1
XQB	交流保护柜	XQB1-150-4F	1
PQR	交流控制屏	PQR10B-150	1
KM	接触器	CJ12-250	1
KA_0	总过电流继电器	JL12-150A	1
KA_1～KA_4	过电流继电器	JL12-60A、15A、30A、30A	8
KA_5	过电流继电器	JL12-150A	1
SQ_1～SQ_4	大、小车限位开关	LX1-11	4
SQ_6	舱口安全开关	LX19-001	1
SQ_7、SQ_8	横梁栏杆安全开关	LX19-111	2
YB_5、YB_6	主钩制动电磁铁	MSZ1-15H	2
YB_4	副钩制动电磁铁	MZD1-300	1
YB_3	小车制动电磁铁	MZD1-100	1
YB_1、YB_2	大车制动电磁铁	MZD1-200	2
R_5	主钩电阻器	2P$_5$62-10/9D	1
R_4	副钩电阻器	RT41-8/1H	1
R_1、R_2	大车电阻器	RT31-6/1B	2
R_3	小车电阻器	RT12-6/1B	1

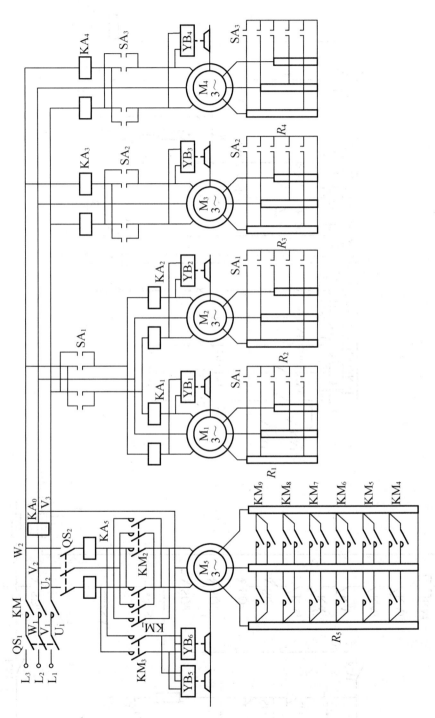

(a) 整机控制原理图

图 17-19　15/3t 桥式起重机电气控制原理图

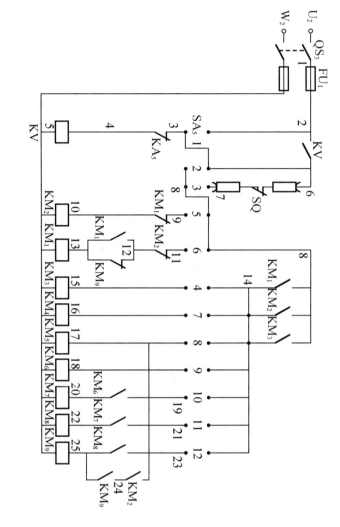

(b) 起重机磁力控制器控制原理图

图 17-19　15/3t 桥式起重机电气控制原理图(续)

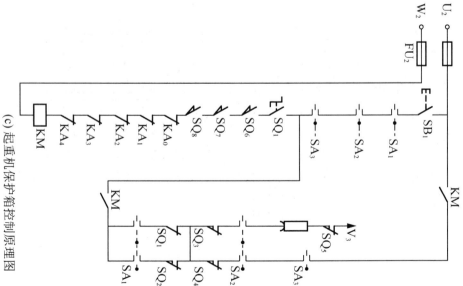

(c) 起重机保护箱控制原理图

主令控制器触点闭合表

触点	符号	下降 强力 5	4	3	下降 制动 2	1	J	零位 0	上升 1	2	3	4	5	6
SA_1	—							×						
SA_2	—								×	×	×	×	×	×
SA_3	—	×	×	×	×	×								
SA_4	KM_3	×	×	×	×					×	×	×	×	×
SA_5	KM_2	×	×	×							×	×	×	×
SA_6	KM_1	×	×									×	×	×
SA_7	KM_4	×	×	×	×					×	×	×	×	×
SA_8	KM_5	×	×	×								×	×	×
SA_9	KM_6	×												×
SA_{10}	KM_7	×												×
SA_{11}	KM_8	×	×										×	×
SA_{12}	KM_9	×												×

大车凸轮控制器SA_1闭合表

向 左 5 4 3 2 1 ｜ 零位 0 ｜ 向 右 1 2 3 4 5

副卷扬、小车凸轮控制器SA_2、SA_3闭合表

下降 5 4 3 2 1 ｜ 零位 0 ｜ 上升 1 2 3 4 5

(d) 主令控制器与凸轮控制器触点闭合表

图 17-19　15/3t 桥式起重机电气控制原理图(续)

实 训 操 作

1．实训目的

(1) 掌握桥式起重机维护保养的基本知识。

(2) 掌握桥式起重机电器设备简单的修理工艺。

2．实训器材

电工常用工具、万用表、兆欧表、桥式起重机、扳手、钢丝钳、钢丝刷、长毛刷、砂纸、锉刀、旋凿等修理工具。

3．实训内容

(1) 参观桥式起重机。

(2) 在现场人员的配合下对桥式起重机进行保养检查。

(3) 在教师的指导下按照小修项目内容对桥式起重机进行检修。

4．实训步骤

1) 桥式起重机维护保养内容

桥式起重机的维护和保养一般采取下列方法：每天巡视，在电工的帮助下，由驾驶人员在工作时间内进行；每旬巡视，在驾驶人员参与下由电工进行；每月检查，由维修电工进行。每次检查都按照同一顺序，维护工作必须在桥式起重机停止运行并断开总电源的情况下进行。

(1) 电动机部分。

检查电动机前后轴承及机身有无过热现象；定期清扫电动机的电刷部分；转子与电刷间有无卡阻及发热后卡阻现象；电刷的铜线间在震动时有无相碰；各电源线的接线螺栓有无松动现象；电动机运行时有无不正常的声音。

(2) 电磁制动器。

电动机运行时电磁制动器有无卡阻现象；电磁线圈是否过热或有异味；抱闸刹车片有无太松或太紧现象；弹簧撑板螺栓及各调整螺栓是否松动；电磁线圈的接线螺栓是否松动。

(3) 控制器。

① 用砂纸磨去各静、动触点上的电弧痕迹。

② 调整各弹簧螺栓，使各触点之间有良好的接触。

③ 用清洁的干布擦净开关内部的积尘与铜屑。

④ 在导线连接处、固定触点处涂上适量的凡士林油。

⑤ 检查各导线的接头是否松动，固定螺栓是否拧紧。

⑥ 在操作手柄活动处加适量的润滑油。

(4) 限位开关。

试验各限位开关是否起保护作用；检查开关进线孔是否堵塞；在操作机构内加少量润滑油；必要时打开罩盖清除内部积尘。

(5) 辅助滑线。

用压缩空气吹去辅助滑线及绝缘子上的灰尘；检查各绝缘子上有无裂纹和破损现象；各接头处的螺栓是否松动，导线是否磨损。

(6) 保护箱及磁力控制器。

检查闸刀开关的刀片是否发热，是否紧密，接触器线圈是否发热；用砂纸打光接触器触点上的电弧痕迹；检查各接线螺栓及接线头有无松动；用清洁的干布擦净器件表面的灰尘；调整和平整辅助触点的接触面。

(7) 电阻器。

检查各电阻器有无过热现象；检查各电阻器接线头的螺栓是否松动；擦净四周绝缘子，并检查有无裂纹；用压缩空气吹去电阻器上的灰尘；检查各电阻器是否断裂和相碰。

2) 桥式起重机小修项目工艺

(1) 电动机修理工艺。

① 测量电动机转子(大于 0.25MΩ)、定子(大于 0.5MΩ)绕组对地绝缘电阻。

② 测量电动机定子绕组的相间绝缘电阻。

③ 检查集电环有无凹凸不平痕迹及过热现象。

④ 检查电刷是否磨损，与集电环接触是否吻合。

⑤ 检查电刷接线是否相碰，电刷压力是否适当。

⑥ 前后轴承有无漏油及过热现象。

⑦ 用塞尺测量电动机的电磁气隙，上下左右误差不超过 10%。

⑧ 用扳手拧紧电动机各部分的螺栓。

⑨ 用汽油擦净电动机内的油污。

(2) 电磁制动器的修理工艺。

① 测量线圈对地的绝缘电阻大于 0.5MΩ。

② 检查制动电磁铁上下活动时与线圈内部芯子是否发生摩擦。

③ 检查制动电磁铁上下部铆钉是否裂开。

④ 检查缓冲器是否松动。

⑤ 检查制动器刹车片衬料是否磨损太多，超过 50%时应更换。

⑥ 检查并更换制动器各开口销子与螺栓。

⑦ 检查制动器闸轮表面是否光滑，并用汽油清洗表面，除去油污。

⑧ 检查系统各联杆动作是否准确灵活，并在各部分加润滑油。

⑨ 检查各闸瓦张开时与闸轮两侧空隙是否相等。

⑩ 重新校准制动器各部位的螺栓和弹簧。

(3) 凸轮控制器和主令控制器的修理工艺。

① 测量各导电触点部分对地绝缘电阻大于 0.5MΩ。

② 更换磨损严重的动、静触点。

③ 刮净灭弧罩内的电弧铜屑及黑灰。

④ 调整各动静触点的接触面使其在一条直线上，各触点的压力相等。

⑤ 手柄转动灵活，不得过松或过紧。

⑥ 检查棘轮机构的拉簧部分。

⑦ 检查各凸轮片是否磨损严重，并更换。

⑧ 用砂纸擦去动静触点的弧痕。

⑨ 调整或更换主令控制器动触点的压簧。

⑩ 各传动部分加适量润滑油。

(4) 保护箱和控制屏的修理工艺。

① 检查并更换弧坑很深的触点。

② 刮净灭弧罩内的电弧痕及黑灰。

③ 测量电磁线圈与铁芯的绝缘电阻。

④ 用汽油擦净接触器底板上的污垢。

⑤ 测量接触器三触点及触点对地间的绝缘电阻。

⑥ 检查进线熔断器及熔体。

⑦ 用砂纸擦净刀口的电弧痕，并在刀口各处涂上工业用凡士林。

⑧ 在电磁铁口涂上工业用凡士林。

⑨ 在各传动部分加适量润滑油。

⑩ 检查并拧紧大小螺栓。

(5) 行程开关和安全开关修理工艺。

测量接线板对地绝缘电阻；检查开关内的动、静触点，并且用砂纸打光；调整开关平衡锤及传动臂的角度；在各传动部分加适量润滑油。

(6) 辅助滑线修理工艺。

测量各滑线对地绝缘电阻；擦净并检查绝缘子的表面情况；用钢丝刷及砂纸磨去滑线的弧坑及凹凸处；检查或更换集电器架上的集电极与导线间的连接线；检查或更换集电极压板上的开口销子；检查并拧紧各绝缘穿心螺栓及导线接头螺栓。

(7) 电阻器的修理工艺。

① 测量电阻对地的绝缘电阻。

② 拧紧电阻器四周的压紧螺栓，并检查四周的绝缘子。

③ 用长柄刷除去电阻器的金属氧化物及铁锈。

④ 向各间距较大的铸铁电阻器中添加薄石棉布。

⑤ 检查并拧紧各接线螺栓及四周的地脚螺栓。

5．实训考核

考核项目	考核内容	配　分	考核要求及评分标准	得　　分
桥式起重机维护保养	保养知识	30	各环节保养方法正确30分，缺项酌情扣分	
桥式起重机小修工艺	修理工艺	30	各环节修理工艺准确30分，缺项酌情扣分	
实训报告	完成情况	40	实训报告完整、正确40分	

课 后 练 习

1. 桥式起重机的运行有何特点？

2. 桥式起重机为什么要采用电气和机械双重制动？

3. 在下放重物时，因重物较重而出现超速下降，此时应如何操作？

4. 为什么过电流继电器 KA_0 的线圈单独串联在三相电源其中一相的电路中？

5. 如果桥式起重机能上、下、左、右、前运动，但在操作向后运动时，接触器 KM 就释放了，原因为何？

单 元 小 结

本单元在基本控制电路的基础上，讨论了常用生产机械的电气控制电路，并对这些设备可能出现的电气故障进行了分析。通过对典型设备的实例分析，掌握多种运动下的控制电路工作原理，掌握各种运动之间的电气联锁、保护环节，达到培养读者对复杂控制电路的分析能力。

第四单元　电气控制系统的电路设计

■ 项目 18

电气控制系统的设计

知识要求

- 掌握电气控制系统设计的内容、程序和基本原则。
- 掌握电气控制系统设计的主要方法。

技能要求

- 运用所学知识掌握实际控制电路的逻辑设计方法。

学习情景 18.1　电气控制系统设计的内容、程序、原则

【问题的提出】

要掌握电气控制系统设计的方法，首先需要了解电气控制系统设计的内容、程序和基本原则。

【相关知识】

1. 电气控制系统设计的主要内容

电气控制系统设计的基本任务和根据要求，是设计和制出设备制造和使用维修过程中所必需的图纸、资料，包括电气原理电路图、电器元件布置图、电气安装接线图、电气箱图及控制面板等，编制外购成件目录、单台消耗清单、设备说明书等资料。

由此可见，电气控制系统的设计包括原理设计和工艺设计两部分，现以电力拖动控制系统为例说明两部分的设计内容。

1) 原理设计内容

(1) 拟定电气设计任务书(技术条件)。

(2) 确定电力拖动方案(电气传动形式)以及控制方案。

(3) 选择电动机，包括电动机的类型、电压等级、容量及转速，并选择出具体型号。

(4) 设计电气控制的原理框图，包括主电路、控制电路和辅助控制电路，确定各部分之间的关系，拟订各部分的技术要求。

(5) 设计并绘制电气原理图，计算主要的技术参数。

(6) 选择电器元件，制定电动机和电器元件明细表，以及装置易损件及备用件的清单。

(7) 编写设计说明书。

2) 工艺设计内容

工艺设计的主要目的是便于组织电气控制装置的制造，实现电气原理设计所要求的各项技术指标，为设备在今后的使用、维修提供必要的图纸资料。

工艺设计的主要内容包括以下几方面。

(1) 根据已设计完成的电气原理图及选定的电器元件，设计电气设备的总体配置，绘制电气控制系统的总装配图及总接线图。总图应反映出电动机、执行电器、电气箱各组件、操作台布置、电源以及检测元件的分布状况和各部分之间的接线关系与连接方式，此部分的设计资料供总体装配调试以及日常维护使用。

(2) 按照电气原理图或划分的组件，对总原理图进行编号，绘制各组件原理电路图，列出各组件的元件目录表，并根据总图编号标出各组件的进出线号。

(3) 根据各组件的原理电路及选定的元件目录表，设计各组件的装配图(包括电器元件的布置图和安装图)、接线图，图中主要反映各电器元件的安装方式和接线方式，这部分资

21世纪高职高专自动化类实用规划教材

料是各组件电路的装配和生产管理的依据。

(4)　根据组件的安装要求，绘制零件图纸，并标明技术要求，这部分资料是机械加工和对外协作加工所必需的技术资料。

(5)　设计电气箱，根据组件的尺寸及安装要求，确定电气箱结构与外形尺寸，设置安装支架，标明安装尺寸、安装方式、各组件的连接方式、通风散热及开门方式，在这一部分的设计中，应注意操作维护的方便与造型的美观。

(6)　根据总原理图、总装配图及各组件原理图等资料进行汇总，分别列出外购件清单、标准件清单以及主要材料消耗定额，这部分是生产管理和成本核算所必须具备的技术资料。

(7)　编写使用说明书。　在实际设计过程中，根据生产机械设备的总体技术要求和电气系统的复杂程度，可对上述步骤做适当地调整及修正。

2．电气控制系统设计的一般程序

电气控制系统的设计一般按如下程序进行。

1)　拟订设计任务书

电气控制系统设计的技术条件，通常是以电气设计任务书的形式加以表达的，电气设计任务书是整个系统设计的依据，拟订电气设计任务书，应聚集电气、机械工艺、机械结构三方面的设计人员，根据所设计的机械设备的总体技术要求，共同商讨，拟订认可。

在电气设计任务书中，应简要说明所设计的机械设备的型号、用途、工艺过程、技术性能、传动要求、工作条件、使用环境等。除此之外，还应说明以下技术指标及要求。

(1)　控制精度，生产效率要求。

(2)　有关电力拖动的基本特性，如电动机的数量、用途、负载特性、调速范围以及对反向、起动和制动的要求等。

(3)　用户供电系统的电源种类、电压等级、频率及容量等要求。

(4)　有关电气控制的特性，如自动控制的电气保护、联锁条件、动作程序等。

(5)　其他要求，如主要电气设备的布置草图、照明、信号指示、报警方式等。

(6)　目标成本及经费限额。

(7)　验收标准及方式。

2)　电力拖动方案与控制方式的选择

电力拖动方案的选择是以后各部分设计内容的基础和先决条件。电力拖动方案是指根据生产工艺要求，生产机械的结构，运动部件的数量、运动要求、负载特性、调速要求以及投资额等条件，去确定电动机的类型、数量、拖动方式，并拟订电动机的起动、运行、调速、转向、制动等控制要求，作为电气控制原理图设计及电器元件选择的依据。

3)　电动机的选择

根据已选择的拖动方案，就可以进一步选择电动机的类型、数量、结构形式以及容量、额定电压、额定转速等。

电动机选择的基本原则如下。

(1)　电动机的机械特性应满足生产机械提出的要求，要与负载特性相适应，以保证生产过程中的运行稳定性并具有一定的调速范围与良好的起、制动性能。

(2)　电动机的结构形式应满足机械设计提出的安装要求，并适应周围环境的工作条件。

(3) 根据电动机的负载和工作方式，正确选择电动机的容量。

正确合理地选择电动机的容量具有重要的意义。选择电动机的容量时可以按以下四种类型进行。

① 对于恒定负载长期工作制的电动机，其容量的选择应保证电动机的额定功率大于等于负载所需要的功率。

② 对于变动负载长期工作制的电动机，其容量的选择应保证当负载变到最大时，电动机仍能给出所需要的功率，同时电动机的温升不超过允许值。

③ 对于短时工作制的电动机，其容量的选择应按照电动机的过载能力来选择。

④ 对于重复短时工作制的电动机，其容量的选择原则上可按照电动机在一个工作循环内的平均功耗来选择。

(4) 电动机电压的选择应根据使用地点的电源电压来决定，常用为 380V、220V。

(5) 在没有特殊要求的场合，一般均采用交流电动机。

4) 电气控制方案的确定

在几种电路结构及控制形式均可以达到同样的控制技术指标的情况下，到底选择哪一种控制方案，往往要综合考虑各个控制方案的性能、设备投资、使用周期、维护检修、发展等因素。

选择电气控制方案的主要原则如下。

(1) 自动化程度与国情相适应。

根据现代科学技术的发展，电气控制方案尽可能选用最新科学技术，同时又要与企业自身的经济实力、各方面的人才素质相适应。

(2) 控制方式应与设备的通用及专用化相适应。

对于工作程序固定的专用机械设备，使用中并不需要改变原有程序，可采用继电接触式控制系统，控制电路在结构上接成"固定"式的；对于要求较复杂的控制对象或者要求经常变换工作程序和加工对象的机械设备，可以采用可编程序控制器控制系统。

(3) 控制方式随控制过程的复杂程度而变化。

在生产机械控制自动化中，随控制要求及控制过程的复杂程度不同，可以采用分散控制或集中控制的方案，但是各台单机的控制方式和基本控制环节则应尽量一致，以便简化设计和制造过程。

(4) 控制系统的工作方式，应在经济、安全的前提下，最大限度地满足工艺要求。

此外，控制方案的选择，还应考虑采用自动半自动循环、工序变更、联锁、安全保护、故障诊断、信号指示、照明等。

(5) 设计电气控制原理电路图并合理选择元器件，编制元器件目录清单。

(6) 设计电气设备制造、安装、调试所必需的各种施工图纸并以此为根据编制各种材料定额清单。

(7) 编写说明书。

3. 电气控制系统设计的基本原则

一般来说，当生产机械的电力拖动方案和控制方案确定以后，即可以着手进行电气控制电路的具体设计工作。对于不同的设计人员，由于其自身知识的广度、深度不同，导致所设计的电气控制电路的形式灵活多变。因此，若要设计出满足生产工艺要求的最合理的设计方案，就要求电气设计人员必须不断地扩展自己的知识面、开阔思路、总结经验。电气控制系统的设计一般应遵循以下原则。

1)　最大限度实现生产机械和工艺对电气控制系统的要求

电气控制系统是为整个生产机械设备及其工艺过程服务的。因此，在设计之前，首先要弄清楚生产机械设备需满足的生产工艺要求，对生产机械设备的整个工作情况做全面细致的了解，同时深入现场调查研究，收集资料，并结合技术人员及现场操作人员的经验，以此作为设计电气控制电路的基础。

2)　在满足生产工艺要求的前提下力求使控制电路简单、经济

(1)　尽量选用标准电器元件，尽量减少电器元件的数量，尽量选用相同型号的电器元件以减少备用品的数量。

(2)　尽量选用标准的、常用的或经过实践考验的典型环节或基本电气控制电路。

(3)　尽量减少不必要的触点，以简化电气控制电路。

在满足生产工艺要求的前提下，使用的电器元件越少，电气控制电路中所涉及的触点的数量也越少，因而控制电路就越简单，同时还可以提高控制电路的工作可靠性，降低故障率。

常用的减少触点数目的方法为以下几点。

①　合并同类触点。如图 18-1 所示，图 18-1(a)、图 18-1(b)实现的控制功能一致，但图 18-1(b)比图 18-1(a)少了一对触点。合并同类触点时应注意所用的触点的容量应大于两个线圈电流之和。

②　利用转换触点的方式。利用具有转换触点的中间继电器将两对触点合并成一对转换触点，如图 18-2 所示。

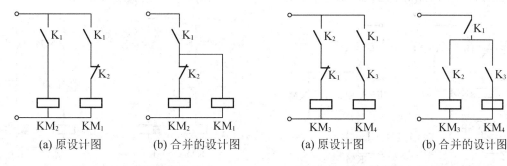

(a) 原设计图　　(b) 合并的设计图　　　　(a) 原设计图　　(b) 合并的设计图

图 18-1　同类触点的合并　　　　图 18-2　具有转换触点的中间继电器的应用

③　利用半导体二极管的单向导电性减少触点的数目。如图 18-3 所示，利用二极管的单向导电性可减少一个触点。这种方法只适用于控制电路所用电源为直流电源的场合，在使用中还要注意电源的极性。

④　利用逻辑代数的方法来减少触点的数目。如图 18-4 所示，图 18-4(a)中含有的触点数目为 5 个，其逻辑表达式为

$$K = A\overline{B} + A\overline{B}C$$

经逻辑化简后，$K = A\overline{B}$，这样就可以将原图简化为只含有两个触点的电路，如图 18-4(b)所示。

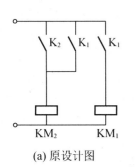

(a) 原设计图　　(b) 简化的设计图

图 18-3　利用二极管简化控制电路

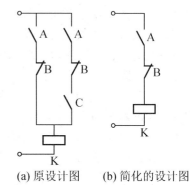

(a) 原设计图　　(b) 简化的设计图

图 18-4　利用逻辑代数减少触点

(4) 尽量缩短连接导线的数量和长度。在设计电气控制电路时，应根据实际环境情况，合理考虑并安排各种电气设备和电器元件的位置及实际连线，以保证各种电气设备和电器元件之间的连接导线的数量最少，导线的长度最短。

如图 18-5 所示，仅从控制电路上分析，没有什么不同，但若考虑实际接线，图 18-5(a)中的接线就不合理。因为按钮装在操作台上，接触器装在电气柜内，按图 18-5(a)的接法从电气柜到操作台需引四根导线。图 18-5(b)中的接线合理，因为它将起动按钮和停止按钮直接相连，从而保证了，两个按钮之间的距离最短，导线连接最短，此时，从电气柜到操作台只需引出三根导线。所以，一般都将起动按钮和停止按钮直接连接。

特别要注意，同一电器的不同触点在电气电路中尽可能具有更多的公共连接线，这样，可减少导线段数和缩短导线长度，如图 18-6 所示。行程开关装在生产机械上，继电器装在电气柜内，图 18-6(a)中用四根长导线连接，而图 18-6(b)中用三根长连接导线。

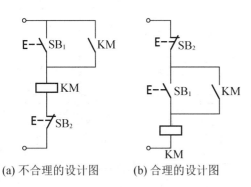

(a) 不合理的设计图　　(b) 合理的设计图

图 18-5　电气连接图的合理与不合理

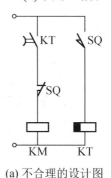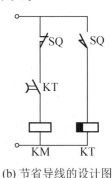

(a) 不合理的设计图　　(b) 节省导线的设计图

图 18-6　节省连接导线的方法

(5) 控制电路在工作时，除必要的电器元件必须通电外，其余的尽量不通电以节约电能，如图 18-7 所示。图 18-7(a)在接触器 KM_2 得电后，接触器 KM_1 和时间继电器 KT 就失去了作用，不必继续通电。若改成图 18-7(b)，KM_2 得电后，切断了 KM_1 和 KT 的电源，节约了电能，延长了该电器元件的寿命。

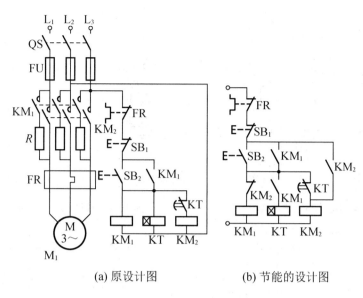

(a) 原设计图   (b) 节能的设计图

图 18-7   减少通电电器电路

3)   保证电气控制电路工作的可靠性

保证电气控制电路工作的可靠性，最主要的是选择可靠的电器元件。同时，在具体的电气控制电路设计上要注意以下几点。

(1)   正确连接电器元件的触点。

同一电器元件的常开和常闭触点靠得很近，如果分别接在电源的不同相上，如图 18-8所示，图 18-8(a)所示的限位开关 SQ 的常开和常闭触点，常开触点接在电源的一相，常闭触点接在电源的另一相上，当触点断开产生电弧时，可能在两触点间形成飞弧造成电源短路。如果改成图 18-8(b)的形式，由于两触点间的电位相同，则不会造成电源短路。因此，在控制电路设计时，应使分布在电路不同位置的同一电器触点尽量接到同一个极或尽量共接同一等位点，以避免在电器触点上引起短路。

(2)   正确连接电器的线圈。

①   在交流控制电路中不允许串联接入两个电器元件的线圈，即使外加电压是两个线圈额定电压之和，如图 18-9 所示。这是因为每个线圈上所分配到的电压与线圈的阻抗成正比，而两个电器元件的动作总是有先有后，不可能同时动作。若接触器 KM_1 先吸合，则线圈的电感显著增加，其阻抗比未吸合的接触器 KM_2 的阻抗大，因而在该线圈上的电压降增大，使 KM_2 的线圈电压达不到动作电压，此时，KM_2 线圈电流增大，有可能将线圈烧毁。因此，若需要两个电器元件同时工作，其线圈应并联连接，如图 18-9(b)所示。

②   两电感量相差悬殊的直流电压线圈不能直接并联，如图 18-10 所示。在图 18-10 中，YA 为电感量较大的电磁铁线圈，K 为电感量较小的继电器线圈，当 KM 触点断开时，由于电磁铁 YA 线圈电感量较大，产生的感应电势加在电压继电器 K 的线圈上，流经 K 线圈上的电流有可能达到其动作值，从而使继电器 K 重新吸合，过一段时间 K 又释放，这种情况显然是不允许的，为此，应在 K 的线圈电路中单独加一 KM 的常开触点，如图 18-10(b)所

示。

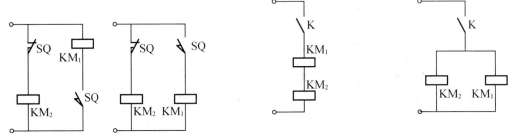

(a) 不正确的设计图　(b) 正确的设计图

图 18-8　触点的正确与不正确连接

(a) 不正确的线圈连接方法图　(b) 正确的线圈连接方法图

图 18-9　线圈的正确与不正确连接

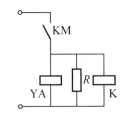

(a) 错误的线圈连接方法图　(b) 正确的线圈连接方法图

图 18-10　电磁铁与继电器线圈的正确与不正确连接

(3) 避免出现寄生电路。

在电气控制电路的动作过程中，发生意外接通的电路称为寄生电路。寄生电路将破坏电器元件和控制电路的工作顺序或造成误动作，如图 18-11 所示。图 18-11(a)是一个具有指示灯和过载保护的电动机正反向控制电路。正常工作时，能完成正反向起动、停止和信号指示，但当热继电器 FR 动作时，产生寄生电路，电流流向如图中虚线所示，使正向接触器 KM₁ 不能释放，起不了保护作用。如果将指示灯与其相应接触器线圈并联，则可防止寄生电路，如图 18-11(b)所示。

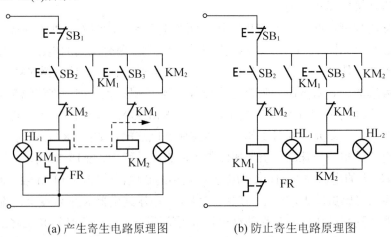

(a) 产生寄生电路原理图　　(b) 防止寄生电路原理图

图 18-11　防止寄生电路

(4) 在电气控制电路中应尽量避免许多电器元件依次动作才能接通另一个电器元件的控制电路。

(5) 在频繁操作的可逆电路中，正反向接触器之间要有电气联锁和机械联锁。

(6) 设计的电气控制电路应能适应所在电网的情况，并据此来决定电动机的起动方式是直接起动还是间接起动。

(7) 在设计电气控制电路时，应充分考虑继电器触点的接通和分断能力。若要增加接通能力，可用多触点并联；若要增加分断能力，可用多触点串联。

4) 保证电气控制电路工作的安全性

电气控制电路应具有完善的保护环节，来保证整个生产机械的安全运行，消除在其工作不正常或误操作时所带来的不利影响，避免事故的发生。在电气控制电路中常设的保护环节有短路保护、过电流保护、过载保护、失压保护、弱磁保护、极限保护等。

(1) 短路保护。

众所周知，在电路发生短路时，强大的短路电流容易引起各种电气设备和电器元件的绝缘损坏及机械损坏。因此，当电路发生短路时，应迅速而可靠地切断电源，如图 18-12 所示为采用熔断器作短路保护的电路。当主电动机容量较小，控制电路不需另设熔断器 FU_2，主电路中的熔断器也可用作控制电路的短路保护。当主电动机容量较大时，在控制电路中必须单独设置短路保护，如熔断器 FU_2。也可以采用自动开关作短路保护，它既可以作为短路保护，又可以作为过载保护。当电路出现故障时，自动开关动作，事故处理完重新合上开关，电路则重新运行工作。

(2) 过电流保护。

在电动机运行过程中，有各种各样的现象，会引起电动机产生很大的电流，从而造成电动机或生产机械设备的损坏。例如不正确的起动和过大的负载会引起电动机很大的过电流；过大的冲击负载会引起电动机过大的冲击电流，损坏电动机的换向器；过大的电动机转矩会使生产机械的机械转动部分受到损坏。因此，为保护电动机的安全运行，在这种条件下，有必要设置过电流保护，如图 18-13 所示。图 18-13(a)为采用过电流继电器保护电动机过流的电路，通常用在限流起动的直流电动机和绕线转子感应电动机的过流保护，其继电器的动作值一般整定在 1.2 倍的电动机起动电流。图 18-13(b)为用在笼型感应电动机直接起动时的过电流保

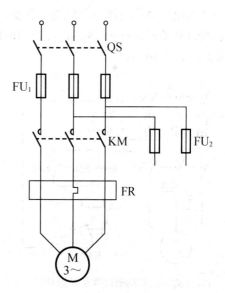

图 18-12　熔断器短路保护

护。其工作过程为当电动机起动时，时间继电器 KT 延时断开的常闭触点未断开，过电流继电器的线圈不能接入电路，这时，虽起动电流很大，但过电流继电器不起作用。当起动结束后，KT 的常闭触点经延时已断开，过电流继电器开始起保护作用。

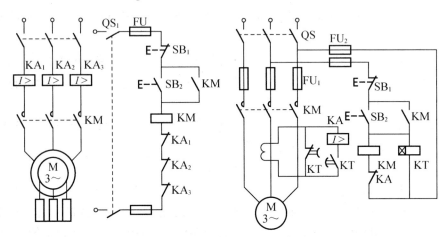

(a) 三相绕线转子感应电动机的过电流保护原理图   (b) 三相笼型感应电动机的过电流保护原理图

图 18-13　过电流保护

(3) 过载保护。

如果电动机长期超载运行，其绕组的温升将超过允许值，从而损坏电动机。此时应设置过载保护环节。这种保护多采用具有反时限特性的热继电器作保护环节，同时装有熔断器或过电流继电器配合使用。在图 18-14 所示的电路中，图 18-14(a)适用于保护电动机出现三相均衡过载。图 18-14(b)适用于保护电动机出现任一相断线或三相均衡过载，但当三相电源发生严重不均衡或电动机内部短路、绝缘不良等，有可能使某一相电流高于其他两相，则上述两电路就不可能可靠地进行保护。图 18-14(c)为三相保护，它可以可靠地保护电动机的各种过载情况。在图 18-14(b)和图 18-14(c)中，当电动机定子绕组为三角形连接时，应采用差动式热继电器。

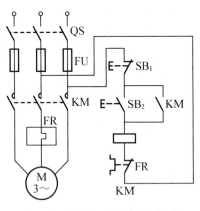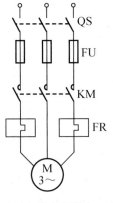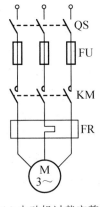

(a) 电动机三相均衡过载保护原理图   (b) 电动机单相断线与三相　　　　(c) 电动机过载完整
　　　　　　　　　　　　　　　　　　　均衡过载保护原理图　　　　　　保护原理图

图 18-14　过载保护

(4) 失压保护。

在电动机正常工作时，由于电源电压消失而使电动机停转，当电源电压恢复后，有时电动机就会自行起动，从而造成人身伤亡和设备毁坏的事故。为防止电压恢复时电动机自起动的保护称为失压保护，如图 18-15 所示。一般通过并联在起动按钮上的接触器的常开触点(见图 18-15(a))，或通过并联在主令控制器的零位常开触点上的零位继电器的常开触点(见图 18-15(b))，来实现失压保护。

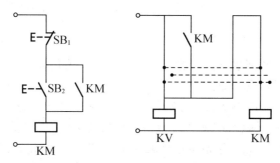

(a) 并联接触器常开触点   (b) 并联零位继电器常开触点
的失压保护原理图   的失压保护原理图

图 18-15 失压保护

(5) 弱磁保护。

直流并励电动机、复励电动机在励磁磁场减弱或消失时，会引起电动机的"飞车"现象。此时，有必要在控制电路中采用弱磁保护环节。一般用弱磁继电器，其吸上值一般整定为额定励磁电流的 0.8 倍。

(6) 极限保护。

对于做直线运动的生产机械常设有极限保护环节。如上、下极限保护，前、后极限保护等。一般用行程开关的常闭触点来实现。

(7) 其他保护。

除以上保护之外，可按生产机械在其运行过程中的不同工艺要求和可能出现的各种现象，根据实际情况来设置如温度、水位、欠压等保护环节。

5. 应力求操作、维护、检修方便

电气控制电路对电气控制设备而言应力求维修方便，使用简单、为此，在具体进行电气控制电路的安装与配线时，电器元件应留有备用触点，必要时留有备用元件；为检修方便，应设置电气隔离，避免带电检修工作；为调试方便，控制方式应操作简单，能迅速实现从一种控制方式到另一种控制方式的转变，如从自动控制转换到手动控制等；设置多点控制，便于在生产机械旁进行调试；操作回路较多时，如要求正反向运转并调速，应采用主令控制器，而不能采用许多按钮。

学习情景 18.2 电气控制系统设计的方法

【问题的提出】

电气控制系统设计的方法有两种：其一是经验设计法；其二是逻辑设计法。下面分别

对这两种方法进行讨论。

【相关知识】

1. 经验设计法

所谓经验设计法，顾名思义，一般要求设计人员必须熟悉和掌握大量的基本环节和典型电路，具有丰富的实际设计经验。

经验设计法又称为一般设计法、分析设计法，是根据生产机械的工艺要求和生产过程，选择适当的基本环节(单元电路)或典型电路综合而成的电气控制电路。

一般不太复杂的电气控制电路(继电接触式)都可以按照这种方法进行设计。这种方法易于掌握，便于推广，但在设计的过程中需要反复修改设计草图以得到最佳设计方案，因此设计速度慢，且必要时还要对整个电气控制电路进行模拟实验。

1) 经验设计法的基本步骤

一般的生产机械电气控制系统设计包含有主电路、控制电路和辅助电路等。

(1) 主电路设计：主要考虑电动机的起动、点动、正反转、制动和调速。

(2) 控制电路设计：包括基本控制电路和控制电路特殊部分的设计以及选择控制参量和确定控制原则，主要考虑如何满足电动机的各种运转功能和生产工艺要求。

(3) 联锁保护环节设计：主要考虑如何完善整个控制电路的设计，包含各种联锁环节以及短路、过载、过电流、失压等保护环节。

(4) 电路的综合审查：反复审查所设计的控制电路是否满足设计原则和生产工艺要求。在条件允许的情况下，进行模拟实验，逐步完善整个电气控制系统的设计，直至满足生产工艺要求。

2) 经验设计的基本方法

(1) 根据生产机械的工艺要求和工作过程，适当选用已有的典型基本环节，将它们有机地组合起来加以适当的补充和修改，综合成所需要的电气控制电路。

(2) 若选择不到适当的典型基本环节，则根据生产机械的工艺要求和生产过程自行设计，边分析边画图，将输入的主令信号经过适当的转换，得到执行元件所需的工作信号。随时增减电器元件和触点，以满足所给定的工作条件。

3) 经验设计法举例

下面以皮带运输机的电气控制系统为例来说明经验设计法的设计过程。

皮带运输机是一种连续平移运输机械，常用于粮食、矿山等的生产流水线上，将粮食、矿石等从一个地方运到另一个地方，一般由多条皮带组成，以改变运输的方向和斜度。

皮带运输机属长期工作制，不需调速，没有特殊要求也不需反转。因此，其拖动电动机多采用笼型感应电动机。若考虑事故情况下，可能有重载起动，需要的起动转矩大，所以，可以由双笼型感应电动机或绕线转子感应电动机拖动，也有的是二者配合使用。

本例以三条皮带运输机为例，其示意图如图 18-24 所示。

(1) 皮带运输机的工艺要求。

① 起动时，顺序为 3#、2#、1#，并要有一定的时间间隔，以免货物在皮带上堆积，

造成后面皮带重载起动。

② 停车时，顺序为 M_1、M_2、M_3，以保证停车后皮带上不残存货物。

③ 不论 M_2 或 M_3 哪一个出故障，1#必须停车，以避免继续进料，造成货物堆积。

④ 必要的保护。

(2) 主电路设计。

三条皮带运输机由三台电动机拖动，均采用笼型感应电动机。由于电网容量相对于电动机容量来讲足够大，而且三台电动机又不同时起动，所以不会对电网产生较大的冲击。因此，采用直接起动。由于皮带运输机不经常起动、制动，对于制动时间和停车准确度也没有特殊要求，制动时则采用自由停车。三台电动机都用熔断器来做短路保护，用热继电器来做过载保护。由此，设计出主电路如图 18-16 所示。

(3) 基本控制电路的设计。

三台电动机由三个接触器控制其起、停。起动时，顺序为 M_3、M_2、M_1，可用 M_3 的接触器常开触点去控制 M_2 的接触器线圈，用 M_2 的接触器常开触点去控制 M_1 的接触器线圈。制动时，顺序为 M_1、M_2、M_3，用 M_1 的接触器常开触点与控制 M_2 的接触器常闭按钮并联，用 M_2 的接触器常开触点与控制 M_3 的接触器常闭按钮并联，其基本控制电路如图 18-17 所示，由图 18-17 可见，只有 KM_3 动作后，按下按钮 SB_3，KM_2 线圈才能通电动作，然后按下按钮 SB_1，KM_1 线圈通电动作，这样就实现了电动机的顺序起动。同理，只有 KM_1 断电释放，按下 SB_4，KM_2 线圈才能断电，然后按下按钮 SB_6，KM_3 线圈断电，这样实现了电动机的顺序停车。

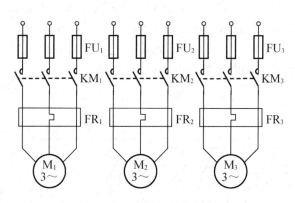

图 18-16 皮带运输机主电路图

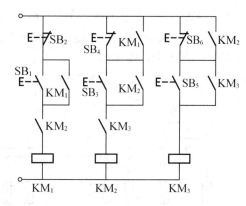

图 18-17 控制电路的基本部分

(4) 设计控制电路的特殊部分。

图 18-17 所示的控制电路显然是手动控制，为了实现自动控制，皮带运输机的起动和停车过程可以用行程参量和时间参量加以控制。由于皮带是回转运动，检测行程比较困难，而用时间参量比较方便，所以，我们采用以时间为变化参量，利用时间继电器作为输出器件的控制信号。以通电延时的常开触点作为起动信号，以断电延时的常开触点作为停车信号，为使三条皮带自动地按顺序进行工作，采用中间继电器 K，其电路如图 18-18 所示。

(5) 设计联锁保护环节。

按下按钮 SB_1 发出停车指令时，KT_1、KT_2、K 同时断电，其常开触点瞬时断开，接触

器 KM_2、KM_3 若不加自锁，则 KT_3、KT_4 的延时将不起作用，KM_2、KM_3 线圈将瞬时断电，电动机不能按顺序停车，所以需加自锁环节。三台热继电器的保护触点均串联在 K 的线圈电路中，这样，无论哪一号皮带发生过载，都能按 M_1、M_2、M_3 顺序停车。电路的失压保护由继电器 K 实现。

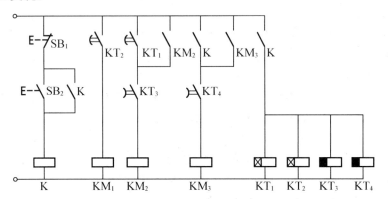

图 18-18　控制电路的联锁部分

(6)　电路的综合审查。

完整的控制电路如图 18-19 所示。按下起动按钮 SB_2，继电器 K 通电吸合并自锁，K 的一个常开触点闭合，接通时间继电器 $KT_1 \sim KT_4$，其中 KT_1、KT_2 为通电延时型时间继电器，KT_3、KT_4 为断电延时型时间继电器，所以，KT_3、KT_4 的常开触点立即闭合，即为接触器 KM_2 和 KM_3 的线圈通电准备条件。继电器 K 的另一个常开触点闭合，与 KT_4 一起接通接触器 KM_3，使电动机 M_3 首先起动，经一段时间，达到 KT_1 的整定时间，则时间继电器 KT_1 的常开触点闭合，使 KM_2 通电吸合，电动机 M_2 起动，再经一段时间，达到 KT_2 的整定时间，则时间继电器 KT_2 的常开触点闭合，使 KM_1 通电吸合，电动机 M_1 起动。

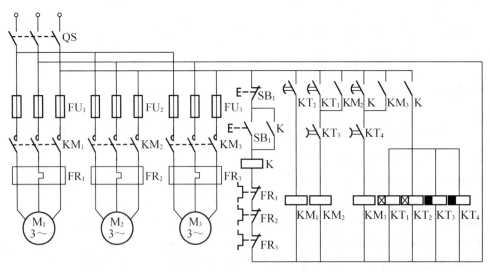

图 18-19　完整的电路图

按下停止按钮 SB_1，继电器 K 断电释放，四个时间继电器同时断电，KT_1、KT_2 的常开触点立即断开，KM$_1$ 失电，电动机 M$_1$ 停车。由于 KM$_2$ 自锁，所以，只有达到 KT$_3$ 的整定时间，KT$_3$ 断开，使 KM$_2$ 断电，电动机 M$_2$ 停车，最后，达到 KT$_4$ 的整定时间，KT$_4$ 的常开触点断开，使 KM$_3$ 线圈断电，电动机 M$_3$ 停车。

2．逻辑设计法

所谓逻辑设计法，是利用了逻辑代数这一数学工具来设计电气控制电路，即从机械设备的生产工艺要求出发，将控制电路中的接触器、继电器等电器元件线圈的通电与断电，触点的闭合与断开，以及主令元件的接通与断开等均看成逻辑变量，配合生产工艺过程，考虑控制电路中各逻辑变量之间所要满足的逻辑关系，按照一定的方法和步骤设计出符合生产工艺要求的电气控制电路。

1)　逻辑代数基础

(1)　逻辑代数中的逻辑变量和逻辑函数。

逻辑代数又称布尔代数或开关代数。

①　逻辑变量。

在逻辑代数中，将具有两种互为对立的工作状态的物理量称为逻辑变量。如作为电气控制的继电器、接触器等电器元件线圈的通电与失电，触点的断开与闭合等，这里线圈和触点都相当于一个逻辑变量，其对立的两种工作状态可采用逻辑"0"和逻辑"1"表示。而且逻辑代数规定，应明确逻辑"0"和逻辑"1"所代表的物理意义。因此，在继电接触式电气控制电路中明确规定如下内容。

a．电器元件的线圈通电为"1"状态，线圈失电为"0"状态。

b．触点闭合为"1"状态，触点断开为"0"状态。

c．主令元件如行程开关、主令控制器等，触点闭合为"1"状态，触点断开为"0"状态。

d．电器元件 K$_1$、K$_2$，…的常开触点分别用 K$_1$、K$_2$，…表示；常闭触点则分别用 $\overline{K_1}$、$\overline{K_2}$，…表示。

②　逻辑函数。

在继电接触式电气控制电路中，把表示触点状态的逻辑变量称为输入逻辑变量；把表示接触器、继电器线圈等受控元件的逻辑变量称为输出逻辑变量；输出逻辑变量与输入逻辑变量之间所满足的相互关系称为逻辑函数关系，简称为逻辑关系。

(2)　逻辑代数的运算法则。

①　逻辑与—触点串联。

能够实现逻辑与运算的电路如图 18-20 所示。

逻辑表达式为：$K=A \cdot B$（"·"为逻辑与运算符号）。

其表达的含义为：只有当触点 A 与 B 都闭合时，线圈 K 才得电。

②　逻辑或—触点并联。

能够实现逻辑或运算的电路如图 18-21 所示。

逻辑表达式为：$K=A+B$（"+"为逻辑或运算符号）。

其表达的含义为：触点 A 与 B 只要有一个闭合时，线圈 K 就可以得电。

③ 逻辑非—常闭触点。

能够实现逻辑非运算的电路如图 18-22 所示。

逻辑表达式为：$K = \overline{A}$（"—"为逻辑非运算符号）。

其表达的含义为：触点 A 断开，则线圈 K 通电。

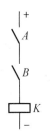   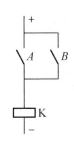   

图 18-20　逻辑与　　　　　图 18-21　逻辑或　　　　　图 18-22　逻辑非

(3) 逻辑代数的基本定理。

① 交换律：$A \cdot B = B \cdot A$，$A + B = B + A$

② 结合律：$A \cdot (B \cdot C) = (A \cdot B) \cdot C$，$A + (B + C) = (A + B) + C$

③ 分配律：$A \cdot (B + C) = A \cdot B + A \cdot C$，$A + (B \cdot C) = (A + B) \cdot (A + C)$

④ 重叠律：$A \cdot A = A$，$A + A = A$

⑤ 吸收律：$A + AB = A$，$A \cdot (A + B) = A$

$\qquad\qquad A + \overline{A} B = A + B$．$\overline{A} + AB = \overline{A} + B$

⑥ 非非律：$A = \overline{\overline{A}}$

⑦ 反演律：$\overline{A + B} = \overline{A} \cdot \overline{B}$，$\overline{A \cdot B} = \overline{A} + \overline{B}$

以上定理的证明请参考逻辑代数有关章节，读者可自行证明。

(4) 逻辑代数的化简。

一般来说，从满足机械设备的工艺要求出发而列出的原始逻辑表达式都较为繁琐，涉及的变量较多，据此做出的电气控制电路图也较为繁琐。因此，在保证逻辑功能(生产工艺要求)不变的前提下，可以用逻辑代数的定理和法则将原始的逻辑表达式进行化简，以得到较为简化的电气控制电路图。

化简时经常用到的常量和变量的关系为

$A + 0 = A$，$A \cdot 0 = 0$

$A + 1 = 1$，$A \cdot 1 = A$

$A + \overline{A} = 1$，$A \cdot \overline{A} = 0$

化简时经常用到的方法有

① 合并项法：利用 $AB + A\overline{B} = A$ 将两项合为一项。

例：$AB\overline{C} + ABC = AB$

② 吸收法：利用 $A + AB = A$ 消去多余的因子。

例：$B + ABDF = B$

③ 消去法：利用 $A + \overline{A} B = A + B$ 消去多余的因子。

例：$\overline{A} + AB + DEF = \overline{A} + B + DEF$。

④　配项法：利用逻辑表达式乘以一个"1"和加上一个"0"其逻辑功能不变来进行化简，即利用 $A+\overline{A}=1$ 和 $A\,\overline{A}=0$。

(5)　继电接触器开关的逻辑函数。

继电接触器开关的逻辑电路，是以检测信号、主令信号、中间单元及输出逻辑变量的反馈触点作为输入变量，以执行元件作为输出变量而构成的电路。以下通过两个简单的电路说明组成继电接触器开关的逻辑函数的规律，图 18-23 所示为起、停自锁电路。

对于图 18-23(a)，其逻辑函数为

$$F_K=SB_1+\overline{SB_2}\cdot K$$

其一般形式为

$$F_K=X_{开}+X_{关}\cdot K \tag{18-1}$$

对于图 18-23(b)，其逻辑函数为：$F_K=\overline{SB_2}\cdot(SB_1+K)$

其一般形式为

$$F_K=X_{关}(X_{开}+K) \tag{18-2}$$

式(18-1)和式(18-2)中的 $X_{开}$ 代表开启信号，$X_{关}$ 代表关闭信号。

实际起动、停止、自锁的电路，一般都有许多联锁条件，即控制一个线圈通、断电的条件往往不止一个。对开启信号，当开启信号不只有一个主令信号，还必须具有其他条件才能开启时，则开启主令信号用 $X_{开主}$ 表示，其他条件称为开启约束信号，用 $X_{开约}$ 表示。可见只有当条件都具备时，开启信号才能开启，则 $X_{开主}$ 与 $X_{开约}$ 是逻辑与的关系，用 $X_{开主}\cdot X_{开约}$ 去代替式(18-1)、(18-2)中的 $X_{开}$。

当关断信号不只有一个主令信号，还必须具有其他条件才能关断时，则关断主令信号用 $X_{关主}$ 表示，其他条件称关断约束信号，用 $X_{关约}$ 表示。可见，只有当信号全为"0"时，信号才能关断，则 $X_{关主}$ 与 $X_{关约}$ 是逻辑或的关系，用 $X_{关主}+X_{关约}$ 去代替式(18-1)、式(18-2)中的 $X_{关}$。因此，起动、停止、自锁电路的扩展公式为

$$F_K=X_{开主}X_{开约}+(X_{关主}+X_{关约})K \tag{18-3}$$

$$F_K=(X_{关主}+X_{关约})(X_{开主}X_{开约}+K) \tag{18-4}$$

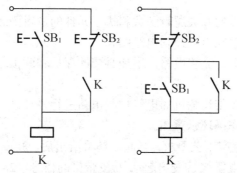

(a) 不合理的设计原理图　　(b) 合理的设计原理图

图 18-23　起、停自锁电路

2)　逻辑设计法的基本步骤

电气控制电路的组成一般有输入电路、输出电路和执行元件等。输入电路主要由主令

元件、检测元件组成。主令元件包含手动按钮、开关、主令控制器等。其功能是实现开机、停机及发生紧急情况下的停机等控制。主令元件发出的信号称为主令信号。检测元件包含行程开关、压力继电器、速度继电器等各种继电器元件，其功能是检测物理量，作为程序自动切换时的控制信号，即检测信号。主令信号、检测信号、中间元件发出的信号、输出变量反馈的信号组成控制电路的输入信号。输出电路由中间记忆元件和执行元件组成。中间记忆元件即继电器，其基本功能是记忆输入信号的变化，使得按顺序变化的状态(以下称为程序)两两相区分。

执行元件分为有记忆功能的和无记忆功能的两种。有记忆功能的执行元件有接触器、继电器；无记忆功能的执行元件有电磁阀、电磁铁等。执行元件的基本功能是驱动生产机械的运动部件满足生产工艺要求。

逻辑设计法的基本步骤如下。

(1) 根据生产工艺要求，做出工作循环示意图。

(2) 确定执行元件和检测元件，并根据工作循环示意图做出执行元件的动作节拍表和检测元件状态表。

执行元件的动作节拍表由生产工艺要求决定，是预先提供的。执行元件动作节拍表实际上表明接触器、继电器等电器线圈在各程序中的通电、断电情况。

检测元件状态表根据各程序中检测元件状态变化编写。

(3) 根据主令元件和检测元件状态表写出各程序的特征数，确定待相区分组，增设必要的中间记忆元件，使待相区分组的所有程序区分开。

程序特征数，即由对应程序中所有主令元件和检测元件的状态构成的二进制数码的组合数。例如，当一个程序有两个检测元件时，根据状态取值的不同，则该程序可能有四个不同的特征数。

当两个程序中不存在相同的特征数时，这两个程序是相区分的；否则是不相区分的。将具有相同特征数的程序归为一组，称为待相区分组。

根据待相区分组可设置必要的中间记忆元件，通过中间记忆元件的不同状态将各待相区分组区分开。

(4) 列出中间记忆元件的开关逻辑函数和执行元件的逻辑函数。

(5) 根据逻辑函数式建立电气控制电路图。

(6) 进一步检查、化简、完善电路，增加必要的保护和联锁环节。

3) 逻辑设计法举例

下面用逻辑设计法对皮带运输机的电气控制电路进行设计。

(1) 皮带运输机的工作循环示意图。

如图 18-24 所示，按生产工艺要求，当起动信号给出后，3#皮带机立即起动，经一定间隔，由控制元件—时间继电器 KT_1 发出起动 2#皮带机的信号，2#皮带机起动；再经一定间隔，由控制元件—时间继电器 KT_2 发出起动 1#皮带机的信号，1#皮带机起动。当发出停止信号时，1#皮带机立即停车，经一定间隔，由控制元件—时间继电器 KT_3 发出停止 2#皮带机的信号，2#皮带机停车；再经一定间隔，由控制元件—时间继电器 KT_4 发出停止 3#皮带机的信号，3#皮带机停车。

(2) 执行元件的动作节拍表和检测元件的状态表确定执行元件为接触器 KM_1、KM_2、KM_3；检测元件为时间继电器 KT_1、KT_2、KT_3、KT_4；其中 KT_1、KT_2 为起动用时间继电器，用于通电延时；KT_3、KT_4 为制动用时间继电器，用于断电延时。

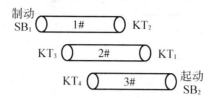

图 18-24   皮带运输机工作示意图

主令元件为起动按钮 SB_2 和停车按钮 SB_1。接触器和时间继电器线圈状态见表 18-1，时间继电器及按钮触点状态表见表 18-2。表 18-1 和表 18-2 中的"1"代表线圈通电或触点闭合，"0"代表线圈断电或触点断开。

表 18-1   接触器和时间继电器线圈状态表

程 序	状 态	元件线圈状态						
		KM_1	KM_2	KM_3	KT_1	KT_2	KT_3	KT_4
0	原位	0	0	0	0	0	0	0
1	3#起动	0	0	1	1	1	1	1
2	2#起动	0	1	1	1	1	1	1
3	1#起动	1	1	1	1	1	1	1
4	1#停车	0	1	1	0	0	0	0
5	3#停车	0	0	1	0	0	0	0
6	3#停车	0	0	0	0	0	0	0

表 18-2   时间继电器及按钮触点状态表

程 序	状 态	检测或控制元件触点状态						转换主令信号
		KT_1	KT_2	KT_3	KT_4	SB_1	SB_2	
0	原位	0	0	0	0	1	0	
1	3#起动	0	0	1	1	1	1/0	SB_2、KT_3、KT_4
2	2#起动	1	0	1	1	1	0	KT_1
3	1#起动	1	1	1	1	1	0	KT_2
4	1#停车	0	0	1	1	0/1	0	SB_1、KT_1、KT_2
5	3#停车	0	0	0	1	1	0	KT_3
6	3#停车	0	0	0	0	1	0	KT4

表 18-2 中的 1/0 和 0/1 表示短信号。例如，当按下按钮 SB_2 时，常开触点闭合，手一松开触点即断开，所以，称其产生的信号为短信号，在表中用 1/0 表示。

（3）决定待相区分组，设置中间记忆元件。

根据控制或检测元件状态表得程序特征数如表 18-3 所示。

表 18-3　程序特征数

0 程序特征数	000010	4 程序特征数	0011000、001110
1 程序特征数	001111、001110	5 程序特征数	000110
2 程序特征数	101110	6 程序特征数	000010
3 程序特征数	111110		

只有"1"程序和"4"程序有相同特征数 001110，但 SB_2 为短信号，需加自锁。因此，"1"程序和"4"程序就属于可区分组了。因为没有待相区分组，所以就不需要设置中间记忆元件。

（4）列输出元件的逻辑函数式。

KM_3 的工作区间是程序 1—5，程序 0、1 间转换主令信号是 SB_2，由 0—1 取 $X_{开主}$ 为 SB_2，程序 5、6 间转换主令信号是 KT_4，由 1—0，所以，取 $X_{关主}$ 为 KT_4，且 SB_2 为短信号，需自锁。故

$$KM_3=(SB_2+KM_3)KT_4$$

KM_2 的工作区间是程序 2—4，程序 1、2 间转换主令信号是 KT_1，由 0—1 取 $X_{开主}$ 为 KT_1，程序 4、5 间转换主令信号是 KT_3，由 1—0，取 $X_{关主}$ 为 KT_3，但在开关边界内 $X_{开主} \cdot X_{关主}$ 不全为 1(由于 KT_1、KT_3 分别为通电延时型和断电延时型，所以在电路通电或断电时，二者不能同时闭合)，需自锁。故

$$KM_2=(KT_1+KM_2)KT_3$$

KM_1 的工作程序是程序 3，程序 2、3 间转换主令信号是 KT_2，由 0—1 取 $X_{开主}$ 为 KT_2，程序 3、4 间转换主令信号是 SB_1，由 1—0—1，取 $X_{关主}$ 为 $\overline{SB_1}$，故

$$KM_1=\overline{SB_1} \cdot KT_2$$

$KT_1 \sim KT_4$ 的工作区间是程序 1—3，程序 0、1 间转换主令信号是 SB_2，由 0—1，且 SB_2 是短信号，需加自锁，取 $X_{开主}$ 为 SB_2。程序 3、4 间转换主令信号是 SB_1，由 1—0—1，取 $X_{关主}$ 为 $\overline{SB_1}$，故

$$KT_1=(SB_2+KT_1)\overline{SB_1} \qquad KT_2=(SB_2+KT_2)\overline{SB_1}$$
$$KT_3=(SB_2+KT_3)\overline{SB_1} \qquad KT_4=(SB_2+KT_4)\overline{SB_1}$$

以上四个公式可以用一个公式代替，由于 $KT_1 \sim KT_4$ 线圈的通、断电信号相同，所以自锁信号用 KT_1 的瞬动触点来代替，则 $KT_1 \sim KT_4=(SB_2+KT_1)\overline{SB_1}$。

（5）按逻辑函数式画出电气控制电路图。

按以上的逻辑函数式画出电气控制电路图如图 18-25 所示，考虑 $\overline{SB_1}$、SB_2 需两常开、两常闭，数量太多，对按钮来说难以满足要求，改用 $K=(SB_2+K)\overline{SB_1}$ 和 $KT_1 \sim KT_4=K$，即是利用 SB_2 和 SB_1 控制中间继电器 K 的线圈，再由 K 的常开触点控制 $KT_1 \sim KT_4$ 的线圈，由

此可画出图 18-26 所示的电路。

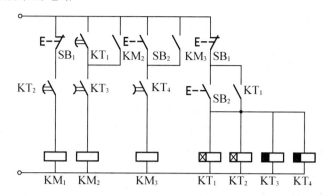

图 18-25　按逻辑函数画出的控制电路图

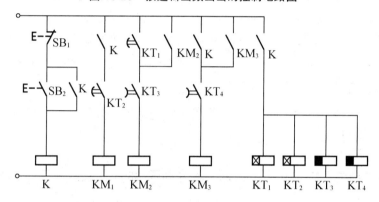

图 18-26　完善的控制电路图

(6)　进一步完善电路，增加必要的联锁和保护环节。

经过进一步检查和完善，最后可画出与图 18-19 相同的电路。

综合以上两种设计方法可以看出，其基本设计思路是一样的。对于一般不太复杂的电气控制电路可按照经验设计法进行设计，而且如果设计人员具有丰富的设计经验和设计技巧，掌握较多的典型基本环节，则对所进行的设计大有益处。对于较为复杂的电气控制电路，则宜采用逻辑设计法进行设计，既可以使设计的电气控制电路更加简单化，又可以充分利用电器元件，得到更加简化、更为合理的电气控制电路。

学习情景 18.3　电气控制系统设计实例

【问题的提出】

为了使读者熟悉电气控制系统设计过程，本节通过车床电气控制系统的设计实例说明电气控制系统完整的设计过程。

【相关知识】

1. 车床的主要结构及设计要求

1) 车床的主要结构

车床属于普通的小型车床，性能优良，应用较广泛。其主轴运动的正反转由两组机械式摩擦片离合器控制，主轴的制动采用液压制动器，进给运动的纵向左右运动、横向前后运动及快速移动均由一个手柄操作控制。可完成工件最大直径为 630mm，工件最大长度为 1500mm。

2) 电气控制的要求

(1) 根据工件的最大长度要求，为了减少辅助工作时间，要求配备一台主轴运动电动机和一台刀架快速移动电动机，主轴运动的起、停要求两地操作控制。

(2) 车削时刀具和工件产生的高温，可由一台普通冷却泵电动机提供冷却液进行散热。

(3) 根据整个生产线状况，要求配备一套局部照明装置及必要的工作状态指示灯。

2. 电动机的选择

根据前面的设计要求可知，本设计需配备三台电动机，分别为以下三种。

(1) 主轴电动机 M_1。

型号选定为：Y160M-4。

主要性能指标为：额定功率 11kW、额定电压 380V、额定电流 22.6A、额定转速 1460r/min。

(2) 冷却泵电动机 M_2。

型号选定为：JCB-22。

性能指标为：额定功率 0.125kW、额定电流 0.43A、额定转速 2790r/min。

(3) 快速移动电动机 M_3。

型号选定为：Y90S-4。

性能指标为：额定功率 1.1kW、额定电流 2.7A、额定转速 1400r/min。

3. 电气控制电路图的设计

1) 主电路的设计

(1) 主轴电动机 M_1。

根据设计要求，主轴电动机的正、反转由机械式摩擦片离合器加以控制，且根据车削工艺的特点，同时考虑到主轴电动机的功率较大，最后确定 M_1 采用单向直接起动控制方式，由接触器 KM 进行控制。对 M_1 设置过载保护，并安装电流表，根据指示的电流监视其车削量。由于向车床供电的电源开关要装熔断器，所以电动机 M_1 无需用熔断器进行短路保护。

(2) 冷却泵电动机 M_2 及快速移动电动机 M_3。

由前面可知，M_2 和 M_3 的功率及额定电流均较小，因此可用交流中间继电器 KM_1 和 KM_2 来进行控制。在设置保护时，考虑到 M_3 属于短时运行，故不需设置过载保护。

综合以上的考虑，绘制出车床的主电路图如图 18-27 所示。

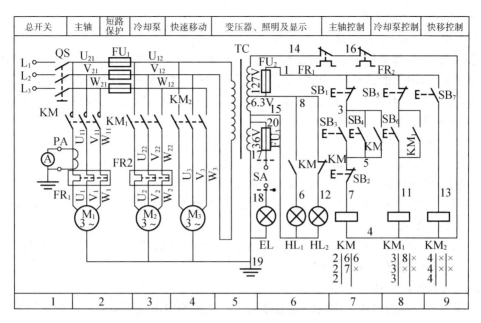

图 18-27　车床电气原理图

2)　控制电源的设计

考虑到安全可靠和满足照明及指示灯的要求，采用控制变压器 TC 供电，其一次侧为交流 380V，二次侧为交流 127V、36V、6.3V。其中 127V 给接触器 KM 和 KM$_1$ 及 KM$_2$ 的线圈进行供电，36V 给局部照明电路进行供电，6.3V 给指示灯电路进行供电。由此绘出车床的电源控制电路如图 18-27 所示。

3)　控制电路设计

(1)　主轴电动机 M$_1$ 的控制电路设计。

根据设计要求，主轴电动机要求实现两地控制。因此，可在机床的床头操作板上和刀架拖板上分别设置起动按钮 SB$_3$、SB$_1$ 和停止按钮 SB$_4$、SB$_2$ 来进行控制。

(2)　冷却泵电动机 M$_2$ 和快速移动电动机 M$_3$ 的控制电路设计。

根据设计要求和 M$_2$、M$_3$ 需完成的工作任务，确定 M$_2$ 采用单向起、停控制方式，M$_3$ 采用点动控制方式。

综合以上的考虑，绘出车床的控制电路如图 18-27 所示。

4)　局部照明及信号指示电路的设计

局部照明设备用照明灯 EL、灯开关 S 和照明回路熔断器 FU$_3$ 来组合。

信号指示电路由两路构成：一路为三相电源接通指示灯 HL$_2$，在电源开关 QS 接通以后立即发光，表示机床电路已处于供电状态；另一路指示灯 HL$_1$，表示主轴电动机是否运行。两路指示灯 HL$_1$ 和 HL$_2$ 分别由接触器 KM 的常开和常闭触点进行控制。

由此绘出车床的照明及信号指示电路如图 18-27 所示。

4．电器元件的选择

在电气图纸设计完毕之后，就可以根据电气原理图进行电器元件的选择工作。本设计

中需选择的电器元件主要有以下几种。

1) 电源开关 QS 的选择

QS 的作用主要是用于电源的引入，因此 QS 的选择主要考虑电动机 $M_1 \sim M_3$ 的额定电流和起动电流。由前面已知 $M_1 \sim M_3$ 的额定电流数值，通过计算可得额定电流之和为 25.73A，同时考虑到 M_2、M_3 虽为满载起动，但功率较小，M_1 虽功率较大，但为轻载起动。所以，QS 最终选择组合开关：HZ10-25/3。

2) 热继电器 FR 的选择

根据电动机的额定电流进行热继电器的选择。

由前面 M_1 和 M_2 的额定电流，现选择如下。

FR_1 选用 JR0-40 型热继电器。热元件额定电流 25A，额定电流调节范围为 16A～25A，工作时调整在 24A。

FR_2 选用 JR0-20 型热继电器。热元件额定电流 0.64A，额定电流调节范围为 0.40A～0.64A，工作时调整在 0.45A～0.5A。

3) 接触器的选择

根据负载回路的电压、电流，接触器所控制回路的电压及所需触点的数量等来进行接触器的选择。

本设计中，接触器 KM 主要对 M_1 进行控制，而 M_1 的额定电流为 22.6A，控制电路电源为 127V，需使用辅助常开触点两对，辅助常闭触点一对。所以，接触器选择 CJ10-40 型接触器，主触点额定电流为 40A，线圈电压为 127V。

4) 中间继电器的选择

本设计中，由于 M_2 和 M_3 的额定电流都很小，因此，可用交流中间继电器代替接触器进行控制。这里，KM_1 和 KM_2 均选择 JZ7-44 型中间继电器，常开、常闭触点各 4 对，额定电流为 5A，线圈电压为 127V。

5) 熔断器的选择

根据熔断器的额定电压、额定电流和熔体的额定电流等进行熔断器的选择。本设计中涉及的熔断器有三个：FU_1、FU_2、FU_3。这里主要分析 FU_1 的选择，其余类似。FU_1 主要对 M_2 和 M_3 进行短路保护，M_2 和 M_3 额定电流分别为 0.43A、2.7A。因此，熔体的额定电流为 10A。

根据使用场合，熔断器选择为 RL1-15/10。

6) 按钮的选择

根据需要的触点数目、动作要求、使用场合、颜色等进行按钮的选择。本设计中，SB_1、SB_3、SB_6 选择 LA-18 型按钮，颜色为黑色；SB_2、SB_4、SB_5 也选择为 LA-18 型按钮，颜色为红色；SB_7 的选择型号也相同，但颜色为绿色。

7) 照明灯及指示灯的选择

照明灯 EL 选择 JC2，交流 36V，40W，与灯开关 S 成套配置；指示灯 HL_1 和 HL_2 选择 ZSD-0 型，指标为 6.3V，0.25A，颜色分别为红色和绿色。

8) 控制变压器的选择

控制变压器的具体计算、选择请参照有关书籍。在本设计中，控制变压器选择 BK-

21世纪高职高专自动化类实用规划教材

100VA，380V/127V、36V、6.3V。

综合以上的选择，给出车床的电器元件明细表见表 18-4。

表 18-4　车床的电器元件明细表

名　称	符　号	型　号	规　格	数　量
三相异步电动机	M_1	Y160M-4	11kW，380V，22.6A，1460r/min	1
三相异步电动机	M_2	JCB-22	0.125kW，0.43A，2790r/min	1
三相异步电动机	M_3	Y90S-4	1.1kW，2.7A，1400 r/min	1
组合开关	QS	HZ10-25/3	三极，500V，25A	1
交流接触器	KM	CJ10-40	40A，线圈电压 127V	1
交流中间继电器	KM_1，KM_2	JZ7-44	5A，线圈电压 127V	2
热继电器	FR_1	JR0-40	热元件整定电流 25A，整定电流 24A	1
热继电器	FR_2	JR0-20	热元件整定电流 0.64A，整定电流 0.45～0.5A	1
熔断器	FU_1	RL1-15	500，熔体 10A	1
熔断器	FU_2，FU_3	RL1-15	500，熔体 2A	2
控制变压器	TC	BK-100	100VA，380V/127V、36V、6.3V	1
控制按钮	SB_1，SB_3，SB_6	LA-18	5A，黑色	3
控制按钮	SB_2，SB_4，SB_5	LA-18	5A，红色	3
控制按钮	SB_7	LA-18	5A，绿色	1
指示灯	HL_1，HL_2	ZSD-0	6.3V，绿色 1，红色 1	2
照明及灯开关	EL，S	JC2	36V，40W	1
交流电流表	PA	62T2	0～50A，直接接入	1

5．绘制电器元件布置图和电气安装接线图

根据电器元件选择的原则，依据安装工艺要求，并结合车床的电气原理图的控制顺序对电器元件进行合理布局，要做到连接导线最短，避免导线交叉。

电器元件布置图完成之后，再依据电气安装接线图的绘制原则及相应的注意事项进行电气安装接线图的绘制。电气安装接线图如图 18-28 所示。

6．检查和调整电器元件

根据电器元件明细表中所列的元件，配齐电气设备和电器元件，并结合前面所讲述的内容，逐件对其检验、检查和调整电器元件。

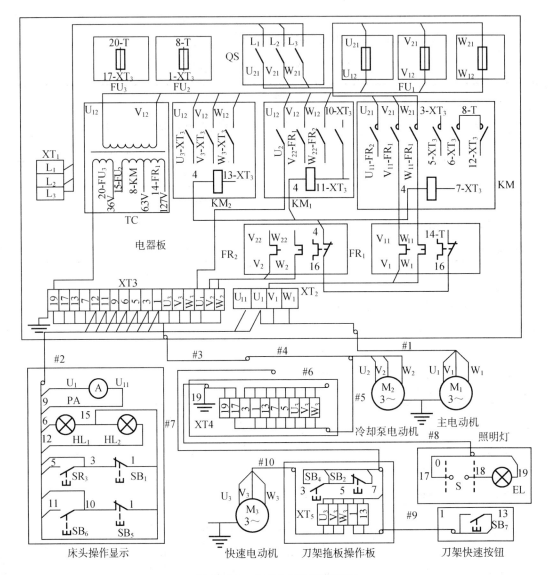

图 18-28　车床电气安装接线图

课 后 练 习

1. 电气控制系统设计的基本原则是什么?

2. 正确合理地选择电动机容量有何意义?

3. 如何根据设计要求选择拖动方案与控制方式?

4. 在电气控制系统中,常用的保护环节有哪些类型? 各自的作用是什么?

5. 某电动机要求只有在继电器 K_1、K_2、K_3 中任何一个或两个动作时才能运转,而在其他条件下都不运转,试采用逻辑设计法设计其控制电路。

单 元 小 结

　　本单元总结了电气控制系统设计的内容、程序、原则，详细讨论了电气控制系统设计的方法与具体步骤。继电—接触器控制系统设计的方法有两种：一是经验设计法；二是逻辑设计法。正确、合理地选择各种电器元件是电气控制系统安全、可靠工作的基本保证。

附录 1

电气图常用的图形与文字符号

类　别	名　称	图形符号	文字符号	类　别	名　称	图形符号	文字符号
常见电气符号	直流电			常见电气符号	交流电		
	交直流				导线的连接		
	导线的不连接				接机壳或接底板		PEN
	单相自耦变压器		T		星形连接的三相自耦变压器		T
	电流互感器		TA		三相笼型异步电动机		M 3~
	三相绕线型异步电动机		M 3~		熔断器		FU
	插头		XP		插座		XS
	接线端子排	123456	XT		三根导线		
	接地的一般符号		E		保护接地		PE
	电磁制动器		YB		电铃		HA
仪表符号	电压表	V	V	仪表符号	功率表	W	W
	电流表	A	A		无功功率表	Var	VAR
	转速表	n	N		频率表	Hz	Hz
	功率因数表	COSφ	COSφ		相位表	φ	φ

续表

类　别	名　称	图形符号	文字符号	类　别	名　称	图形符号	文字符号
中间继电器	线圈	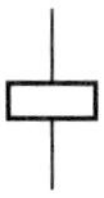	KA	位置开关	常开触点		SQ
	辅助常开触点		KA		常闭触点		SQ
	辅助常闭触点		KA		复合触点	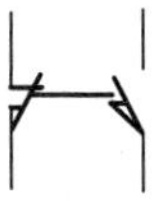	SQ
开关	单极控制开关		K	按钮	常开按钮	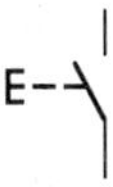 E	SB
	双极控制开关		QS		常闭按钮	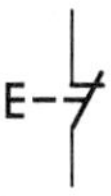 E	SB
	三极控制开关	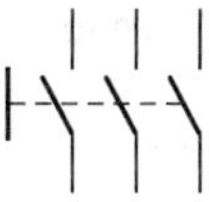	QS		复合按钮	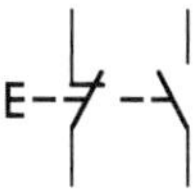 E	SB
	三极隔离开关	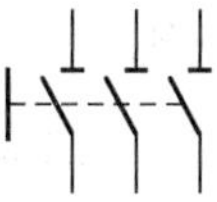	QS		急停按钮	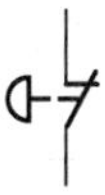	SB
	三极负荷开关	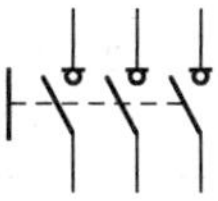	QS		钥匙按钮	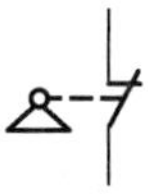	SB
	组合旋钮开关	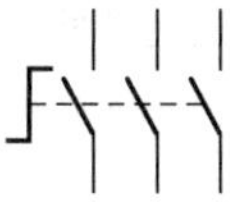	QS	热继电器	发热元件		FR
	低压断路器	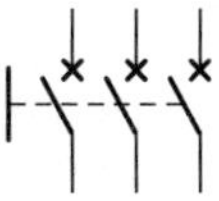	QF		常闭触点		FR
	万能转换开关	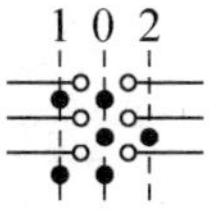 1 0 2	SA	灯	信号灯		HL
接触器	接触器线圈	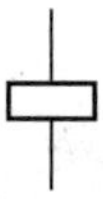	KM		照明灯		EL

243

续表

类 别	名 称	图形符号	文字符号	类 别	名 称	图形符号	文字符号
接触器	接触器主触点		KM	报警用设备	扬声器		HA
	辅助常开触点		KM	时间继电器	延时闭合的常开触点		KT
	辅助常闭触点		KM		延时断开的常开触点		KT
时间继电器	延时闭合的常闭触点		KT		时间继电器线圈(通电延时型)		KT
	延时断开的常闭触点		KT		时间继电器线圈(断电延时型)		KT
信号继电器	速度继电器转子		KS 或 KV	速度继电器	常开触点		KS 或 KV
信号继电器	过电流线圈	$I >$	KA		常闭触点		KS 或 KV
电磁器件	电磁铁		YA	电磁器件	电磁制动器		YB

附录 2

中级维修电工考试资料

附录 2.1 中级维修电工技术等级标准

1. 知识要求

(1) 相、线电流和相、线电压和功率的概念及计算方法；直流电流表扩大量程的计算方法。

(2) 电桥和示波器、光电检流计的使用和保养知识。

(3) 常用模拟电路和功率晶体管电路的工作原理和应用知识。

(4) 三相旋转磁场产生的条件和三相绕组的分布原则。

(5) 高低压电器、电动机、变压器的耐压试验目的、方法及耐压标准的规范；试验中绝缘击穿的原因。

(6) 绘制中、小型单、双速异步电动机定子绕组接线图和用电流箭头方向判别接线错误的方法。

(7) 多速异步电动机的接线方式。

(8) 常用测速发电动机的种类、构造和工作原理。

(9) 常用伺服电动机的构造、接线和故障检查知识。

(10) 电磁调整电动机的构造；控制器的工作原理、接线，检查和排除故障的方法。

(11) 同步电动机和直流电动机的种类、构造、一般工作原理和各种绕组的作用及连接方法；故障排除方法。

(12) 交、直流电焊机的构造、工作原理和故障排除方法。

(13) 电流互感器、电压互感器及电抗器的工作原理、构造和接线方法。

(14) 中、小型变压器的构造，主要技术指标和检修方法。

(15) 常用低压电器交、直流灭弧装置的原理、作用和构造。

(16) 机床电气联锁装置(动作的先后次序，相互的联锁)准确停止(电气制动，机电定位器制动等)，速度调节系统的主要类型、调整方法和作用原理。

(17) 根据实物绘制 40 只继电器或接触器的机床设备电气控制原理图的方法。

(18) 交、直流电动机的起动、制动、调速的原理和方法。

(19) 交磁电动机扩大机的基本原理和应用知识。

(20) 数显、程控装置的一般应用知识。

(21) 焊接的应用知识。

(22) 常用电器设备装置的检修工艺和质量标准。

(23) 节约用电和提高用电设备功率因数的方法。

2. 技能要求

(1) 使用电桥、示波器测量精度较高的电参数。

(2) 计算常用电动机、电器、汇流排、电缆等导线截面，并核算其安全电流。

(3) 按图装接、调整一般的移相触发和调节器放大电路、晶闸管调速器电路。

(4) 检修、调整各种继电器装置。

(5) 拆装、修理 55kW 以上异步电动机(包括绕线式和防爆式电动机)，60kW 以下直流电动机(包括直流电焊机)，修理后接线及一般试验。

(6) 检修和排除直流电动机故障和其控制电路的故障。

(7) 拆装修理中、小型多速异步电动机和电磁调速电动机，并接线试车。

(8) 检查、排除交磁电动机扩大机和其控制线路的故障。

(9) 修理同步电动机(阻尼环、集电环接触不良、定子接线处开焊、定子绕组损坏)。

(10) 检查和处理交流电动机三相电流不平衡的故障。

(11) 修理 10kW 以下的电流互感器和电压互感器。

(12) 保养 1000kVA 以下电力变压器，并排除一般故障。

(13) 按图装接、检查较复杂电气设备和线路(包括机床)并排除故障。

(14) 检修、调整桥式起重机的制动器、控制器及各种保护装置。

(15) 检修低压电缆终端头和中间接线盒。

(16) 无纬玻璃丝带、合成云母带等的使用工艺和保管方法。

(17) 电气事故的分析和现场处理。

3．工作实例

(1) 对电动机零部件进行测绘制图。

(2) 大修 75kW 以上异步电动机，修理后接线并进行一般试验。

(3) 修理 22kW 四速异步电动机并接线和试车。

(4) 拆装中修 22kW 以上直流电焊机或 60kW 以下直流电动机，修理后接线试车。

(5) 检修、调整电磁调速电动机控制器或各种稳压电源设备。

(6) 检查直流电动机励磁绕组、电枢绕组的故障和电刷冒火、不能起动、发热及噪声大的原因。

(7) 检查、修理交磁电动机扩大机的故障(如电压过低，匝间短路等)。

(8) 装接、调整 KTZ-20 晶闸管调速器触发电路，并排除故障。

(9) 按图装接、调整 30/5t 桥式起重机、T610 镗床、Z37 摇臂钻床、X62 万能铣床、M7475B 磨床等电气装置，并排除故障。

(10) 修理电压互感器和电流互感器。

(11) 4kW、1000kVA 电力变压器吊心检查和换油。

(12) 调整电动机与机械传动部分的连接。

(13) 完成相应复杂程度的工作项目。

附录 2.2　中级维修电工考试大纲

1．知识要求

1)　基本知识

(1) 电路基础和计算知识。

① 戴维南定理的内容及应用知识。

② 电压源和电流源的等效变换变换原理。

③ 正弦交流电的分析表示方法，如解析法、图形法、相量法等。

④ 功率及功率因数，效率，相、线电流和相、线电压的概念和计算方法。

(2) 电工测量技术知识。

① 电工仪器的基本工作原理、使用方法和适用范围。

② 各种仪器、仪表的正确使用方法和减少测量误差的方法。

③ 电桥和通用示波器、光电检流计的使用和保养知识。

2) 专业知识

(1) 变压器知识。

① 中、小型电力变压器的构造及各部分的作用，变压器负载运行的相量图、外特性、效率特性，主要技术指标，三相变压器连接组标号及并联运行。

② 交、直流电焊机的构造、接线、工作原理和故障排除方法(包括整流式直流弧焊机)。

③ 中、小型电力变压器的维护、检修项目和方法。

④ 变压器耐压试验的目的、方法，应注意的问题及耐压标准的规范和试验中绝缘击穿的原因。

(2) 电动机知识。

① 三相旋转磁场产生的条件和三相绕组的分布原则。

② 中、小型单、双速异步电动机定子绕组接线图的绘制方法和用电流箭头方向判别接线错误的方法。

③ 多速电动机出线盒的接线方法。

④ 同步电动机的种类、构造，一般工作原理，各绕组的作用及连接，一般故障的分析及排除方法。

⑤ 直流电动机的种类、构造、工作原理、接线、换向及改善换向的方法，直流发电动机的运行特性，直流电动机的机械特性及故障排除方法。

⑥ 测速发电动机的用途、分类、构造、基本工原理、接线和故障检查知识。

⑦ 伺服电动机的作用、分类、构造、基本原理、接线和故障检查知识。

⑧ 电磁调速异步电动机的构造，电磁转差离合器的工作原理，使用电磁调速异步电动机调速时，采用速度负反馈闭环控制系统的必要性及基本原理、接线，检查和排除故障的方法。

⑨ 交磁扩大机的应用知识、构造、工作原理及接线方法。

⑩ 交、直流电动机耐压试验的目的、方法及耐压标准规范、试验中绝缘击穿的原因。

(3) 电器知识。

① 晶体管时间继电器、功率继电器、接近开关等的工作原理及特点。

② 额定电压为 10kV 以下的高压电器，如油断路器、负荷开关、隔离开关、互感器等耐压试验的目的、方法及需压标准规范、试验中绝缘击穿的原因。

③ 常用低压电器交直流来弧装置的灭弧原理及作用和构造。

④ 常用电器设备装置，如接触器、继电器、熔断器、断路器、电磁铁等的检修工艺和质量标准。

(4)　电力拖动自动控制知识。

①　交、直流电动机的起动、正反转、制动、调速原理和方法(包括同步电动机的起动和制动)。

②　数显、程控装置的一般应用知识(条件步进顺序控制器的应用知识，例如 KSJ-1 型顺序控制器)。

③　机床电气联锁装置(动作的先后次序、相互联锁)，准确停止(电气制动、机电定位器制动等)，速度调节系统(交磁电动机扩大机自动调速系统、直流发电动机、电动机调速系统、晶闸管、直流电动机调速系统)的工作原理和调速方法。

④　根据实物测绘较复杂的机床电气设备电气控制线路图的方法。

⑤　几种典型生产机械的电气控制原理，如 20/5t 桥式起重机、T610 型卧式镗床、X62W 型万能铣床、Z37 型摇臂钻床、M7475B 型平面磨床。

(5)　晶体管电路知识。

①　模拟电路基础(共发射极放大电路、反馈电路、阻容耦合多级放大电路、功率放大电路、振荡电路、直接耦合放大电路)及其应用知识。

②　数字电路基础(晶体二极管、三极管的开关特性，基本逻辑门电路、集成逻辑门电路、逻辑代数的基础)及应用知识。

③　晶闸管及其应知识(晶闸管结构、工作原理、型号及参数；单结晶体管、晶体管触发电路的工作原理；单相半波及全波整流电路的工作原理)。

3)　相关知识

(1)　相关工种工艺知识。

①　焊接的应用知识。

②　一般机械零部件测绘制图方法。

③　设备起运吊装知识。

(2)　生产技术管理知识。

①　车间生产管理的基本内容。

②　常用数字电气设备、装置的检修工艺和质量标准。

③　节约用电和提高用电设备的功率因数。

2. 技能要求

1)　中级操作技能

(1)　安装、调试操作技能。

①　主持拆装 55kW 以上异步电动机(包括绕线转子异步电动机和防爆电动机)、60kW 以下直流电动机(包括直流电焊机)并做修理后的接线及一般调试和试验。

②　拆装中、小型多速电动机和电磁调速电动机并接线、试车。

③　装接较复杂电气控制线路的配电板并选择、整定电器及导线。

④　安装、调试较复杂的电气控制线路，如 X62W 型铣床、M7475B 型磨床、Z37 型钻床、30/5t 桥式起重机等线路。

⑤　按图焊接一般的移相触发和调节器放大电路、晶闸管调速器、调功器电路并通过仪器、仪表进行测试和调整。

⑥ 计算常用电动机、电器、汇流排、电缆等导线截面并核算其安全电流。

⑦ 主持 10/0.4kV、1000kVA 以下电力变压器吊心检查和换油。

⑧ 完成车间低压动力、照明电路的安装和检修。

⑨ 按工艺使用及保管员无纬玻璃带、合成云母带。

(2) 故障分析、修复及设备检修技能。

① 检修、修理各种继电器装置。

② 修理 55kW 以上异步电动机(包括绕线转子异步电动机和防爆电动机)、60kW 以下直流电动机(包括直流电焊机)。

③ 排除晶闸管触发电路和调节器放大电路的故障。

④ 检修和排除直流电动机及控制电路的故障。

⑤ 检修较复杂的机床电气控制线路，如 X62W 型铣床、M7475B 型磨床、Z37 钻床等或其他电气设备(30/5t 桥式起重机)等，并排除故障。

⑥ 修理中、小型多速异步电动机、电磁调速电动机。

⑦ 检查、排除交磁扩大机及其控制线路故障。

⑧ 修理同步电动机(阻尼环、集电环接触不良，定子接线处开焊，定子绕组损坏)。

⑨ 检查和处理交流电动机三相绕组电流不平衡故障。

⑩ 修理 10V 以下电流互感器、电压互感器。

⑪ 排除 1000kVA 以下电力变压器的一般故障，并进行维护保养。

⑫ 检修低压电费终端和中间接线盒。

2) 工具设备的使用与维修

(1) 工具的使用与维护。

合理使用常用工具和专用工具，并做好维护保养工作。

(2) 仪器、仪表的使用与维护。

正确选用测量仪表、操作仪表，做好维护保养工作。

3) 安全及其他

(1) 正确执行安全操作规程，如高压电气技术安全规程的有关标注、电气设备的消防规程、电气设备事故处理规程、紧急救护规程及设备起运吊装安全规程。

(2) 按企业有关文明生产的规定，做到工作地整洁，工件、工具摆放整齐。

(3) 认真执行交接班制度。

附录 2.3　中级维修电工技能考试样卷

中级维修电工技能考试说明

(1) 本试卷组卷目的是用于中级维修电工国家职业技能鉴定。本试卷适用于使用电工工具和仪器、仪表，对设备电气部分(含机电一体化)进行安装、调试、维修的人员，本试卷所考核的内容无地域限制。

(2) 本试卷整体试题(项目)共有 4 题。其中安装、调试操作技能 1 题，故障分析、修复及设备检修技能 1 题，工具、仪器、仪表的使用与维护技能 1 题，安全文明生产 1 题。

(3) 本试卷整体考核时间共计 265 分钟。

(4) 其他主要特点说明：

① 本试卷试题的考核要求、评分标准、配分、扣分、得分和现场记录均以表格的形式表示，各项试题配分累计为 100 分。

② 技能考试中的笔试部分主要是绘图和在故障排除试题中用笔在图纸上标出故障的范围。

③ 技能试卷中工具、设备的使用与维护第 2 小题和安全文明生产试题，贯穿于整个技能考试中。

④ 技能试卷中各项技能考试时间均不包括准备时间，准备通知书中的考试时间也是如此。在具体的考试中，各鉴定单位一定要把每一试题的考试准备时间考虑进去。

⑤ 维修电工国家职业技能鉴定统一技能试卷每一道试题必须在规定的时间内完成，不得延时；在某一试题考试中节余的时间不能在另一试题考试中使用。

中级维修电工技能考试组卷计划书

(1) 本试卷组卷目的是用于中级维修电工国家职业技能鉴定。本试卷适用于使用电工工具和仪器、仪表，对设备电气部分(含机电一体化)进行安装、调试、维修的人员，本试卷所考核的内容无地域限制。

(2) 本试卷整体试题(项目)共有 4 题。其中安装、调试操作技能 1 题，故障分析、修复及设备检修技能 1 题，工具、仪器、仪表的使用与维护技能 1 题，安全文明生产 1 题。

(3) 本试卷整体考核时间共计 265 分钟。

(4) 其他主要特点说明：

① 本试卷试题的考核要求、评分标准、配分、扣分、得分和现场记录均以表格的形式表示，各项试题配分累计为 100 分。

② 技能考试中的笔试部分主要是绘图和在故障排除试题中用笔在图纸上标出故障的范围。

③ 技能试卷中工具、设备的使用与维护第 2 小题和安全文明生产试题，贯穿于整个技能考试中。

④ 技能试卷中各项技能考试时间均不包括准备时间，准备通知书中的考试时间也是如此。在具体的考试中，各鉴定单位一定要把每一试题的考试准备时间考虑进去。

⑤ 维修电工国家职业技能鉴定统一技能试卷每一道试题必须在规定的时间内完成，不得延时；在某一试题考试中节余的时间不能在另一试题考试中使用。

中级维修电工技能考试准备通知单

1. 试卷说明

(1) 本试卷命题以可行性、技术性、通用性为原则编制。

(2) 本试卷以原劳动部和机械工业部 1996 年 6 月联合颁发的《中华人民共和国维修电工职业技能鉴定规范》中级工的鉴定内容为依据。

(3) 本试卷所考核的内容无地域限制。

(4) 本试卷中各项技能考试时间均不包括准备时间。在具体的考试中，各鉴定所(站)应该把每一试题考试准备的时间考虑进去。

(5) 本试卷中每一道试题必须在规定的时间内完成，不得延时，在某一试题考试中节余的时间不能在另一试题考试中使用。

2．工具、材料和设备的准备

工具、材料和设备的准备仅针对一名考生而言，鉴定所(站)应根据考生人数确定具体数量(详见附表)。

3．考场准备

(1) 考场面积 60 平方米、设有 20 个考位，每个考位有一个工作台，每个工作台的右上角贴有考号，考场采光良好，不足部分采用照明补充，保证工作面不小于 $100lx/m^2$ 的照度。

(2) 考场应干净整洁、空气新鲜，无环境干扰。

(3) 考场内应设有三相电源并装有触电保护器。

(4) 考前由考务管理人员检查考场各考位应准备的器材、工具是否齐全，所贴考号是否有遗漏。

4．人员要求

(1) 监考人员与考生比例为 1：10。

(2) 考评员与考生比例为 1：5。

(3) 医务人员 1 名。

5．其他

本试卷总的考试时间为 265 分钟(不包括准备时间)。

技能考试工具、材料和设备准备通知单(附表)

序　号	名　称	型号与规格	单　位	数　量	备　注
1	劳动保护用品	工作服、绝缘鞋、安全帽等	套	1	
2	三相四线电源	～3×380V/220V、20A	处	1	
3	单相交流电源	～220V 和 36V、5A	处	各 1	
4	电工通用工具	验电笔、钢丝钳、螺丝刀(包括十字口螺丝刀)、电工刀、尖嘴钳、活扳手等	套	1	
5	万用表	自定	个	1	
6	兆欧表	500V	个	1	

续表

序　号	名　　称	型号与规格	单　位	数　量	备　注
7	钳形电流表	5～50A	个	1	
8	双速电动机	YD123M-4/2　6.5kW/8kW、△/YY 13.8A/ 17.1A、1450r/min/2880r/min	台	1	
9	木板	500mm ×450mm ×20mm	块	1	
10	组合开关	HZ10-25/3	个	1	
11	交流接触器	CJ10-20 线圈电压 380V	只	3	
12	中间继电器	JZ7-44A、线圈电压 380V	只	1	
13	热继电器	JR16-20/3D 整定电流 17.1A	只	1	
14	时间继电器	JS7-4A 线圈电压 380V	只	1	
15	熔断器及熔芯	RL1-60/40A	套	3	
16	熔断器及熔芯	RL1-15/4A	套	2	
17	三联按钮	LA10-3H 或 LA4-3H	个	1	
18	接线端子排	JX2-1015，500V (10A、15 节)	条	1	
19	木螺丝	$\phi 3 \times 20$mm、$\phi 3 \times 15$mm	个	30	
20	平垫圈	$\phi 4$mm	个	30	
21	圆珠笔	自定	支	1	
22	塑料软铜线	BVR-2.5 mm^2 颜色自定	米	20	
23	塑料软铜线	BVR-1.5 mm^2 颜色自定	米	20	
24	塑料软铜线	BVR-0.75mm^2 颜色自定	米	1	
25	别径压端子	UT2.5-4mm、UT1-4mm	个	20	
26	行线槽	TC3025 长 34cm、两边打 3.5mm 孔	条	5	
27	异型塑料管	3mm^2	米	0.2	
28	万能电桥	QS18A 型	台	1	
29	电感	50～200mH	个	2	
30	黑胶布	自定	卷	1	
31	透明胶布	自定	卷	1	
32	机床	Z35 摇臂钻床、Z37 钻床、X62W 万能铣床、M1432 万能外圆磨床、M7475B 型磨床、T68 镗床 T610 镗床、20/5t 吨桥式起重机或相应的模拟线路板	台	1	
33	机床故障排除所用材料	按机床型号自定	套	1	

中级维修电工技能试卷、评分标准及现场记录（Ⅰ）

单位：　　　　　　　　姓名：　　　　　　　　总得分：

第 1 页得分：

序号	试题及考核要求		评分标准	配分	扣分	得分
1	一、试题：安装和调试交流双速异步电动机自动变速控制电路。 （电气原理图） JDO2-42-4/2 4/5.5kW，9.3/12.5A 1440/2870r/min 整定时间4s±1s	一、元件安装 5分	1. 元件布置不整齐、不匀称、不合理，每只扣 1 分。 2. 元件安装不牢固，安装元件时漏装螺钉，每只扣 1 分。 3. 损坏元件，每只扣 2 分。	5		
		二、布线 15分	1. 电机运行正常，如不按电气原理图接线，扣 1 分。 2. 布线不进行线槽，不美观，主电路、控制电路每根扣 0.5 分。 3. 接点松动，露铜过长，反圈、压绝缘层、标记线号不清楚、遗漏或误标，引出端无别径压端子每端处每处扣 0.5 分。 4. 损伤号线绝缘或线芯，每根扣 0.5 分。	15		
		三、通电试验 20分	1. 时间继电器及热继电器整定值错误，各扣 2 分。 2. 主、控电路配错熔体，每个扣 1 分。 3. 一次试车不成功扣 5 分；二次试车不成功扣 10 分；三次试车不成功扣 15 分；乱线敷设，扣 5 分。	20		
	二、考核要求： 1. 按图纸的要求进行正确熟练地安装：元件在配线板上布置要合理，安装要准确紧固，配线要求紧固、美观，号线要进行线槽。正确使用工具和仪表。 2. 按钮盒不固定在板上，电源和电机配线，引出端的导线要有端子标号，引出端要用别径压端子；进出线槽的导线要有端子标号，按钮接线要接到端子排上。 3. 安全文明操作。 4. 满分 40 分，考试时间 210 分钟。		备注	考评员 签字		

年　　月　　日

中级维修电工技能试卷、评分标准及现场记录(Ⅱ)

考号：　　　　　单位：　　　　　姓名：　　　　　第 2 页得分：

序　号	试题及考核要求	评分标准	配　分	扣　分	得　分
2	一、试题：在下列机床电气控制线路或模拟线路板中任选一种，由监考教师设隐蔽故障三处，其中主回路一处，控制回路二处。考生向监考教师询问故障现象时，故障现象可以告诉考生，考生要单独排除故障。 1．Z35 摇臂钻床 2．Z37 钻床 3．X62W 万能铣床 4．M1432 万能外圆磨床 5．M7475B 型磨床 6．T68 镗床 7．T610 镗床 8．20/5t 吨桥式起重机。	1．排除故障前不进行调查研究，扣 1 分。	1		
		2．错标或标不出故障范围，每个故障点扣 2 分。	6		
		3．不能标出最小的故障范围，每个故障点扣 1 分。	3		
		4．实际排除故障中思路不清楚，每个故障点扣 2 分。	6		
		5．每少查出一处故障点扣 2 分。	6		
		6．每少排除一处故障点扣 3 分。	9		
		7．排除故障方法不正确，每处扣 3 分。	9		
	二、考核要求： 1．从设故障开始，监考教师不得进行提示。 2．根据故障现象，在电气控制线路上分析故障可能的原因，确定故障发生的范围。 3．进行检修时，监考教师要进行监护，注意安全。 4．将排除故障过程中如果扩大故障，在规定时间内可以继续排除故障。 5．正确使用工具和仪表。 6．安全文明操作。 7．满分 40 分，考试时间 45 分钟。	8．扩大故障范围或产生的新故障后不能自行修复，每个扣 10 分；已经修复，每个扣 5 分。			
		9．损坏电动机扣 10 分。			
3	一、试题：工具、设备的使用与维护。 1．试题：用 QS18A 型万能双臂电桥测量电感。 2．在各项技能考试中，工具、设备(仪器、仪表等)的使用与维护要正确无误。	1．开机准备工作不熟练，扣 1 分。 2．测量过程中，操作步骤每错一次扣 1 分。 3．读数有较大误差或错误扣 1 分。 4．测量结果错误扣 2 分。	5		

续表

序　号	试题及考核要求	评分标准	配　分	扣　分	得　分
3	二、考核要求： 1. 工具、设备的使用与维护要正确无误，不得损坏。 2. 安全文明操作。 3. 满分 10 分，考试时间 10 分钟。	1. 在各项技能考试中，工具、设备的使用与维护不熟练不正确，每次扣 1 分，扣完 5 分为止。 2. 考试中损坏工具和设备扣 5 分。	5		
4	一、试题：安全文明生产。 二、考核要求： 1. 安全文明生产：①劳动保护用品穿戴整齐；②电工工具带全；③遵守操作规程；④尊重监考教师，讲文明礼貌；⑤考试结束要清理现场。 2. 当监考教师发现考生有重大事故隐患时，要立即予以制止。 3. 考生故意违犯安全文明生产或发生重大事故，取消其考试资格。 4. 监考教师要在备注栏中注明考生违纪情况。	1. 在以上各项考试中，违犯安全文明生产考核要求的任何一项扣 2 分，扣完为止；考生在不同的技能试题中，违犯安全文明生产考核要求同一项内容的，要累计扣分。 2. 当监考教师发现考生有重大事故隐患时，要立即予以制止，并每次扣考生安全文明生产总分 5 分。	10		
备注		考评员签字		年月日	

参 考 文 献

1. 张运波，刘淑荣. 工厂电气控制技术. 北京：高等教育出版社，2009
2. 马应魁. 电气控制技术实训指导. 北京：化学工业出版社，2004
3. 项毅等. 工厂电气控制设备指导. 北京：机械工业出版社，1999
4. 郁汉琪. 机床电气控制技术. 北京：高等教育出版社，2010
5. 董德明. 机床电气控制. 北京：高等教育出版社，2008
6. 曹翾. 电气控制技术与 PLC 应用. 北京：高等教育出版社，2008
7. 李道霖. 电气控制与 PLC 原理及应用. 北京：电子工业出版社，2006
8. 田效伍. 电气控制与 PLC 应用技术. 北京：机械工业出版社，2007
9. 许缪. 工厂电气控制技术. 北京：机械工业出版社，2005
10.陆建遵. 电工技术基础. 北京：清华大学出版社，2010
11.赵俊生. 电气控制与 PLC 技术. 北京：电子工业出版社，2009
12.马宏骞. 电气控制技术. 大连：大连理工大学出版社，2007